はじめに

　電気および電子工学の学習分野は，電気計測をはじめとして電気機器，発変電，送配電，照明，電子回路，通信と分野はきわめて広く，かつ応用技術も多岐にわたる．これらの電気・電子技術を学び，理解し，活用していくためには，その基礎となる「回路理論」，「電磁気学」の基本原理をしっかりと身につけていく必要がある．

　本書は，「入門電気磁気」と「入門交流回路」の直流回路から交流回路までの回路理論に関する部分を再編集し，回路理論を初めて学ぶ人のための入門書として編集されたものである．

　本書の配列は直流回路から始めて，基本交流回路，記号法，回路網，相互インダクタンス回路，三相交流回路に進み，非正弦波交流，過渡現象の基礎を学ぶようになっており，各章を通じて次のような点に重点をおいて編集している．

1. 読んでわかるように，解説することを柱としている．
2. 初めて電気を学ぶ人のために専門用語の意味を説明してから用いるようにしている．
3. 微分・積分の使用は参考までにとどめて解説している．
4. 例題，問，章末問題をできるだけ多くし，問題を解いて知識の確認ができるように配慮している．
5. 詳しい説明及び補足説明が必要な場合は（参考）という形で記している．

　本書を利用することで，初めて回路理論を学ぶ学生や独学者，あるいは第3種電気主任技術者取得を志す受験生が増え，今後の電気・電子技術が発展していくことを願っている．

目　　次

第1章　直流回路の計算とオームの法則 …………1

1・1　電気回路 …………………………………………1
1・2　電気抵抗とコンダクタンス …………………1
1・3　オームの法則 …………………………………3
1・4　抵抗の直列接続回路の計算 …………………6
1・5　抵抗の並列接続回路の計算 …………………9
1・6　抵抗の直並列接続回路の計算 ………………12
1・7　電圧降下 ………………………………………14
1・8　電源の起電力と端子電圧 ……………………16
1・9　電圧計と電流計のつなぎかた ………………18
1・10　倍率器と分流器の原理 ………………………19
1・11　電力と電力量 …………………………………21
1・12　キルヒホッフの法則（直流編） ……………24
　　　章末問題 ………………………………………29

第2章　交流回路の計算 …………………………32

2・1　直流と交流 ……………………………………32
2・2　正弦波起電力の発生 …………………………33
2・3　周波数と周期と波長 …………………………36
2・4　電気角と角周波数 ……………………………37
2・5　正弦波交流の一般式 …………………………40

目　次

$2\cdot6$　位相と位相差 ………………………………………………42
$2\cdot7$　交流の大きさの表し方 ……………………………………44
$2\cdot8$　波高率と波形率 …………………………………………48
　　　章末問題 ……………………………………………………49

第3章　交流はベクトルで表せる ……………………………51

$3\cdot1$　ベクトルとベクトル量 ………………………………………51
$3\cdot2$　ベクトルの表示方法 …………………………………………52
$3\cdot3$　回転ベクトル ……………………………………………55
$3\cdot4$　正弦波交流の合成 ………………………………………57
$3\cdot5$　静止ベクトル ……………………………………………61
$3\cdot6$　交流の正の方向とベクトル図 ……………………………63
　　　章末問題 ……………………………………………………66

第4章　基本交流回路 …………………………………………67

$4\cdot1$　抵抗（R）回路 …………………………………………67
$4\cdot2$　自己インダクタンス（L）回路 …………………………69
$4\cdot3$　静電容量（C）回路 …………………………………74
$4\cdot4$　R-L の直列回路 ………………………………………79
$4\cdot5$　R-C の直列回路 ………………………………………82
$4\cdot6$　R-L-C の直列回路 …………………………………84
$4\cdot7$　R と L および C の並列回路 …………………………87
$4\cdot8$　R-L-C の並列回路 …………………………………92
　　　章末問題 ……………………………………………………94

第5章　交流の電力 ……………………………………………96

- 5・1　交流電力の意味 ……………………………………96
- 5・2　力率 ………………………………………………99
- 5・3　皮相電力 …………………………………………101
- 5・4　無効電力 …………………………………………101
- 5・5　電力・皮相電力・無効電力との関係 ……………103
- 　　　章末問題 …………………………………………104

第6章　記号法による交流回路の計算 ……………………106

- 6・1　複素数の表し方 …………………………………106
- 6・2　交流のベクトルは複素数で表せる ………………107
- 6・3　複素数の加減乗除 ………………………………110
- 6・4　ベクトルの和と差 ………………………………112
- 6・5　ベクトルの位相の変更 …………………………113
- 6・6　インピーダンスの記号式 ………………………115
- 6・7　アドミタンスの記号式 …………………………117
- 6・8　インピーダンスの直列接続 ……………………119
- 6・9　直列共振回路 ……………………………………123
- 6・10　インピーダンスの並列接続 ……………………127
- 6・11　並列共振回路 ……………………………………129
- 6・12　記号法による電力の計算法 ……………………134
- 　　　章末問題 …………………………………………136

目　次

第7章　回路網の取り扱い方 ……………………………… 139

7・1　ブリッジ回路と平衡条件 ………………………… 139
7・2　星型結線と三角結線の換算（Y-Δ 変換） ………… 142
7・3　キルヒホッフの法則（交流編） …………………… 146
7・4　網目電流による計算法 …………………………… 147
7・5　重ね合わせの理 …………………………………… 149
7・6　テブナンの定理 …………………………………… 153
7・7　最大電力の条件 …………………………………… 156
7・8　四端子網 …………………………………………… 157
7・9　$A \cdot B \cdot C \cdot D$ の求め方 ………………………… 159
　　　章末問題 …………………………………………… 160

第8章　相互インダクタンスを含む回路 ………………… 163

8・1　相互インダクタンス M の扱い方 ………………… 163
8・2　コイルを直列にしたときの合成インダクタンス ……… 166
8・3　結合回路のインピーダンス ……………………… 168
8・4　結合回路の等価回路 ……………………………… 170
8・5　M を含むブリッジ回路 …………………………… 172
　　　章末問題 …………………………………………… 173

第9章　三相交流回路 ……………………………………… 175

9・1　三相起電力とベクトル …………………………… 175
9・2　星形結線 …………………………………………… 178
9・3　三角結線 …………………………………………… 183
9・4　三相の電力 ………………………………………… 187

vi

9・5　三相三角結線と星形結線の換算 ………………………190
9・6　等価単相回路 ………………………………………………193
9・7　V結線のベクトル図と電力 ……………………………196
9・8　不平衡三相交流回路の計算 …………………………199
9・9　回転磁界 ……………………………………………………207
　　　章末問題 ……………………………………………………214

第10章　非正弦波交流 ……………………………………217

10・1　非正弦波交流とは …………………………………………217
10・2　フーリエ級数 ………………………………………………218
10・3　波形と高調波 ………………………………………………219
10・4　非正弦波交流の実効値 …………………………………222
10・5　非正弦波交流回路の計算 ………………………………223
10・6　ひずみ率 ……………………………………………………227
10・7　非正弦波交流の電力 ……………………………………229
10・8　等価正弦波 …………………………………………………230
10・9　高調波電流の共振 ………………………………………233
10・10　非正弦波三相交流と高調波 …………………………234
10・11　第3調波と三角結線・星形結線 ……………………238
10・12　非正弦波交流による回転磁界 ………………………238
　　　　章末問題 ……………………………………………………239

第11章　過渡現象 ……………………………………………241

11・1　過渡現象とは ………………………………………………241
11・2　R-L 直列の直流回路 …………………………………242
11・3　R-C 直列の直流回路 …………………………………248

目 次

- 11・4 $R\text{-}L$ 直列の交流回路 …………………………………253
- 11・5 $R\text{-}C$ 直列の交流回路 …………………………………255
- 11・6 $R\text{-}L\text{-}C$ 直列回路の過渡現象 …………………………258
- 章末問題 ……………………………………………………265

問と章末問題の解答 …………………………………………………266
付録 ……………………………………………………………………315
索引 ……………………………………………………………………317

第1章
直流回路の計算とオームの法則

　オームの法則の計算は電気回路を解析していく中で最も基礎となるところである．この章ではオームの法則とその応用について直流回路を通して詳しく調べていく．

1・1　電気回路

　図1・1のように，電池に電線を通じて豆電球をつなげば，豆電球は明るく輝き，引き続き電流が流れる．このように引き続き電流を流し続けることのできる力のことを**起電力**（electromotive force）といい，起電力を発生させる装置（電池など）のことを**電源**（power source）という．

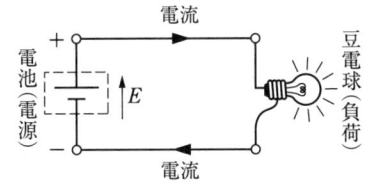

図1・1　電気回路

　一般に，電源から電気の供給を受け，ある仕事をする豆電球のような装置を**負荷**（load）という．われわれが電気を利用するときには，常にこのように電源と負荷を通じて，導体を環状にして電流の通路をつくらなければならない．このように電流の通る道を**電気回路**（electric circuit），あるいは単に**回路**という．

1・2　電気抵抗とコンダクタンス

（1）電気抵抗

　水管の中を水が流れる場合を考えてみる．このとき，管の形や大小により管内

の摩擦抵抗が変わり，水の流れやすい管と，流れにくい管とがある．

電気回路においても同様に回路を構成する導体や接続する負荷などの種類によって電流が通りやすいものと，通りにくいものがある．この電流の通りにくさを表したものを**電気抵抗**（electric resistance），あるいは単に**抵抗**といい，**オーム**（単位記号：Ω）という単位で表す．なお，抵抗が小さい場合にオームの 1 000 分の 1 倍の**ミリオーム**（単位記号：mΩ），1 000 000 分の 1 倍の**マイクロオーム**（単位記号：μΩ）の単位を用い，また抵抗がきわめて大きいときは 1 000 倍の**キロオーム**（単位記号：kΩ），1 000 000 倍の**メガオーム**（単位記号：MΩ）の単位を用いる．これらの接頭語（m，k，M などの記号）単位には次のような関係がある．

$$1\ \mu\Omega = \frac{1}{1\ 000\ 000}\ [\Omega] = 10^{-6}\ [\Omega]\ ,\quad 1\ \mathrm{m}\Omega = \frac{1}{1\ 000}\ [\Omega] = 10^{-3}\ [\Omega]$$

$$1\ \mathrm{k}\Omega = 1\ 000\ [\Omega] = 10^{3}\ [\Omega]\ ,\quad 1\ \mathrm{M}\Omega = 1\ 000\ 000\ [\Omega] = 10^{6}\ [\Omega]$$

一般に電気抵抗は R あるいは r の量記号で表し，図記号で表すときは図1・2のような記号を用いる．

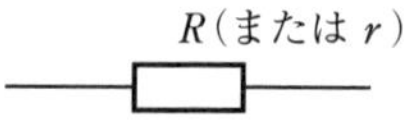

図1・2　抵抗の図記号

表1・1　接頭語

名　　称	記号	倍　　数	名　　称	記号	倍　　数
テ　ラ（tera）	T	10^{12}	セ ン チ（centi）	c	$10^{-2}=1/10^{2}$
ギ　ガ（giga）	G	10^{9}	ミ　　リ（milli）	m	$10^{-3}=1/10^{3}$
メ　ガ（mega）	M	10^{6}	マイクロ（micro）	μ	$10^{-6}=1/10^{6}$
キ　ロ（kilo）	k	10^{3}	ナ　　ノ（nano）	n	$10^{-9}=1/10^{9}$
ヘクト（hecto）	h	10^{2}	ピ　　コ（pico）	p	$10^{-12}=1/10^{12}$
デ　カ（deca）	da	10	フェムト（femto）	f	$10^{-15}=1/10^{15}$
デ　シ（deci）	d	$10^{-1}=1/10$	ア　　ト（atto）	a	$10^{-18}=1/10^{18}$

例題 1・1

次の抵抗値を（　）内の単位に変換しなさい．

（1）　450 Ω（mΩ）　　（2）　5 kΩ（Ω）

解答 （1） m（ミリ）＝ 10^{-3} 倍だから，ある抵抗値に 10^{-3} をかけたときに 450 Ω になる値を見つければよい．したがって，

$$450\,[\Omega] = x \times 10^{-3}$$
$$x = 450 \div 10^{-3}$$
$$x = 450\,000\,[\mathrm{m\Omega}]$$

（2） k（キロ）＝ 10^3 倍だから，5 kΩ を式で表すと，

$$5\,[\mathrm{k\Omega}] = 5 \times 10^3 = 5\,000\,[\Omega]\ となる．$$

電流，電圧に接頭語が付く場合も同様に考えればよい．

問 1・1 次の抵抗値を（ ）内の単位に変換しなさい．
（1） 30 Ω（mΩ）　　（2） 45 MΩ（Ω）
（3） 9 kΩ（Ω）　　（4） 2.4 mΩ（Ω）

（2）コンダクタンス

電気抵抗は電流の通りにくさを表すものであったが，**コンダクタンス**（conductance）は電気抵抗とは逆で電流の通しやすさを表すものである．**ジーメンス**（単位記号：S）という単位を用い，G という量記号で表す．

一般に，$R\,[\Omega]$ の抵抗のコンダクタンス G は，

$$G = \frac{1}{R}\,[\mathrm{S}]$$

という関係がある．しかしながら，電気回路を取り扱う場合は抵抗のほうを主として取り扱うことが多い．

1・3 オームの法則

電気回路の電圧・電流・抵抗の 3 つの間の関係については 1872 年にオームによって次のことが実験で確かめられた．

電気回路に流れる電流は電圧に比例して抵抗に反比例する．

これを**オームの法則**（Ohm's law）といい，電気回路の計算の一番の基になる大切な関係式である．

このオームの法則は図1・3のように$R〔Ω〕$（オーム）の抵抗に電池などで$V〔V〕$（ボルト）の電圧を加えたとき，流れる電流を$I〔A〕$（アンペア）とすれば，

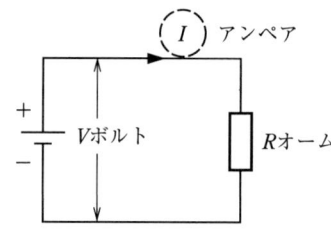

図1・3　オームの法則の説明

$$I=\frac{V}{R}〔A〕 \tag{1・1}$$

の式で表すことができる．この式は変形すると，

$$V=IR〔V〕 \tag{1・2}$$

$$R=\frac{V}{I}〔Ω〕 \tag{1・3}$$

となる．式(1・2)は電圧に注目した式で，図1・4(a)のように$R〔Ω〕$（オーム）の抵抗に$I〔A〕$（アンペア）の電流が流れているとき，抵抗の両端に現れる電圧を知ることができることを意味し，また式(1・3)は抵抗に注目した式で，図1・4(b)のように回路に流れる電流が$I〔A〕$（アンペア）で加えた電圧が$V〔V〕$（ボルト）であるとき，回路中の抵抗の値を知ることができることを意味する．

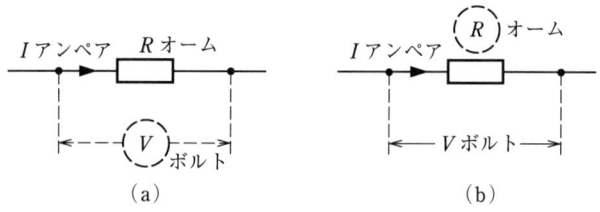

図1・4　オームの法則の意味

ここで，注意してほしいのはオームの法則とは決して3つの式があるのではなく，基本となる式(1・1)を基に回路中の求めたいものによって式を変形して利用

していくものである.

例題 1・2

ある電気回路に 30 V の電圧を加えたところ,4 A の電流が流れた.このときの回路の抵抗は何 Ω か.

解答 この問題の場合は,式(1・3)の抵抗の値に注目した式を用いれば簡単に導くことができる.もちろん,前述したとおりオームの法則で示した 3 つの式を無理して覚える必要はなく,式(1・1)を抵抗 R について変形する方法でもかまわない.

$$R=\frac{V}{I}=\frac{30}{4}=7.5\,[\Omega]$$

例題 1・3

ある電気回路の抵抗値を測定したところ 20 mΩ であった.この回路に 10 V の電圧を加えたとき,回路に流れる電流は何 A か.

解答 この問題も例題 1・2 と同様,オームの法則の式(1・1)を電流に注目した式に変形して求めればよい.ただし,抵抗の値に注意しなければならない.これから出題される問題もそうであるが,もし単位記号に m(ミリ),k(キロ)などの接頭語がついている場合は,すべて外して公式に代入することを覚えておいてほしい.したがって,

$$I=\frac{V}{R}=\frac{10}{20\times10^{-3}}=0.5\times10^{3}=500\,[\mathrm{A}]$$

となる.

問 1・2 ある電気回路に 50 V の電圧を加えたところ,3 A の電流が流れた.このときの回路の抵抗値は何 Ω か.

問 1・3 ある電気回路の抵抗値を測定したところ,5 kΩ であった.この回路に 5 V の電圧を加えたとき,流れる電流は何 A か.

問 1・4 ある電気回路の抵抗値を測定したところ 8 MΩ であった.この回路に 40 μA の電流を流したとき,抵抗の両端の電圧は何 V か.

1・4 抵抗の直列接続回路の計算

図1・5のようにいくつかの抵抗，例えば R_1，R_2，R_3 の3つの抵抗を一列につなぐ方法を**直列接続**（series connection）という．ここでは，抵抗を直列に接続したときの計算の仕方や扱い方について調べてみよう．

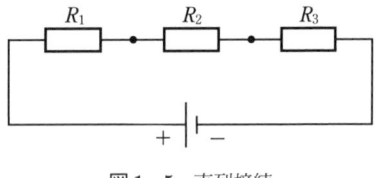

図1・5 直列接続

(1) 直列接続回路の合成抵抗

図1・6(a)のように R_1，R_2，R_3〔Ω〕の抵抗を直列に接続して V〔V〕の電圧を加えたとき，I〔A〕の電流が流れたとする．このとき電流の通路は1本しかないから，回路中のどの点をとって考えても同じ大きさの電流が流れている．

この場合，電流が流れることによって，各抵抗の両端には電圧が生ずる．いま，それぞれの抵抗の両端の電圧を図1・6(a)のように V_1，V_2，V_3〔V〕とすれば，それぞれの抵抗に流れる電流との間にはオームの法則により次のような関係がある．

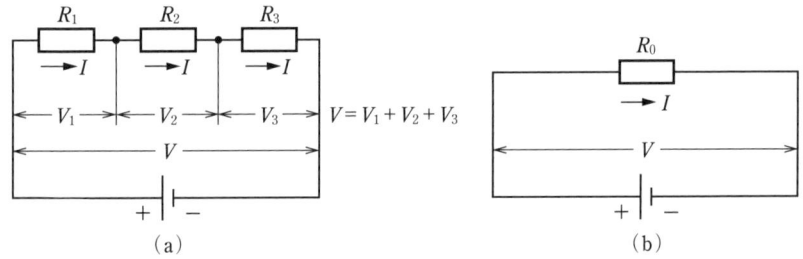

図1・6 直列接続と合成抵抗の考え方

$$V_1 = IR_1$$
$$V_2 = IR_2$$
$$V_3 = IR_3$$
(1・4)

ゆえに，全体の電圧 V は各抵抗の端子電圧の総和に等しいことから，

$$V = V_1 + V_2 + V_3 = IR_1 + IR_2 + IR_3 = I(R_1 + R_2 + R_3) \quad (1・5)$$

また，図1・6(b)のように同じ電圧 V の電圧を加えて，同じ電流 I の流れる1つの抵抗 R_0 を考えると，次の関係がある．

$$V = IR_0 \quad (1・6)$$

式(1・5)および(1・6)の関係から，式(1・5)＝式(1・6)とおいたとき R_1, R_2, R_3 の抵抗を直列にした全体の抵抗は，

$$R_0 = R_1 + R_2 + R_3 \quad (1・7)$$

で表され，1つの抵抗 R_0 で置き換えることができる．このように多くの抵抗を，電気的に同じ働きをする等価な1つの抵抗で表したものを**合成抵抗**（combined resistance）という．

一般に R_1, R_2, R_3, $\cdots$, R_n の n 個の抵抗を直列に接続したときの合成抵抗はそれぞれの抵抗の和に等しい．

$$R_0 = R_1 + R_2 + R_3 + \cdots + R_n$$

（2）電圧の分圧

図1・6(a)でそれぞれの抵抗の両端の電圧の分布を調べると式(1・4)と式(1・6)の関係から，

$$V_1 : V_2 : V_3 : V = R_1 : R_2 : R_3 : R_0$$

すなわち，各抵抗にかかる電圧は，それらの抵抗の比に分配される．この関係から，一般に抵抗を直列に接続したときのそれぞれの抵抗の両端の電圧は次のように計算することもできる．

$$V_1 = \frac{R_1}{R_0} V \qquad V_2 = \frac{R_2}{R_0} V \qquad V_3 = \frac{R_3}{R_0} V \quad (1・8)$$

例題 1・4

10 Ω,20 Ω,30 Ω の抵抗を直列に接続し,その両端に 100 V の電圧を加えたとき各抵抗の端子間にかかる電圧は何 V か.

解答 図 1・7 のような回路図から回路に流れる電流を I [A] とし,$R_1=10$ [Ω],$R_2=20$ [Ω],$R_3=30$ [Ω] とすれば,まず回路の合成抵抗は,式(1・7)から,

$$R_0 = R_1 + R_2 + R_3 = 10 + 20 + 30 = 60 \text{ [Ω]}$$

したがって,回路全体に流れる電流 I は,

$$I = \frac{V}{R_0} = \frac{100}{60} \fallingdotseq 1.67 \text{ [A]}$$

直列接続回路は回路中のどの点をとって考えても同じ大きさの電流が流れている.したがって各抵抗に流れる電流は等しいので各端子電圧は,

$$V_1 = IR_1 = 1.67 \times 10 = 16.7 \text{ [V]}$$
$$V_2 = IR_2 = 1.67 \times 20 = 33.4 \text{ [V]}$$
$$V_3 = IR_3 = 1.67 \times 30 = 50.1 \text{ [V]}$$

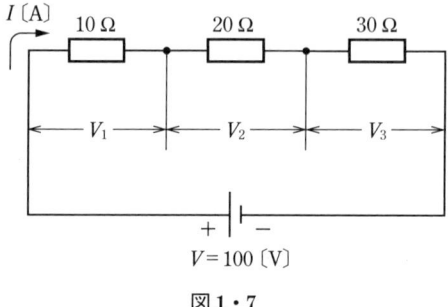

図 1・7

問 1・5 45 Ω と 35 Ω の抵抗を直列に接続した回路がある.この回路の合成抵抗は何 Ω か,また,回路に 80 mV の電圧を加えたとき回路に流れる電流は何 A か.

問 1・6　60 Ω と 80 Ω の抵抗を直列に接続した回路に，ある電圧を加えたら，2.5 A の電流が流れた．この回路に加えた全電圧は何 V か．

1・5　抵抗の並列接続回路の計算

図 1・8 のようにいくつかの抵抗，例えば R_1, R_2, R_3 の3つの抵抗の両端を一緒につなぐ方法を**並列接続**（parallel connection）という．ここでは，抵抗を並列に接続したときの計算の仕方や扱い方について調べてみよう．

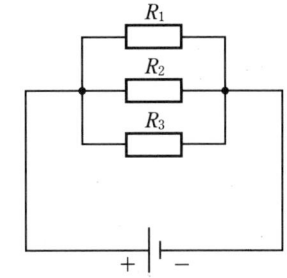

図 1・8　並列接続

（1）並列接続回路の合成抵抗

図 1・9 (a) のように R_1, R_2, R_3 〔Ω〕の抵抗を並列に接続して V〔V〕の電圧を加えたとき，回路中の各抵抗に加わる両端の電圧は電源の電圧に等しい．

この場合，それぞれの抵抗に流れる電流を図 1・9 (a) のように I_1, I_2, I_3〔A〕とすれば，それぞれの抵抗に流れる電流との間にはオームの法則により次式のような関係がある．

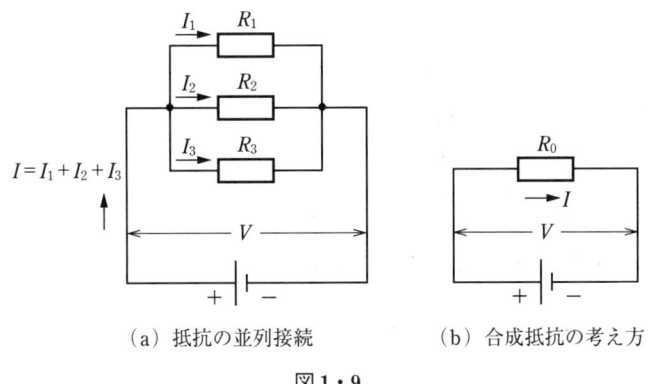

（a）抵抗の並列接続　　　（b）合成抵抗の考え方

図 1・9

第1章　直流回路の計算とオームの法則

$$I_1 = \frac{V}{R_1} \quad I_2 = \frac{V}{R_2} \quad I_3 = \frac{V}{R_3} \tag{1・9}$$

ゆえに，回路全体を流れる電流 I は各抵抗に流れる電流の総和に等しいことから，

$$I = I_1 + I_2 + I_3 = \frac{V}{R_1} + \frac{V}{R_2} + \frac{V}{R_3} = \left(\frac{1}{R_1} + \frac{1}{R_2} + \frac{1}{R_3}\right)V \tag{1・10}$$

また，図1・9(b)のように同じ電圧 V の電圧を加えて，同じ電流 I の流れる1つの抵抗 R_0 を考えると，次の関係がある．

$$I = \frac{V}{R_0} \tag{1・11}$$

式(1・10)および式(1・11)の関係から，式(1・10)＝式(1・11)とおいたとき R_1, R_2, R_3 の抵抗を並列にした全体の抵抗は，

$$\frac{V}{R_0} = \left(\frac{1}{R_1} + \frac{1}{R_2} + \frac{1}{R_3}\right)V$$

となる．両辺を V で割ると，

$$\frac{1}{R_0} = \frac{1}{R_1} + \frac{1}{R_2} + \frac{1}{R_3}$$

$$\therefore \quad R_0 = \frac{1}{\frac{1}{R_1} + \frac{1}{R_2} + \frac{1}{R_3}} \tag{1・12}$$

で表され，1つの抵抗 R_0 で置き換えることができる．直列接続の場合と同様に，多くの抵抗を，電気的に同じ働きをする等価な1つの抵抗で表したものを**合成抵抗**という．

一般に R_1, R_2, R_3, $\cdots$, R_n の n 個の抵抗を並列に接続したときの合成抵抗はそれぞれの抵抗の逆数の和の逆数に等しい．

$$R_0 = \frac{1}{\frac{1}{R_1} + \frac{1}{R_2} + \frac{1}{R_3} + \cdots + \frac{1}{R_n}}$$

特に2つの抵抗の並列接続の場合には以下の式を使うと便利である．

$$R_0 = \frac{R_1 \times R_2}{R_1 + R_2} \quad \text{(和分の積)}$$

（２）電流の分流

図1・9(a)でそれぞれの抵抗に流れる電流の分布を調べると式(1・9)と式(1・11)の関係から，

$$I_1 : I_2 : I_3 : I = \frac{1}{R_1} : \frac{1}{R_2} : \frac{1}{R_3} : \frac{1}{R_0}$$

すなわち，抵抗の並列回路の各抵抗に流れる電流は，それぞれの抵抗の逆数の比に分流する．この関係から，一般に抵抗を並列に接続したときのそれぞれの抵抗に流れる電流は次のように計算することもできる．

$$I_1 = \frac{R_0}{R_1} I \qquad I_2 = \frac{R_0}{R_2} I \qquad I_3 = \frac{R_0}{R_3} I \tag{1・13}$$

例題1・5

100 Ω，200 Ω，300 Ω の抵抗を並列に接続し，その両端に 100 V の電圧を加えたとき，各抵抗に流れる電流は何Aか．

解答 図1・10のように各抵抗に流れる電流を I_1, I_2, I_3 [A] とし全体の電流を I [A] また，$R_1 = 100$ [Ω]，$R_2 = 200$ [Ω]，$R_3 = 300$ [Ω] とする．回路中の各抵抗に加わる両端の電圧は電源の電圧に等しい．このことから，オームの法則を使って計算すると，

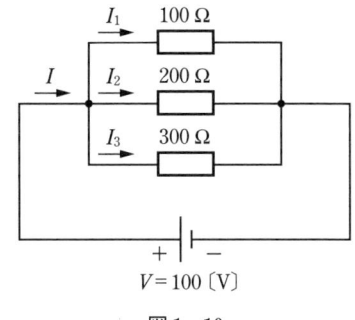

図1・10

$$I_1 = \frac{V}{R_1} = \frac{100}{100} = 1 \text{ [A]}$$

$$I_2 = \frac{V}{R_2} = \frac{100}{200} = 0.5 \text{ [A]}$$

$$I_3 = \frac{V}{R_3} = \frac{100}{300} \fallingdotseq 0.33 \text{ [A]}$$

ちなみに，回路に流れる全電流 I は各抵抗に流れる電流の総和に等しいので，

$$I = I_1 + I_2 + I_3 = 1 + 0.5 + 0.33 = 1.83 \text{ [A]}$$

第1章　直流回路の計算とオームの法則

問 1・7　例題 1・5（図 1・10）の回路の合成抵抗を求めなさい．

問 1・8　4 Ω と 6 Ω の抵抗の並列接続回路に，48 V の電圧を加えると全電流はいくらか．またそれぞれの抵抗に分流する電流はいくらか．

1・6　抵抗の直並列接続回路の計算

　抵抗の**直並列接続**（series-parallel connection）とは，直列接続と並列接続を組み合わせた回路である．したがって，組み合わせによってさまざまな回路ができるが，いずれの回路も今まで学んだ知識を応用して計算することができる．ここでは，実際に数値の入った回路を解いていく．

　ここでは，図 1・11(a)のように 10 Ω と 15 Ω の抵抗を並列にし，これに 4 Ω の抵抗を直列にした直並列接続回路に 100 V の電圧を加えた場合の回路全体の合成抵抗と，各抵抗の電圧および電流について考えていく．

　一般的に直並列接続回路の合成抵抗を求めるときは並列部分を 1 つの合成抵抗に置き換えて，図 1・11(b)のように直列接続として取り扱うと簡単に求めることができる．すなわち，bc 間の抵抗 R_{bc} は並列接続の合成抵抗の求め方から，

$$R_{bc} = \frac{10 \times 15}{10+15} = \frac{150}{25} = 6 \,[\Omega] \quad （和分の積）$$

したがって，ac 間の合成抵抗 R_{ac} は，直列接続の合成抵抗の求め方から，

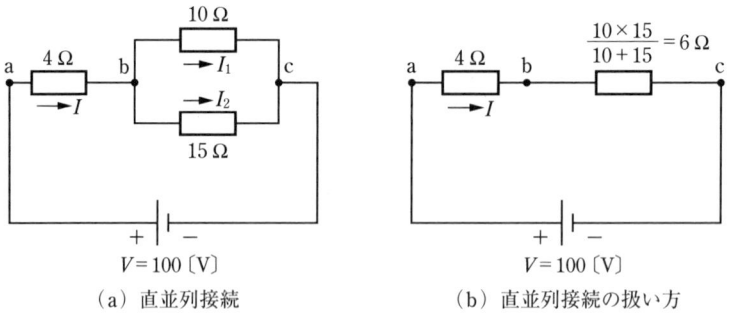

(a) 直並列接続　　　　　　　(b) 直並列接続の扱い方

図 1・11

$$R_{ac} = 4 + R_{bc} = 4 + 6 = 10 \,[\Omega]$$

となり，図1・11(b)のように考えることができ，回路全体に流れる電流 I は，

$$I = \frac{V}{R_{ac}} = \frac{100}{10} = 10 \,[\mathrm{A}]$$

この電流は4Ωに流れる電流であるので，実際はこれが図(a)の10Ωと15Ω抵抗に分流することになる．この分流する電流を I_1 と I_2 とすると式(1・13)から，

$$I_1 = \frac{6}{10} \times 10 = 6 \,[\mathrm{A}] \qquad I_2 = \frac{6}{15} \times 10 = 4 \,[\mathrm{A}]$$

また，それぞれab, bcの間の電圧を V_{ab}, V_{bc} とすれば，

$$V_{ab} = 10 \times 4 = 40 \,[\mathrm{V}]$$
$$V_{bc} = 10 \times 6 = 60 \,[\mathrm{V}] \quad (\text{または} \quad V_{bc} = 15 \times 4 = 60 \,[\mathrm{V}])$$

例題 1・6

図1・12のような直並列回路に200Vの電圧を加えたとき，40Ωに流れる電流 I_1 は何Aか．

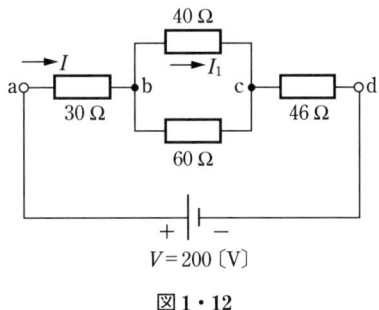

図1・12

解答 まず，回路全体の合成抵抗を求めてから，全体の電流 I [A] を求め，それから端子bc間の電圧を求め，I_1 [A] を求める方法と，別解として端子bc間における電流の分流を考える方法の両方で解いていく．

端子bc間の並列部分の合成抵抗 R_{bc} は，2つの抵抗の並列接続だから，和分の積の公式より，

$$R_{bc} = \frac{40 \times 60}{40 + 60} = \frac{2\,400}{100} = 24 \,[\Omega]$$

全体の合成抵抗 R_{ad} は，（直列接続の合成抵抗）

$$R_{ad} = 30 + 24 + 46 = 100 \,[\Omega]$$

したがって，全体に流れる電流 I は，

$$I = \frac{V}{R_{ad}} = \frac{200}{100} = 2 \,[\mathrm{A}]$$

端子 ab 間の電圧 V_{ab} と端子 cd 間の電圧 V_{cd} から，端子 bc 間の電圧 V_{bc} の値を計算し，電流 I_1 を求める．

$$V_{ab} = 30 \times I = 30 \times 2 = 60 \,[\mathrm{V}]$$
$$V_{cd} = 46 \times I = 46 \times 2 = 92 \,[\mathrm{V}]$$
$$V_{bc} = 200 - V_{ab} - V_{cd} = 200 - 60 - 92 = 48 \,[\mathrm{V}]$$

したがって，

$$I_1 = \frac{V_{bc}}{40} = \frac{48}{40} = 1.2 \,[\mathrm{A}]$$

別解 全体に流れる電流 $I = 2\,[\mathrm{A}]$ を使って分流の式を利用すると，式 (1・13) より，

$$I_1 = \frac{24}{40} \times I = \frac{24}{40} \times 2 = 1.2 \,[\mathrm{A}]$$

問 1・9 図 1・13 のように，2.6 Ω，6 Ω，4 Ω の抵抗を接続して，50 V の電圧を加えたとき，各抵抗に流れる電流を求めなさい．

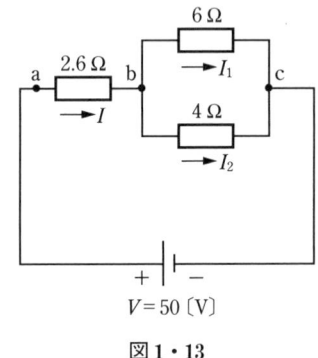

図 1・13

1・7 電圧降下

ある電源から負荷に電気を供給するとき電源から負荷をつなぐ導体に抵抗があると，その抵抗で電圧が発生し負荷に加わる電圧は電源電圧よりも低くなってしまう．

1・7 電圧降下

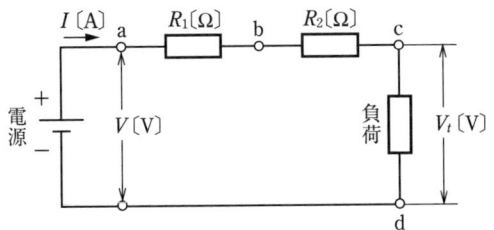

図1・14　負荷の端子電圧

　例えば，図1・14のように電圧 V〔V〕の電源から R_1〔Ω〕および R_2〔Ω〕の抵抗を通って電流 I〔A〕が負荷に流されたとき，図1・15(a)に示すように，抵抗 R_1 では IR_1〔V〕，抵抗 R_2 では IR_2〔V〕の電圧がそれぞれの抵抗の両端に発生することはオームの法則からわかる．また，負荷にかかる端子電圧は R_1, R_2 の両端の電圧分だけ低下して，負荷の両端にかかる実際の電圧 V_t は，

$$V_t = V - IR_1 - IR_2 = V - I(R_1 + R_2)$$

となる．
　ここでは，この電圧の変化をd点を基準として表してみると，図1・15(b)のようになる．このことからもわかるように，ab間では IR_1，bc間で IR_2 の電圧

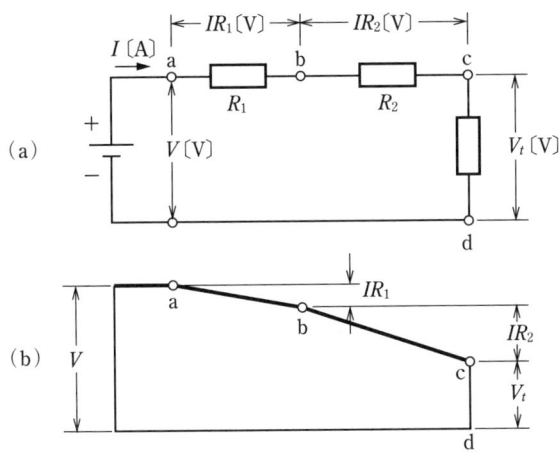

図1・15　電圧降下

15

が降下することとなる．このときの抵抗の両端の電圧のことを**電圧降下**（voltage drop）と呼ぶ．

例題 1・7

図 1・16 のように，1 線の抵抗 $r=0.7$ 〔Ω〕の電線を通じて，電熱器の負荷に $I=6$ 〔A〕の電流を供給する場合，電源電圧が 100 V であるとすると負荷電圧はいくらか．

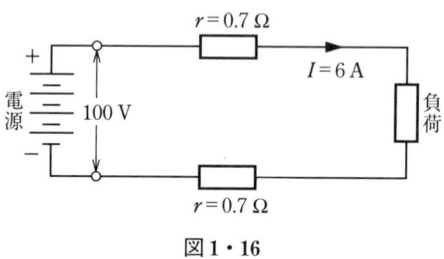

図 1・16

解答 まず，往復電線路における電圧降下は，
$$2rI = 2 \times 0.7 \times 6 = 8.4 \text{〔V〕}$$
したがって，負荷電圧は，
$$負荷電圧 = 100 - 2rI = 100 - 8.4 = 91.6 \text{〔V〕}$$

問 1・10 100 V の電源と電熱器の負荷との間を 0.5 Ω の抵抗を持つ電線 2 本によって接続し，10 A の電流を流したとすれば，電線は何 V の電圧降下を生ずるか．また，負荷の端子電圧は何 V となるか．

1・8 電源の起電力と端子電圧

これまでの回路では，電源の電圧は起電力と等しく一定であるものとして回路計算を行ってきた．しかし，実際には電源（発電機や電池など）の内部には少しではあるが抵抗を持っている．このような抵抗のことを**内部抵抗**（internal resistance）と呼ぶ．

ここで，図1・17のように起電力 E 〔V〕，内部抵抗 r 〔Ω〕の電源に R 〔Ω〕の抵抗を接続したとき（抵抗 R のことを内部抵抗に対して**外部抵抗**（external resistance）と呼ぶ），回路内に流れる電流 I 〔A〕を計算してみる．このとき，回路は内部抵抗 r と抵抗 R の直列接続回路になっていることがわかる．

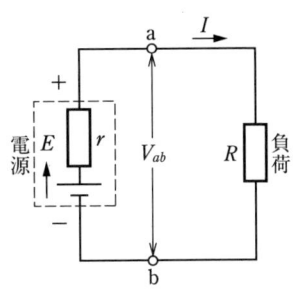

図1・17 電池の起電力と端子電圧

まず，回路全体の合成抵抗 R_0 を求める．抵抗の直列接続の合成抵抗は各抵抗の値の和になるので，

$$R_0 = r + R \tag{1・14}$$

回路に流れる全電流 I はオームの法則から，

$$I = \frac{E}{R_0} = \frac{E}{r+R} \text{〔A〕} \tag{1・15}$$

また，式(1・15)を変形し電源電圧 E の値を求めると，式(1・15)の両辺に $(r+R)$ をかけ，

$$E = I(r+R) \text{〔V〕} \tag{1・16}$$

となる．

次に，電源の ab の端子間の電圧 V_{ab} について調べていく．V_{ab} は端子 ab を抵抗 R の側から考えると，R 〔Ω〕の抵抗の電圧降下 IR を示し，電源の側から考えると電源電圧から内部抵抗の電圧降下を差し引いたもの $E-Ir$ である．

したがって，

$$V_{ab} = IR = E - Ir \tag{1・17}$$

の関係が成り立つ．この式(1・17)の $E-Ir$ の Ir は電源内部の電圧降下という意味で，**内部降下**（internal drop）といい，V_{ab} のことを電源の**端子電圧**（terminal voltage）という．

電気計測の計算ではないので，これからの回路計算では，電源の内部降下は特に断りのない限り無視してよいこととする．

問 1・11 起電力 1.5 V，内部抵抗 0.5 Ω の電池に図 1・18 のように 1 Ω，2 Ω および 4 Ω の抵抗を直列に接続するときに回路全体に流れる電流はいくらか．また，2 Ω の抵抗の両端 cd の端子電圧はいくらか．

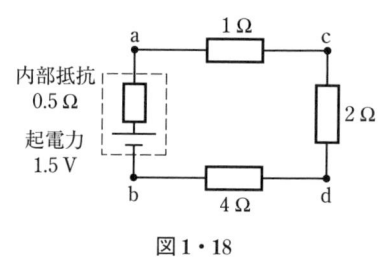

図 1・18

1・9　電圧計と電流計のつなぎかた

これまで，電流と電圧を扱ってきたが，実際には電圧，電流を測定するには，電圧計と電流計を利用する．これらの計器は直流用，交流用，交直両用などのものがある．詳しい内容は電気計測という分野の中で学んでもらうこととして，ここでは，簡単な取り扱い方法を学ぶこととする．

（1）電流計

電流計は測定しようとする電流が電流計内部を流れるように，図 1・19 のように回路に直列に接続する．この場合，電流計の内部抵抗が大きいと電流計内部で電圧降下を起こしてしまい，負荷電流 I に影響を与えてしまうので，電流計内部での電圧降下

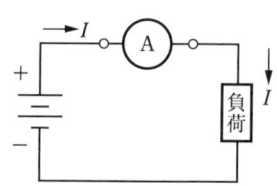

図 1・19　電流計のつなぎ方

をきわめて小さくするために，できるだけ小さい抵抗でつくられている．したがって，回路計算上は電流計の内部抵抗はないものとして取り扱っている．

（2）電圧計

電圧計は測定しようとする端子の両端につなぐ，すなわち，測定するものに対して並列に接続する．このとき，電圧計の内部抵抗が小さいと電圧計に流れ込む

電流 i が大きくなり，負荷電流に影響を与え，測定しようとする端子電圧にも影響を与えてしまう．電圧計に流れ込む電流 i をできるだけ小さくするように電圧計内部の抵抗をできるだけ大きくするようにつくられている．

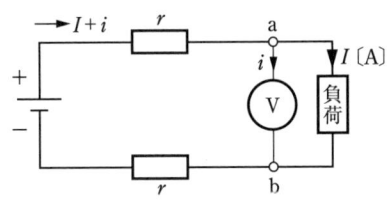

図1・20　電圧計のつなぎ方

したがって，回路計算上は電圧計に電流は流れ込まない（内部抵抗は無限大）ものとして考える．

1・10　倍率器と分流器の原理

電圧計や電流計を用いて，最大の目盛以上の大きな電圧や電流を測定する場合には，倍率器や分流器などが用いられる．次からは，これまで学んだ計算を基にこれらの機器の原理を調べていく．

(1) 倍率器

図1・21のように内部抵抗 r_v 〔Ω〕の電圧計に直列に R 〔Ω〕の抵抗を直列に接続する．この抵抗 R のことを**倍率器**（multiplier）という．

ここで，この直列回路に電圧 V 〔V〕の電圧を供給するとき，電圧計の振れは何Vを示すかを考えてみる．

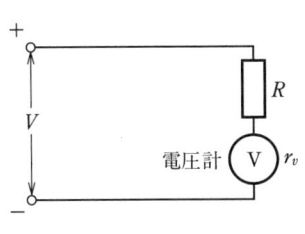

図1・21　倍率器の原理

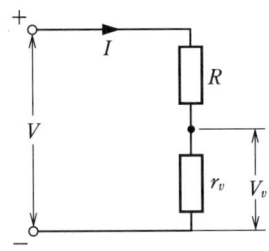

図1・22　倍率器の考え方

19

第1章　直流回路の計算とオームの法則

　この場合，電圧計は自己の内部抵抗による電圧降下を示すようにつくられているから，電圧計の指示する値を図 1・22 の回路図から計算すると，

$$V_v = r_v I = r_v \frac{V}{r_v + R} \quad [\mathrm{V}] \tag{1・18}$$

という値を示すことになる．また，この式を変形して電源電圧 V について解くために，まず両辺に $(r_v + R)$ をかける．

$$r_v V = (r_v + R) V_v$$

両辺を r_v で割ると，電圧 V は，

$$V = \frac{r_v + R}{r_v} V_v = \left(1 + \frac{R}{r_v}\right) V_v \quad [\mathrm{V}] \tag{1・19}$$

となり，加えられた電圧 V は，電圧計の振れ V_v の $(1 + R/r_v)$ 倍であることがわかる．すなわち，電圧計の読みの $(1 + R/r_v)$ 倍の電圧が計れることになる．この $(1 + R/r_v)$ のことを**倍率器の倍率**という．

（2）分流器

　図 1・23 のように内部抵抗 r_a 〔Ω〕の電流計に並列に R 〔Ω〕の抵抗を接続する．この抵抗 R のことを**分流器**（shunt）という．

　ここで，この並列回路に電流 I 〔A〕を流したとき，電流計にはいくらの電流が流れるのであろうか．この場合，電流計はその内部に流れる電流を指示するようにつくられている．したがって，図 1・24 のような抵抗の並列回路と考えれば，電流計に流れる電流 I_a は式 (1・13) の関係から，

$$I_a = \frac{R_0}{r_a} I \quad [\mathrm{A}] \tag{1・20}$$

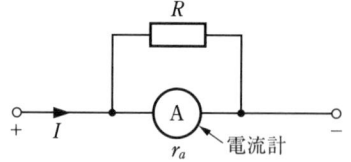

図 1・23　分流器の原理

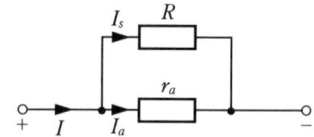

図 1・24　分流器の考え方

ここで R_0 は並列回路の合成抵抗を示しているので図 1・24 の抵抗の並列回路の合成抵抗を求めると，

$$R_0 = \frac{r_a \times R}{r_a + R} \, [\Omega]$$

となり，この合成抵抗を式 (1・20) に代入すると，

$$I_a = \frac{r_a \times R}{r_a + R} \cdot \frac{1}{r_a} \cdot I = \frac{R}{r_a + R} I \, [\text{A}]$$

となる．また，この式を変形して，電流 I について解くために，まず両辺に $(r_a + R)$ をかける．

$$IR = I_a(r_a + R)$$

両辺を R で割ると，電流 I は，

$$I = \left(\frac{r_a + R}{R}\right) I_a = \left(1 + \frac{r_a}{R}\right) I_a \, [\text{A}] \tag{1・21}$$

となり，流れる電流 I は，電流計の振れの $(1 + r_a/R)$ 倍であることがわかる．すなわち，電流計の読みの $(1 + r_a/R)$ 倍の電流が計れることになる．この $(1 + r_a/R)$ のことを**分流器の倍率**という．

1・11 電力と電力量

電気回路に電圧を加えて電流が流れると，電球をつけたり，モータを回したりしてさまざまな仕事をする．ここでは，この電気のなす仕事，すなわちエネルギーを表す電力と電力量について学ぶ．

（1）電力

電気回路において行われる仕事の量，電気エネルギーは，1 秒間当たりにする仕事で表し，これを**電力**（electric power）または**消費電力**といい，単位を**ワット**（単位記号：W），量記号を P で表す．電力は**電圧と電流の相乗積**で知ることができ，以下のような式となる．

$$P = VI \, [\text{W}] \tag{1・22}$$

したがって，図1・25のようにR〔Ω〕の抵抗に電圧V〔V〕の電圧を加えたときI〔A〕の電流が流れたとすると，オームの法則の関係があるから，電力は，

$$P = VI = IR \cdot I = I^2 R \text{〔W〕}$$

$$P = VI = V \cdot \frac{V}{R} = \frac{V^2}{R} \text{〔W〕}$$

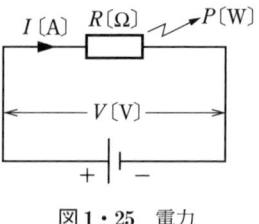

図1・25 電力

の形で表すこともできる．

なお，これらの電力を表すワットの単位は，きわめて小さいときは**ミリワット**（単位記号：mW），また大きい電力のときは**キロワット**（単位記号：kW），**メガワット**（単位記号：MW）の単位が用いられる．これらの単位には次のような関係がある．

$$1 \text{ mW} = \frac{1}{1\,000} \text{ W} = 10^{-3} \text{〔W〕}$$

$$1 \text{ kW} = 1\,000 \text{ W} = 10^3 \text{〔W〕}$$

$$1 \text{ MW} = 1\,000\,000 \text{ W} = 10^6 \text{〔W〕}$$

例題1・8

ある電灯に100 Vの電圧を加えると0.2 Aの電流が流れる．この電灯の電力は何Wか．

解答 式(1・22)より

$$P = VI = 100 \times 0.2 = 20 \text{〔W〕}$$

例題1・9

100 V用60 Wの電球の抵抗と流れる電流を求めなさい．

解答 式(1・22)を変形し，

$$P = \frac{V^2}{R}$$

という式から，Rを求める式にさらに変形する．

$$R = \frac{V^2}{P} = \frac{100^2}{60} \fallingdotseq 166.67 \text{〔Ω〕}$$

また，流れる電流 I は，

$$I = \frac{V}{R} = \frac{100}{166.67} \fallingdotseq 0.6 \text{[A]}$$

または，式(1・22)を I を求める式に変形し，

$$I = \frac{P}{V} = \frac{60}{100} = 0.6 \text{[A]}$$

問1・12 20 Ω の負荷に 5 A の電流が流れているとき，その負荷の消費電力は何 W か．

問1・13 100 V 用 80 W の電球の抵抗と電流を求めなさい．

（2）電力量

ある電力で一定時間になされた電気的な仕事量を**電力量**（electric energy）といい，電力と時間の積で表され次のような式となる．

$$W = Pt = VIt \text{ [W·s]} \tag{1・23}$$

なお，これらの電力量を表す単位には時間の単位によって，**ジュール**（単位記号：J），あるいは**ワット秒**（単位記号：W·s），**ワット時**（単位記号：W·h），**キロワット時**（単位記号 kW·h）の単位を用い，W という量記号で表す．

例題1・10

ある電灯に 100 V の電圧を加えると 0.6 A の電流が流れる．この電灯を 100 V の電圧で連続して 10 時間点灯したときの消費した電力量を求めなさい．

[解答] 式(1・23)より電力量を求めると，

$$W = Pt = VIt = 100 \times 0.6 \times 10 = 600 \text{ [W·h]}$$

ちなみに，単位を〔W·s〕とすると，

$$W = Pt = VIt = 100 \times 0.6 \times (10 \times 60 \times 60) = 2\,160\,000 \text{ [W·s]}$$

となり，〔W·s〕という単位で電力量を表すと，非常に大きな数値となってしまうので，一般的には〔W·h〕や〔kW·h〕という単位で表す．

問1・14 ある抵抗に100 Vの電圧を加え，0.2 Aの電流を10分間流したときの電力量は何 W・h か．

問1・15 25 Ωの抵抗に100 Vの電圧を5時間加えたときの電力量を〔W・s〕と〔W・h〕の単位でそれぞれ答えなさい．

1・12　キルヒホッフの法則（直流編）

　前節までで簡単な直流回路の計算を学んできたが，ここでは，図1・26のような少し複雑な回路の計算方法を学んでいく．電気回路が複雑化していくと，回路が網目のようになっていくので，このような回路を**回路網**（network）といい，その中の1つの閉じた回路を**閉路**（closed circuit）あるいは**網目**（mesh）という．回路網の計算には，オームの法則をさらに発展させた**キルヒホッフの法則**（Kirchhoff's law）を用いて解く方法がある．

　このキルヒホッフの法則には第1法則（電流に関する法則）と第2法則（電圧に関する法則）がある．

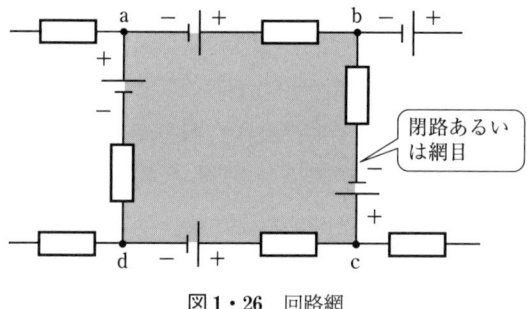

図1・26　回路網

（1）キルヒホッフの第1法則

　回路網中のどの接続点をとっても，その点に流れ込んでくる電流は流れ出す電流と等しい．このことは電流の連続性を考えても当然のことである．抵抗の並列接続回路の電流の分流のときも何気なく用いてきたことである．

1・12 キルヒホッフの法則（直流編）

　キルヒホッフの第1法則とは，回路網中の任意の接続点では，その点に流入する電流の総和と流出する電流の総和は等しいという法則である．この法則は，図1・27のように，接続点 O に流入する電流が I_1, I_3 であり，流出する電流が I_2, I_4 であるとすれば，O 点で第1法則を適用すると，

$$I_1 + I_3 = I_2 + I_4$$

さらに式を変形すると，

$$I_1 + I_3 + (-I_2) + (-I_4) = 0$$

とも書くことができる．この式は流入する電流を正とし流出する電流を負と考えれば，回路網中の任意の接続点に流入する電流の総和は0であるということもできる．

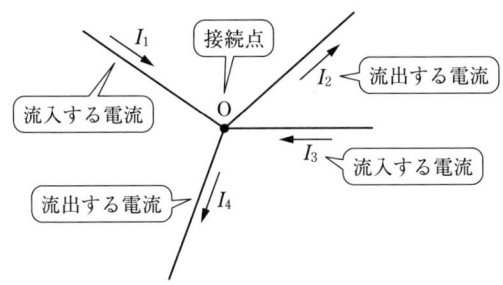

図1・27　キルヒホッフの第1法則

（2）キルヒホッフの第2法則

　回路網中のある電位の点を基点とし，任意の閉路を一周して元の基点に戻った場合には，途中で電位の上昇，下降があっても必ず元の電位に戻っている．つまり，途中の電位の上昇，下降は打ち消しあって0になる．

　キルヒホッフの第2法則とは，回路網中の任意の閉路を一定方向に一周したとき，回路の各部分の起電力の総和と電圧降下の総和とは互いに等しいという法則である．

　ただしこの場合，仮定した閉路をたどる方向と一致した起電力および電流によ

る電圧降下を正とし，逆のものを負として扱う．

次に，これを例によって示していく．図1・28のような回路網中のabcaの一閉路を考え，起電力の正の方向および電流の正の方向を図のように仮定する．閉路をたどる方向を時計回り（仮定する）に一周したときの起電力と電圧降下の関係は次のようになる．

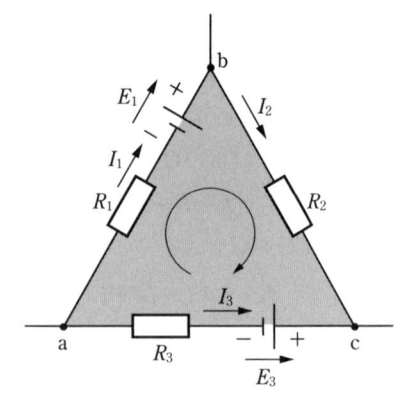

図1・28　キルヒホッフの第2法則

区間	電圧降下	起電力
a―b	$R_1 I_1$	E_1
b―c	$R_2 I_2$	0
c―a	$-R_3 I_3$	$-E_3$

したがって，電圧降下の総和と起電力の総和が等しいと置き，第2法則を適用すると，

$$R_1 I_1 + R_2 I_2 + (-R_3 I_3) = E_1 + (-E_3)$$

と書くことができる．

（3）キルヒホッフの法則による回路の解き方

次の図1・29のような回路を実際に解きながらキルヒホッフの法則を使った回路網の解き方を学ぶ．

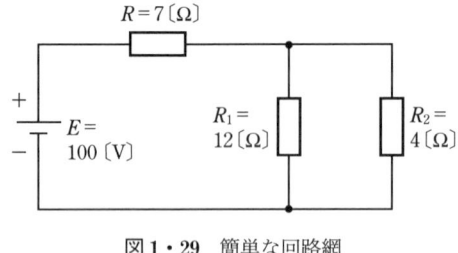

図1・29　簡単な回路網

1・12 キルヒホッフの法則（直流編）

① 各分岐路に流れる電流の正の方向を仮定し記号を定める．図1・30のように，各部の電流の流れる方向を矢印で仮定し I, I_1, I_2 とする．

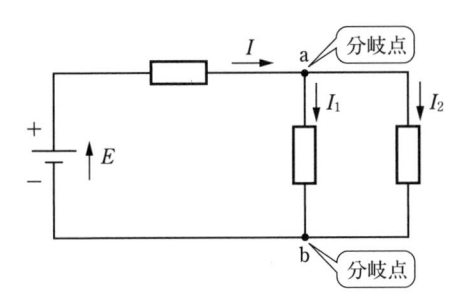

図1・30　分岐点での電流の仮定

② 分岐点において，キルヒホッフの第1法則を適用し方程式を立てる．図1・30の分岐点aにおいて方程式を立てると（方程式の数は全分岐点の数より少なくてよい），

$$I = I_1 + I_2 \tag{1・24}$$

③ 各閉路において，キルヒホッフの第2法則を適用し方程式を立てる．このとき，立てる方程式はそれぞれに独立していなければならないので，他の方程式を立てるときは，まだたどったことのない分岐路を通ることが必要である．

例えば，図1・31のように，閉路①，②について第2法則を適用すると，

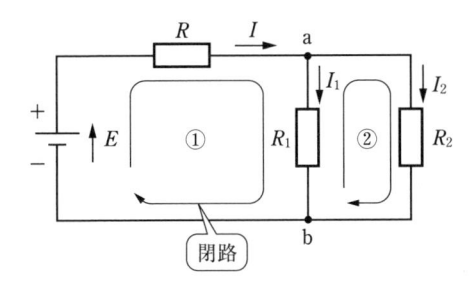

図1・31　閉路のたどり方

第1章　直流回路の計算とオームの法則

閉路①から，
$$RI + R_1 I_1 = E \tag{1・25}$$
閉路②から，
$$-R_1 I_1 + R_2 I_2 = 0 \tag{1・26}$$
式(1・25)と式(1・26)に与えられた数値を代入すると（図1・29の値を代入），
$$7I + 12 I_1 = 100 \tag{1・27}$$
$$-12 I_1 + 4 I_2 = 0 \tag{1・28}$$
式(1・24)，式(1・27)，式(1・28)から連立方程式を解く．

まず，式(1・24)を式(1・27)に代入すれば，
$$7(I_1 + I_2) + 12 I_1 = 100$$
$$\therefore \ 19 I_1 + 7 I_2 = 100 \tag{1・29}$$
式(1・28)と式(1・29)から I_2 を消去するために，まず式(1・28)の両辺に7をかけると，
$$-12 I_1 \times 7 + 4 I_2 \times 7 = 0$$
$$-84 I_1 + 28 I_2 = 0 \tag{1・30}$$
また，式(1・29)の両辺に4をかけると，
$$19 I_1 \times 4 + 7 I_2 \times 4 = 100 \times 4$$
$$76 I_1 + 28 I_2 = 400 \tag{1・31}$$
式(1・30)－式(1・31)を計算すると，
$$\begin{array}{r} -84 I_1 + 28 I_2 = 0 \\ -)\ \ 76 I_1 + 28 I_2 = 400 \\ \hline -160 I_1 = -400 \end{array}$$
$$-160 I_1 = -400$$
$$\therefore \ I_1 = \frac{400}{160} = 2.5 \, [\mathrm{A}] \tag{1・32}$$
式(1・32)を式(1・28)に代入すると，
$$-12 \times 2.5 + 4 I_2 = 0$$
$$-30 + 4 I_2 = 0$$

$$4I_2 = 30$$

$$\therefore \quad I_2 = \frac{30}{4} = 7.5 \text{[A]} \tag{1・33}$$

式(1・32)と式(1・33)を式(1・24)に代入すると，

$$I = I_1 + I_2 = 2.5 + 7.5 = 10 \text{[A]}$$

という手順で解いていく．

問 1・16 図 1・32 で $R_1 = 30\,[\Omega]$，$R_2 = 20\,[\Omega]$，$R_3 = 10\,[\Omega]$，$E = 11\,[\text{V}]$ であるとき，電流 I_1，I_2，I_3 をキルヒホッフの法則で求めなさい．

ただし点 a においてキルホッフの第 1 法則を適用し閉路をたどる方向は図のとおりとする．

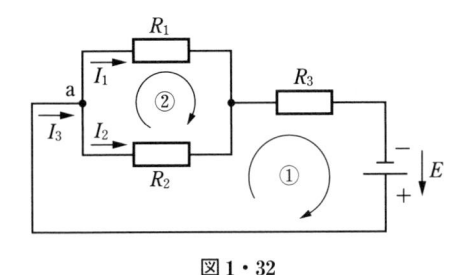

図 1・32

━━━━━━━━━━━━━ **章末問題** ━━━━━━━━━━━━━

1. 500 Ω の抵抗器に，100 V の電圧を加えたら，何 A の電流が流れるか．
2. 10 kΩ の抵抗に 50 mA の電流を流したら，抵抗の両端の電圧は何 V か．
3. ある電気回路に 100 V の電圧を加えたら 10 mA の電流が流れたという．この回路の抵抗は何 Ω か．
4. 2 Ω，4 Ω および 6 Ω の 3 つの抵抗がある．この抵抗をすべて直列に接続したときの合成抵抗とすべて並列に接続したときの合成抵抗を求めなさい．

5. 2つの抵抗 R_1 および R_2 がある．この両者を直列にすれば，合成抵抗は25Ωとなり，またこれを並列にすれば，その合成抵抗は6Ωとなる．R_1 および R_2 の抵抗値はそれぞれ何Ωか．

6. 5Ω，3Ωおよび7Ωの抵抗をすべて直列に接続し，この抵抗に150Vの電圧を加えたとき，回路全体に流れる電流は何Aか．また，各抵抗の両端に現れる電圧は何Vか．

7. 図1・33のような抵抗の直並列回路に，100Vの電圧を加えたとき，回路に流れる全電流 I および10Ωと20Ωに流れる電流 I_1, I_2 を求めなさい．

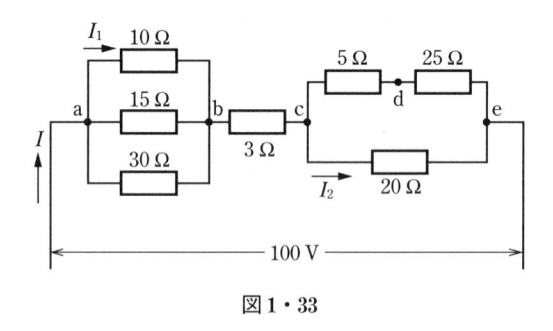

図1・33

8. 起電力24V，内部抵抗0.4Ωの電池から，図1・34のように2本の0.2Ωの導体を通じて4Ωの負荷に電流を供給するとき，abおよびcd間の電圧は何Vか．

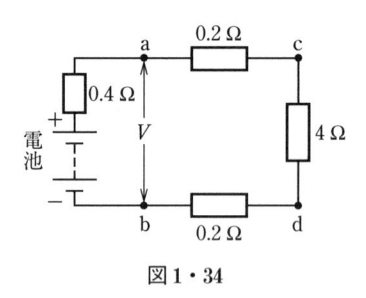

図1・34

9. ある電池から2Aの電流を流したときには，その端子電圧が1.4Vになり，また3Aの電流を流したときには1.1Vになるという．この電池の起電力および内部抵抗はいくらか．
10. 最大目盛10mA，内部抵抗1Ωの電流計がある．これに分流器を付けて最大500mAまで測れる電流計にするには，分流器の抵抗を何Ωにすればよいか．また，その分流器の倍率を求めなさい．
11. 最大目盛10V，内部抵抗20kΩの電圧計がある．これに倍率器を付けて最大100Vの電圧計にしたい．倍率器の倍率および抵抗の値を求めなさい．
12. 30Ωの抵抗に0.5Aの電流が流れたとき，消費される電力は何Wか．
13. 100Vの電圧を加えたとき，100Wの電力を消費する抵抗R_1と400Wの電力を消費する抵抗R_2を直列に接続して，その両端に200Vの電圧を加えたら，どれだけの電力を消費するか．
14. ある抵抗に50Vの電圧を加え，2mAの電流を5分間流したときの電力量は何W・sか．また，何W・hか．
15. 図1・35で$R_1=0.25 [\Omega]$，$R_2=0.1 [\Omega]$，$R_3=0.1 [\Omega]$，$E_1=4 [V]$，$E_2=2 [V]$であるとき，電流I_1，I_2，I_3をキルヒホッフの法則で求めなさい．

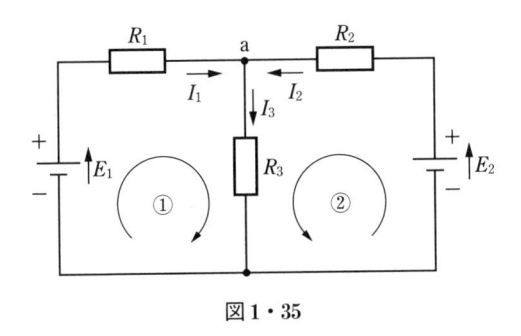

図1・35

第2章

交流回路の計算

これから正弦波交流の取り扱い方について学んでいく．この正弦波交流はわれわれが利用している交流の中で一番使いやすいものである．この章では，まず正弦波交流の数学的な表し方を学ぶことにする．

2・1 直流と交流

一般に図2・1(a)に示すように，時間に対して，電流の大きさと流れる方向が常に一定しているものを**直流**（direct current, **DC**）という．

これは電池や直流発電機などから得られる電流である．これに対して，図(b)に示すように，電流の大きさと流れる方向が時間の経過とともに周期的に，交互に変化するものを**交流**（alternating current, **AC**）という．この交流のうちで，一番よく利用されているものは，**正弦波交流**（sinusoidal alternating current）で，その大きさと方向が時間とともに正弦波状に変化するものである．なお，図(c)のように，直流と交流とが重なり合って流れているものを**脈動電流**

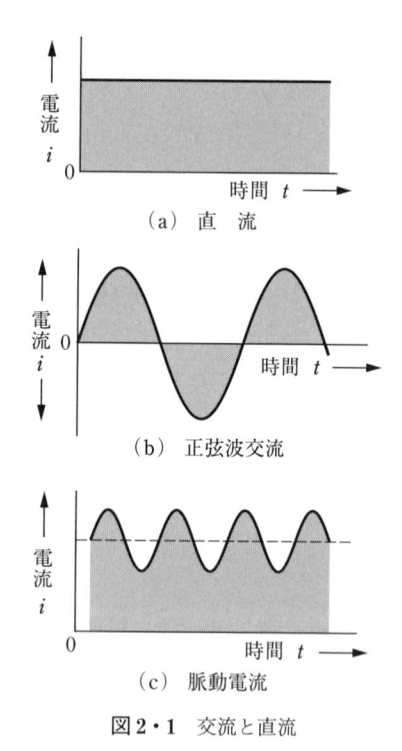

(a) 直流

(b) 正弦波交流

(c) 脈動電流

図2・1 交流と直流

(pulsating current) と呼んでいる．

　交流電流を流すためには，これと同じように変化する起電力，つまり，電圧が必要となる．この場合，前者を**交流起電力**（alternating electro motive force），後者を**交流電圧**（alternating voltage）という．

2・2　正弦波起電力の発生

　交流起電力は，電磁気学において学んだように，導体を平等磁界中で回転させることによって発生させることができる．すなわち，図2・2に示すように，平等磁界中で，1本の導体を点Oを中心として，一定の速度で半時計方向（左回り）に回転させると，導体がXX'軸の上方を運動しているときは，導体が磁束を右から左のほうへ切っていくので，⊗（クロス）の方向に起電力が誘導され，XX'軸の下方を運動しているときは導体が磁束を左から右のほうへ切っていくので，⊙（ドット）の方向に起電力が誘導されるのはフレミングの右手の法則よりわかる．このように，導体に誘導される起電力の方向は，半回転ごとに⊗（クロス）と⊙（ドット）の方向に交互に変化することがわかる．この発生する起電力の瞬時値eは電磁気学の公式から，

$$e = Blv \sin \varphi \, [\text{V}] \tag{2・1}$$

　また，発生する起電力の**最大値**（maximum value）E_mは，

$$E_m = Blv \, [\text{V}]$$

とおけば，式(2・1)は，

$$e = E_m \sin \varphi \, [\text{V}] \tag{2・2}$$

ただし，B：磁界の磁束密度〔T〕，l：導体の長さ〔m〕
　　　　v：導体の回転速度〔m/s〕，φ：X軸からの導体の回転角〔rad〕

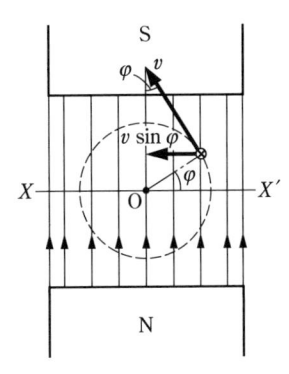

図2・2　交流起電力の発生

第2章　交流回路の計算

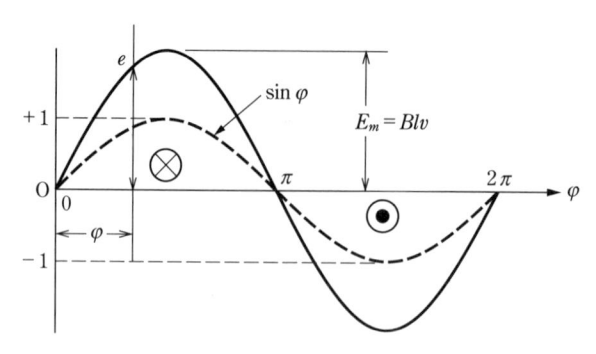

図2・3　正弦波起電力

で表せる．

　いま，式(2・2)の関係をグラフで表すと図2・3のようになる．図における破線の曲線は $\sin\varphi$ の曲線である．したがって，e の曲線は $\sin\varphi$ の曲線の E_m 倍の大きさに相当することになる．このように $\sin\varphi$ に比例して変化する起電力を**正弦波起電力**（sinusoidal electro motive force）という．

　一般に使われている交流は，このような正弦波交流と考えてよい．これに対して，正弦波交流以外の交流を**非正弦波交流**（non-sinusoidal a.c.）または**ひずみ波交流**（distorted a.c.）といっている．

> **参考**　角度を表すには **60分法** と **弧度法** と呼ばれる方法がある．交流回路を計算していくうえでは弧度法，**ラジアン**（単位記号：rad）で表現することが一般的である．そこで，以下に度からラジアンへの変換式とラジアンから度への変換式を参考までに示しておく．
>
> 度（θ）→ラジアン（φ）への変換式
>
> $$\varphi = \frac{\theta}{180} \times \pi \ [\mathrm{rad}] \tag{2・3}$$
>
> ラジアン（φ）→度（θ）への変換式
>
> $$\theta = \frac{\varphi}{\pi} \times 180 \ [°] \tag{2・4}$$

例題 2・1

次の角度を（ ）内の単位に変換しなさい．

（1） 45 [°]　（rad）　（2） 2π [rad]　（°）

解答　（1） 式(2・3)より，$\theta = 45$ [°]だから，

$$\varphi = \frac{45}{180} \times \pi = \frac{1}{4} \times \pi = \frac{\pi}{4} \text{ [rad]}$$

（2） 式(2・4)より，$\varphi = 2\pi$ [rad]だから，

$$\theta = \frac{2\pi}{\pi} \times 180 = 2 \times 180 = 360 \text{ [°]}$$

例題 2・2

$e = E_m \sin \varphi$ において，$E_m = 100$ [V]ならば，φ が $\pi/6$, $\pi/3$ [rad]における e の値はいくらになるか．

解答　この問題は起電力を求める式に数値を当てはめれば求めることができる．

$\varphi = \pi/6$ [rad]のとき，

$$e = 100 \sin \frac{\pi}{6} = 100 \times \frac{1}{2} = 50 \text{ [V]}$$

$\varphi = \pi/3$ [rad]のとき，

$$e = 100 \sin \frac{\pi}{3} = 100 \times \frac{\sqrt{3}}{2} \fallingdotseq 86.6 \text{ [V]}$$

問 2・1　　次の角度を（ ）内の単位に変換しなさい．

（1） 60 [°]　（rad）　（2） $\frac{2}{3}\pi$ [rad]　（°）

問 2・2　　例題 2・2 の条件で次のような角度のときの起電力の値を求めなさい．

（1） $\frac{3}{2}\pi$ [rad]　（2） 3π [rad]

2・3　周波数と周期と波長

　任意の波形の交流において，その交流波形が完全に1つの変化をして，はじめの状態になるまでを**サイクル**（cycle）または**周波**という．例えば，図2・4のような正弦波交流についていえば，aからeまでの変化またはbからfまでの変化を1サイクルまたは1周波という．そして，この波形が完全に1サイクルするのにかかる時間〔秒〕，〔s〕を**周期**（period）という．

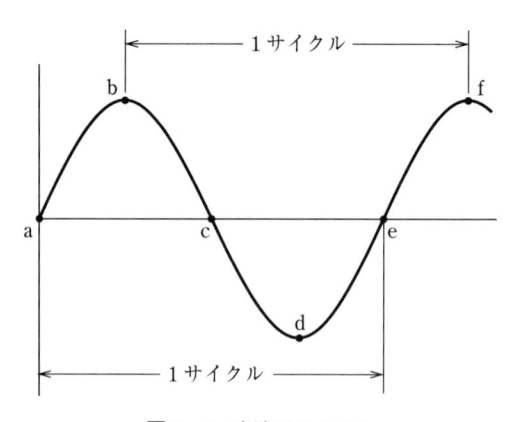

図2・4　交流のサイクル

　また，この交流の1秒間のサイクル数を**周波数**（frequency）といい，**ヘルツ**（単位記号：Hz）という単位で表す．

　いま，f：周波数〔Hz〕，T：周期〔s〕とすれば，

$$T \times f = 1$$

という関係から，

$$T = \frac{1}{f} \text{〔s〕} , \quad f = \frac{1}{T} \text{〔Hz〕} \tag{2・5}$$

となる．

　また，ある周波数の交流電圧や電流が波動となって，線路上を伝搬していく場合や，空間を電波となって伝搬する場合には，線路上または空間に分布される1

サイクルに相当する波の長さのことを**波長**（wave length）という．波長と周波数には次の関係がある．

$$c = f\lambda \\ \lambda = \frac{c}{f} \quad \quad (2 \cdot 6)$$

ただし，f：周波数 [Hz]，λ：波長 [m]，c：波の伝搬速度 [m/s]

c の値は媒質が空気の場合には，光の速度に等しく，$c = 3 \times 10^8$ [m/s] である．

例題 2・3

周波数 50 Hz の正弦波交流の周期は何 s か．

[解答] 式(2・5)の関係から，$f = 50$ [Hz] を代入すると，

$$T = \frac{1}{f} = \frac{1}{50} = 0.02 \text{ [s]}$$

例題 2・4

周期が 20 μs の正弦波交流の周波数は何 Hz か．

[解答] 式(2・5)関係から，$T = 20$ [μs] を代入する．ただし，公式に代入するときは $T = 20 \times 10^{-6}$ [s] として計算する．

$$f = \frac{1}{T} = \frac{1}{20 \times 10^{-6}} = \frac{10^6}{20} = 50\,000 = 50 \times 10^3 \text{ [Hz]} = 50 \text{ [kHz]}$$

問 2・3 周波数 60 Hz の正弦波交流の周期は何 s か．

問 2・4 周期が 0.01 s である正弦波交流の周波数は何 Hz か．また，この周期を 2 倍にすると周波数は何倍になるか．

2・4　電気角と角周波数

(1) 電気角

図 2・5(a)のように N と S の磁極が 1 対のときは，導体が 1 回転する間に空間角でちょうど 360°，すなわち 2π [rad] 変化して，図(c)の a 曲線のように起電力は 1 サイクルを完了する．ところが，もし図(b)のように N と S の磁極が

第2章　交流回路の計算

2対あったとすれば，導体が1回転したときの起電力は，図(c)のb曲線のように2サイクルとなる．したがって，導体がこのような磁界中を1分間に N 回転した場合は磁極数を P とすれば，

$$f = \frac{P}{2} \times \frac{N}{60} \text{ [Hz]} \tag{2・7}$$

(a) $P=2$ の場合

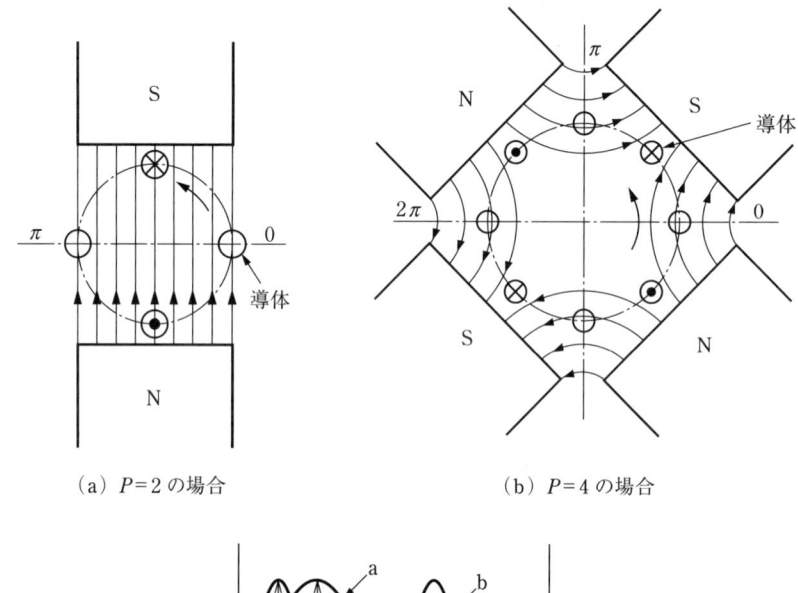

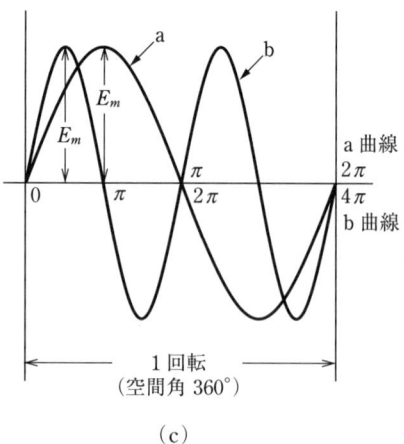

(b) $P=4$ の場合

(c)

図2・5　空間角と電気角

の周波数の起電力を発生する．すると，正弦波交流起電力の波形を表す場合，式(2・2)の $e=E_m \sin \varphi$ と表したとき，φ に空間角の角度をとったのでは，正弦波交流を表すことができない．そこで，交流を数式的に表すには φ の角を空間角に関係なく1サイクルする間の角が 2π [rad] になるような電気的な角を定める必要がある．このように定めた角を**電気角**（electrical angle）という．すなわち，

$$電気角＝空間角\times\frac{P}{2} \qquad (2・8)$$

したがって，この電気角と空間角は $P=2$ 極のときは同じであるが，一般的には空間角の $P/2$ 倍が電気角に相当する．今後，本書で扱う交流波形に対する角度はすべて，1サイクルを 2π [rad] とする電気角で表すものとする．

(2) 角周波数

次にこの電気角を用いて，交流が1秒間に変化する角度を調べてみよう．交流の周波数が f [Hz] であるとすれば，1秒間に f サイクル変化し，1サイクルは 2π [rad] だけ変化するから，電気角は1秒間に $2\pi f$ [rad] だけ変化する．

このように，交流が1秒間に変化する電気角を**角周波数**（angular frequency）または**角速度**（angular velocity）といい，**ラジアン毎秒**（単位記号：rad/s）で表す．すなわち，角周波数を ω とすれば，

$$\omega = 2\pi f \text{ [rad/s]} \qquad (2・9)$$

また，式(2・5)より，$f=1/T$ という関係があるから，

$$\omega = 2\pi f = \frac{2\pi}{T} \text{ [rad/s]} \qquad (2・10)$$

ゆえに，図2・3における起点Oから t 秒間に変化する電気角は，

$$\varphi = \omega t \text{ [rad]} \qquad (2・11)$$

で表すことができる．したがって，式(2・2)は次のように表すことができる．

$$e = E_m \sin \varphi = E_m \sin \omega t \text{ [V]} \qquad (2・12)$$

あるいは，

$$e = E_m \sin 2\pi f t = E_m \sin \frac{2\pi}{T} t \qquad (2・12)'$$

例題 2・5

$e = 25 \sin 376.8t$ [V] で表される正弦波交流の最大値，角周波数，周波数および周期を求めなさい．

解答 式(2・12)から，

$$\underset{起電力}{(e)} = \underset{最大値}{(E_m)} \sin \underset{角周波数}{(\omega=2\pi f)} \times \underset{(時間)}{t}$$

∴ $E_m = 25$ [V] $\omega = 376.8$ [rad/s] $f = \dfrac{\omega}{2\pi} = \dfrac{376.8}{2\pi} \fallingdotseq 60$ [Hz]

$T = \dfrac{1}{f} = \dfrac{1}{60} \fallingdotseq 0.016$ [s]

問 2・5 $e = 100 \sin 314.2t$ [V] で表される正弦波交流の最大値，角周波数，周波数および周期を求めなさい．

2・5 正弦波交流の一般式

式(2・12)の起電力 $e = E_m \sin \omega t$ [V] は，時間 t の起点（$t=0$）のとき，$\varphi = \omega t = 0$ の場合の式で，波形は図2・6(a)のようになる．

もし図(b)のように，$t=0$ のとき φ がある大きさ θ の角をもっているとすれば $\varphi = \omega t + \theta$ となるから，この場合の起電力 e は，

$$e = E_m \sin(\omega t + \theta) \text{ [V]}$$

で表される．また，図(c)のように $t=0$ のとき $\varphi = -\theta'$ であったとすれば $\varphi = \omega t - \theta'$ となるから，この場合の起電力 e は，

$$e = E_m \sin(\omega t - \theta') \text{ [V]}$$

で表せる．以上のことから，正弦波交流起電力の**瞬時値**（時々刻々と変化する値）の一般式を次のように表す．

$$e = E_m \sin(\omega t + \theta) \text{ [V]} \tag{2・13}$$

瞬時値 ＝ 最大値 sin（角度） (2・13)′

（角度）の詳しい内容は「2・6節 位相と位相差」のところで述べる．

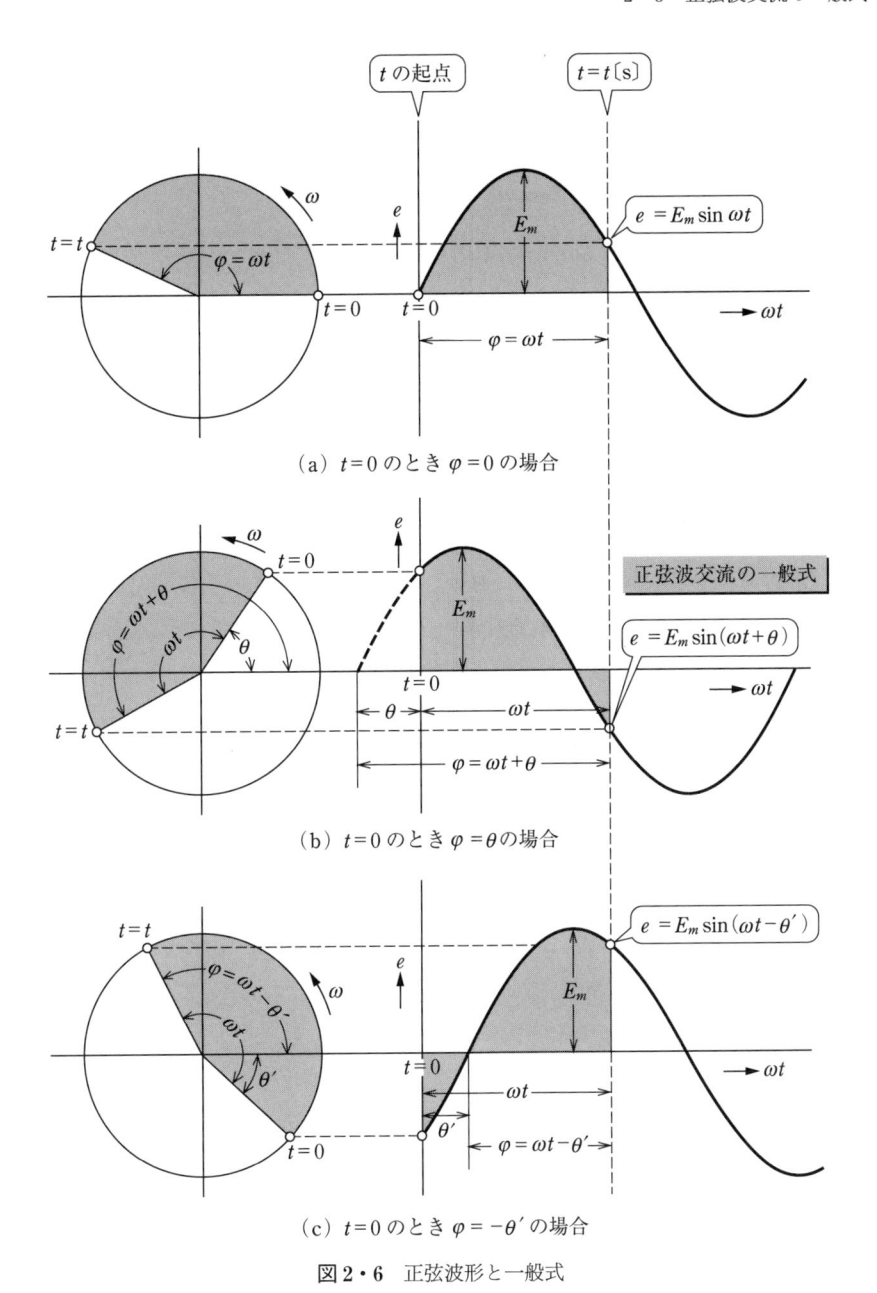

2・5 正弦波交流の一般式

(a) $t=0$ のとき $\varphi=0$ の場合

(b) $t=0$ のとき $\varphi=\theta$ の場合

正弦波交流の一般式

(c) $t=0$ のとき $\varphi=-\theta'$ の場合

図 2・6 正弦波形と一般式

第2章　交流回路の計算

例題 2・6

$e=141\sin(\omega t+\pi/6)$ [V] の正弦波交流が起点 $t=0$ のときの起電力の瞬時値はいくらか．

解答　$t=0$ のとき $\omega t=0$ であるから，

$$e=141\sin\frac{\pi}{6}=141\times\frac{1}{2}=70.5 \text{[V]}$$

問 2・6　$e=141\sin(\omega t+\theta)$ [V] の正弦波交流が起点 $t=0$ のときの起電力の瞬時値を $\theta=\pi/4$，$\theta=\pi/3$ [rad] のときそれぞれ求めなさい．

2・6　位相と位相差

式(2・13)正弦波交流の一般式における $(\omega t+\theta)$ を，その交流の時間 t における**位相**（phase）または**位相角**（phase angle）といい，$t=0$ における位相 θ を**初位相角**（initial phase）または単に**初位相**という．したがって，

$i_1=I_m\sin\omega t$ で表される交流の位相は ωt，初位相は 0

$i_2=I_m\sin(\omega t+\theta)$ の位相は $(\omega t+\theta)$，初位相は θ

$i_3=I_m\sin(\omega t-\theta')$ の位相は $(\omega t-\theta')$，初位相は $-\theta'$

である．図2・7は，i_1, i_2, i_3 の3つの交流波形を重ねて描いたもので，各波形の位相の大きさの順番は，i_2, i_1, i_3 となっている．このようなとき，i_1 を基準とすると，i_2 の位相は i_1 の位相より θ [rad] だけ**進み**（lead），i_3 の位相は i_1 の位相より θ' [rad] だけ**遅れ**（lag）ているという．

もし2つの正弦波交流の位相が一致しているとき，2つの交流は**同相**（in-phase）であるという．また，2つの交流の位相が異なるときは，これらの位相の差を**位相差**（phase difference）と呼ぶ．

したがって，式(2・13)′の瞬時値の一般式を正式に書くと，

　　　瞬時値＝最大値 sin（位相）＝最大値 sin（ωt＋初位相）

となる．

2・6 位相と位相差

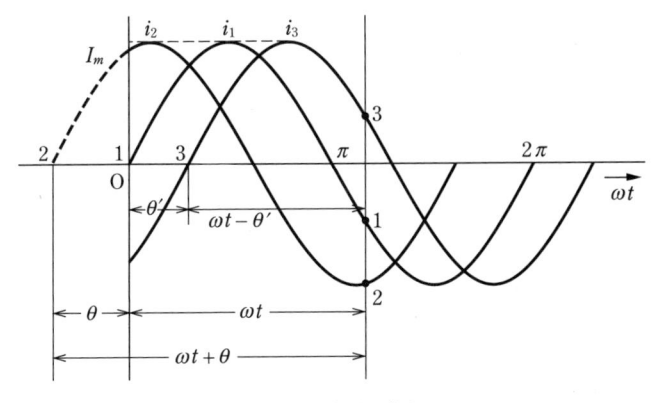

図2・7 波形と位相

例題 2・7

$e = 50\sin(\omega t + \pi/6)$ [V] の起電力の位相角および初位相はいくらか．

解答 位相角 $= \omega t + \dfrac{\pi}{6}$ [rad]　　初位相 $= \dfrac{\pi}{6}$ [rad]

例題 2・8

$e_1 = 100\sin(\omega t + \pi/6)$ [V] と $e_2 = 50\sin(\omega t - \pi/6)$ [V] の位相差はいくらか．

解答 e_1 の初位相は $\pi/6$ [rad]，e_2 の初位相は $-\pi/6$ [rad] であるから，その位相差は，

$$位相差 = \left\{\dfrac{\pi}{6} - \left(-\dfrac{\pi}{6}\right)\right\} = \dfrac{2\pi}{6} = \dfrac{\pi}{3} \text{ [rad]}$$

問 2・7　　$i = 90\sin(\omega t + \pi/4)$ [A] の電流の位相角および初位相はいくらか．

問 2・8　　電圧 e は最大値が 100 V で，電流 $i = 90\sin\omega t$ [A] より $\pi/6$ [rad] 進んでいるという．電圧 e を表す瞬時値の式を示しなさい．

問 2・9　　$i_1 = 100\sin(\omega t + \pi/3)$ [A] と $i_2 = 50\sin(\omega t + \pi/4)$ [A] の交流電流の位相差はいくらか．

第2章　交流回路の計算

2・7　交流の大きさの表し方

交流の大きさを表すには，いままで学んだ瞬時値による表し方の他に，次に学ぶような平均値や実効値などが用いられる．

（1）平均値

交流の瞬時値を時間に対して平均した値を**平均値**（average value または mean value）という．しかし，普通の交流は図2・1（b）のように正の半周期と負の半周期がまったく同じ波形をしている対称波であるから，1周期の間で平均すると0になってしまう．このため，交流の平均値とは，**半周期間**（正の半周期または負の半周期）の瞬時値の平均をいう．

では，次に正弦波交流の平均値を求めてみよう．いま，図2・8の装置で，電線が磁界内を円運動しているときの起電力 e は，

$$e = Blv \sin\varphi = E_m \sin\varphi \, [\mathrm{V}] \quad \text{ただし，} E_m = Blv$$

となることはすでに学んでいる．この場合に，導体がaからbまで（正の半周期），あるいはbからaまで（負の半周期）を半回転する間に，導体が毎秒切る磁束の平均の値が起電力 e の平均値である．

したがって，

$$e \text{の平均値} = \frac{\text{半回転の間に切る磁束数}}{\text{半回転に要する時間}}$$

ここで，半回転の間に切る磁束数 $= 2rl \cdot B$，半回転に要する時間 $= \pi r/v$ であるから，

$$\text{平均値} = \frac{2rl \cdot B}{\pi r/v} = \frac{2}{\pi} \cdot Blv = \frac{2}{\pi} E_m$$

$$\fallingdotseq 0.637 E_m \qquad (2 \cdot 14)$$

すなわち，**正弦波の平均値は最大値の約 0.637 倍**である．

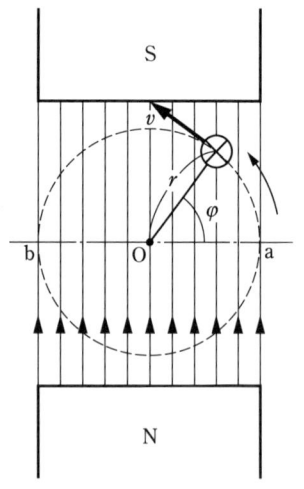

図2・8　交流起電力の発生

交流の大きさを平均値で表すのは，交流を整流器で直流に変換した値を取り扱う場合などによく用いられる．

参考 交流の平均値を積分法を用いて算出する．

$$\text{平均値} = \frac{1}{\pi}\int_0^\pi e\,d\varphi = \frac{1}{\pi}\int_0^\pi E_m \sin\varphi\,d\varphi = \frac{E_m}{\pi}\int_0^\pi \sin\varphi\,d\varphi$$

$$= \frac{E_m}{\pi}\Bigl[-\cos\varphi\Bigr]_0^\pi$$

$$= \frac{E_m}{\pi}\{-\cos\pi-(-\cos 0)\} = \frac{E_m}{\pi}(1+1) = \frac{2}{\pi}E_m$$

$$\fallingdotseq 0.637\,E_m$$

（2）実効値

ある交流の大きさを，その交流と同じ熱エネルギーを表す直流の値で表したものを，交流の**実効値**（effective value または root-mean-square value）という．

例えば，瞬時値が i [A] の交流電流を R [Ω] の抵抗に流すと，R で消費される電力の瞬時値は i^2R [W] である．したがって，1 周期間の平均電力を P_1 とすれば，

$$P_1 = i^2R \text{ の 1 周期間の平均} = [i^2 \text{ の 1 周期間の平均}] \times R \text{[W]} \quad (2 \cdot 15)$$

となる．今度は，前と同じ R [Ω] の抵抗に I [A] の直流電流を流したときの電力を P_2 とすれば，

$$P_2 = I^2R \text{ [W]} \quad (2 \cdot 16)$$

である．これら P_1 と P_2 とが等しいとき，交流と直流の熱エネルギーが等しいから，

$$P_1 = P_2$$

とおけば，

$$[i^2 \text{ の 1 周期間の平均}] \times R = I^2R$$

両辺を R で割り，平方根をとる．

与えられた交流電流 i と熱エネルギーの等しい直流電流の値は次のような関係がある．

第2章　交流回路の計算

$$I = \sqrt{i^2 \text{の1周期間の平均}} \text{[A]} \tag{2・17}$$

　この I [A] の値をこの交流電流 i の実効値という．式(2・17)の関係を言葉で表現すると，実効値とは，交流の瞬時値の2乗の1周期間の平均の平方根である．以上により電流 i についての実効値を学んだが，電圧 e についても同様に実効値で表すことができる．

　次は，正弦波交流の実効値と最大値の関係について考えていくことにする．

　いま，$i = I_m \sin \varphi$ とすれば，

$$i^2 \text{の平均値} = (I_m \sin \varphi)^2 \text{の平均} = I_m{}^2 (\sin^2 \varphi \text{の平均}) \tag{2・18}$$

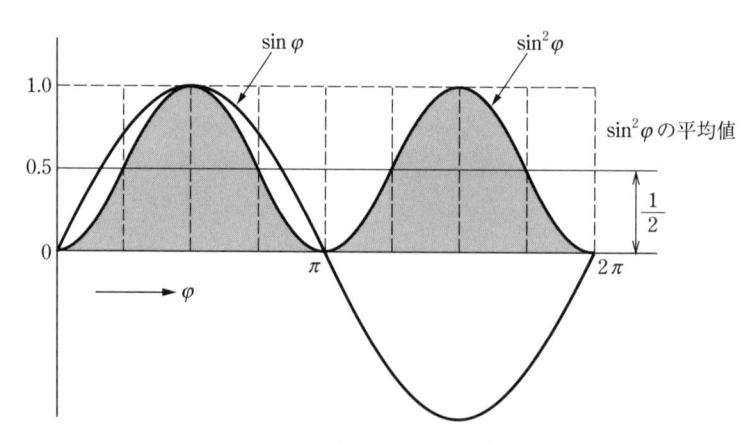

となる．図2・9は $\sin \varphi$ と $\sin^2 \varphi$ の曲線を表す．この図2・9よりわかるように，$\sin^2 \varphi$ の曲線は最大値1の1/2の高さを中心として考えれば，2倍の周期で変化する正弦波と考えることができる．したがって，$\sin^2 \varphi$ 曲線の平均の高さは1/2となり，

$$\sin^2 \varphi \text{の平均} = \frac{1}{2} \tag{2・19}$$

ゆえに，i^2 の平均 $=(1/2) \times I_m{}^2$ となるであろう．この関係から，実効値の定義によって，

$$\text{実効値 } I = \sqrt{i^2 \text{の平均}} = \sqrt{\frac{I_m{}^2}{2}} = \frac{I_m}{\sqrt{2}} \fallingdotseq 0.707 I_m \tag{2・20}$$

図2・9　$\sin \varphi$ と $\sin^2 \varphi$ の曲線

すなわち，

$$\text{実効値} = \frac{\text{最大値}}{\sqrt{2}} \fallingdotseq 0.707 \times \text{最大値}$$

したがって，**正弦波交流の実効値は最大値の約 70.7%**である．

一般に交流の電圧・電流・起電力の大きさは，その波形のいかんにかかわらず，実効値で表すのが普通である．われわれが「何アンペアの電流」とか「何ボルトの電圧」という表現は，みなこの実効値を意味しているものなのである．

参考 交流の実効値を積分法を用いて算出する．

$$\text{実効値 } I = \sqrt{\frac{1}{2\pi} \int_0^{2\pi} I_m^2 \sin^2 \varphi \, d\varphi} = \sqrt{\frac{I_m^2}{2\pi} \int_0^{2\pi} \sin^2 \varphi \, d\varphi}$$

ここで，積分の部分だけを抜き出して計算する．

$$\int_0^{2\pi} \sin^2 \varphi \, d\varphi = \int_0^{2\pi} \frac{1 - \cos 2\varphi}{2} d\varphi = \left[\frac{\varphi}{2}\right]_0^{2\pi} - \left[\frac{\sin 2\varphi}{4}\right]_0^{2\pi}$$
$$= (\pi - 0) - (0 - 0) = \pi$$

この値をはじめの式に代入すると，

$$\text{実効値 } I = \sqrt{\frac{I_m^2}{2\pi} \times \pi} = \sqrt{\frac{I_m^2}{2}} = \frac{I_m}{\sqrt{2}}$$

例題 2・9

$i = 141.4 \sin \omega t$ [A]の交流電流の最大値と実効値および平均値を求めなさい．

解答 瞬時値の一般的な形式は，瞬時値＝最大値 sin（位相）であるから，出題された交流電流について考えていくと，式(2・14)と式(2・20)より

最大値 $I_m = 141.4$ [A]　　実効値 $I = \dfrac{I_m}{\sqrt{2}} = \dfrac{141.4}{\sqrt{2}} \fallingdotseq 100$ [A]

平均値 $= \dfrac{2}{\pi} \times I_m \fallingdotseq 90$ [A]

問 2・10　実効値が 50 A の正弦波交流電流の最大値と平均値を求めなさい．

問 2・11　正弦波交流の実効値を 1 としたときの最大値と平均値を求めなさい．

2・8 波高率と波形率

交流の中では正弦波交流がほとんどを占めているが,この他にもさまざまな波形がある.これらの波形の状態をより明確に知るために波高率や波形率を用いる.

波高率(crest factor または peak factor)は,交流の最大値と実効値の比のことをいい,**波形率**(form factor)は交流の実効値と平均値の比のことをいう.以下にこれらの関係式を示しておく.

$$\text{波高率} = \frac{\text{最大値}}{\text{実効値}}, \quad \text{波形率} = \frac{\text{実効値}}{\text{平均値}} \tag{2・21}$$

参考までに取り扱っている正弦波交流について波高率と波形率を計算してみる

表2・1 波形率と波高率

名 称	波 形	実効値	平均値	波形率	波高率
方 形 波		A	A	1	1
半 円 波		$A\sqrt{\dfrac{2}{3}}$	$A\dfrac{\pi}{4}$	$\dfrac{\sqrt{\dfrac{2}{3}}}{\dfrac{\pi}{4}} = 1.040$	$\dfrac{1}{\sqrt{\dfrac{2}{3}}} = 1.225$
正 弦 波		$\dfrac{A}{\sqrt{2}}$	$A\dfrac{2}{\pi}$	$\dfrac{\pi}{2\sqrt{2}} = 1.111$	$\sqrt{2} = 1.414$
三 角 波		$\dfrac{A}{\sqrt{3}}$	$\dfrac{A}{2}$	$\dfrac{2}{\sqrt{3}} = 1.155$	$\sqrt{3} = 1.732$
半波整流波		$\dfrac{A}{2}$	$\dfrac{A}{\pi}$	$\dfrac{\pi}{2} = 1.571$	2
全波整流波		$\dfrac{A}{\sqrt{2}}$	$A\dfrac{2}{\pi}$	$\dfrac{\pi}{2\sqrt{2}} = 1.111$	$\sqrt{2} = 1.414$

と次式のようになる.ただし,最大値を I_m,実効値を I,平均値を I_{av} する.

$$
\left.
\begin{aligned}
\text{波高率} &= \frac{I_m}{I} = \frac{I_m}{\frac{I_m}{\sqrt{2}}} = \sqrt{2} \fallingdotseq 1.414 \\
\text{波形率} &= \frac{I}{I_{av}} = \frac{\frac{I_m}{\sqrt{2}}}{\frac{2I_m}{\pi}} = \frac{\pi}{2\sqrt{2}} \fallingdotseq 1.111
\end{aligned}
\right\}
\quad (2\cdot 22)
$$

例題 2・10

最大値が 200 V の三角波の実効値と平均値を求めなさい.ただし,波高率=1.732,波形率=1.155 とする.

解答 実効値 I,平均値 I_{av} ともに式(2・21)より,

$$I = \frac{\text{最大値}}{\text{波高率}} = \frac{200}{1.732} \fallingdotseq 115.5 \text{[V]}$$

$$I_{av} = \frac{\text{実効値}}{\text{波形率}} = \frac{115.5}{1.155} = 100 \text{[V]}$$

問 2・12 波形率が 1.111 の正弦波交流の平均値が 20 V のとき,その正弦波交流の実効値を求めなさい.

問 2・13 波高率が 1.414 の交流電圧の実効値が 100 V であった.最大値を求めなさい.

章末問題

1. ある正弦波交流電圧の周期を測定したら,40 ms であった.この電圧の周波数は何 Hz か.
2. ある正弦波交流電流の周波数を測定したら,10 kHz であった.この電流の周期は何 s か.
3. 4 極の交流発電機において 50 Hz の起電力を発生させるには,回転数を 1 分

第2章　交流回路の計算

間あたり何回転にしたらよいか．

4. 実効値が 40 V の正弦波交流がある．この交流電圧は 0.1 秒間に 5 サイクルするという．次のものを求めなさい．

　　①最大値　　②周期　　③周波数　　④角周波数

5. 電圧 $v=141\sin(100\pi t+\pi/12)$ 〔V〕を加えたら，$i=7.07\sin(100\pi t-\pi/12)$ 〔A〕の電流が流れる回路がある．次の問に答えなさい．
　①電圧および電流の実効値と最大値を求めなさい．
　②電圧および電流の周波数と周期を求めなさい．
　③電圧と電流の位相差を求めなさい．

6. $i=50\sin\omega t$ 〔A〕で表せる交流において $\omega t=\pi/3, \pi/2, 2\pi/3, 4\pi/3$ 〔rad〕のそれぞれの瞬時値の値を求めなさい．

7. 実効値が 5 A で，その位相が $e=100\sin\omega t$ 〔V〕の電圧よりも $\pi/3$ 〔rad〕遅れている電流の瞬時値の式をつくりなさい．

8. 正弦波交流がある．その平均値は 10 A であるという．この電流の実効値および最大値を求めなさい．

9. ある正弦波交流電圧がある．その平均値は 100 V，波形率が 1.2，波高率が 1.5 であるという．この電圧の実効値と最大値を求めなさい．

第3章

交流はベクトルで表せる

　多くの交流電圧・電流の合成や分解，その他の取り扱いをするとき，いままでに学んだ瞬時値でも十分に可能であるが，少々数式が複雑になってしまい扱いにくい．

　そこで，交流を取り扱うときは一般的にベクトルで扱うと非常に便利である．ここで，交流のベクトルの表し方と取り扱い方を学ぶこととする．

3・1　ベクトルとベクトル量

　物理的または数学的な量のうち，質量，面積，時間，気温などは，ある単位とこれを用いて測った数値で表すことができる．このような量を一般に**スカラー量**（scalar quantity）という．これに対して，物体に働く力，運動している物体の速度などは単位と数値だけでは完全に表すことはできない．

　例えば，運動している物体の運動を，

　　　　　「西から東に向かって，毎分 4 m で移動している」

といったとき，この表現には，「西から東に向かって」＝向き（方向）と「毎分 4 m で移動」＝速度（速度の大きさ）というように，大きさと向きをもつ量となっている．このように大きさと向きをもつ数学的対象を**ベクトル**（vector）といい，ベクトルで表される量を**ベクトル量**（vector quantity）という．

　図 3・1 のように，線分 OP において，点 O を始点，点 P を終点とし，O から P に向かう向きに矢印を付けて考えるとき，その線分を**有向線分**（ベクトル量）といい，$\overrightarrow{\mathrm{OP}}$ で表せる．あるいは単に，$\vec{r}$，$\vec{E}$ などのような記号を用いる．なお，電気工学関係では $\dot{E}$ などのように量記号の上に・（ドット）を付けて表すこ

第3章 交流はベクトルで表せる

とが多い．

また，有向線分の大きさを $|\overrightarrow{OP}|$，$|\vec{r}|$，$|\vec{E}|$ あるいは単に OP，r，E などのように表し，これを**絶対値**（または大きさ）という．

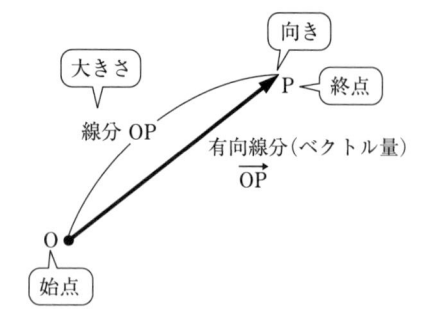

図3・1 有向線分

3・2 ベクトルの表示方法

図3・2(a)のように半直線 OX を定め，その定点 O と平面上の点 P とを結ぶ線分 OP を引き，その線分の長さを r とし OX と線分 OP のなす角度を θ としたとき，点 P の位置は (r, θ) という1組の数で表すことができる．これを点 P の**極座標**（または極座標表示）といい，r を**動径**，θ を**傾角**という．ここで，定点 O を極座標の**極**，半直線 OX を**始線**または**原線**という．

また，図3・2(b)のように点 P の位置を直交座標の x 成分，y 成分の1組数 (x, y) で表す方法を**直角座標**（または直角座標表示）という．

次に，直角座標と極座標との関係を考えていく．図3・2(b)のように点 P の

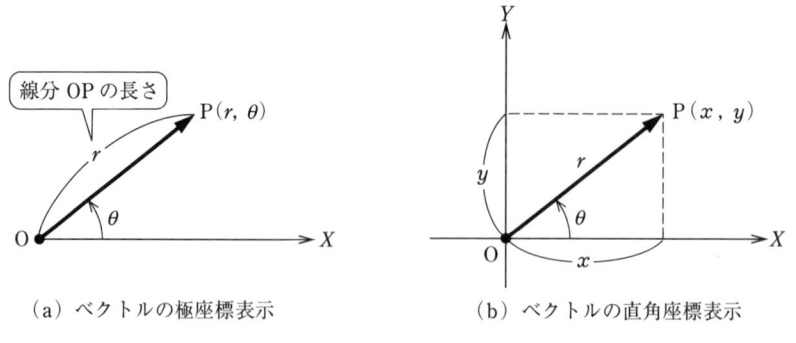

(a) ベクトルの極座標表示　　(b) ベクトルの直角座標表示

図3・2　ベクトルの座標表示

直角座標を $P(x, y)$ とする．原点を極とし，X 軸の正の成分を始線として，同じ点 P の極座標を $P(r, \theta)$ としたとき，次の関係が成り立つ．

$$x = r \cos \theta \\ y = r \sin \theta \qquad (3 \cdot 1)$$

したがって，式 $(3 \cdot 1)$ からさらに次のような関係が得られる．

$$r = \sqrt{x^2 + y^2} \qquad (3 \cdot 2)$$

$$\tan \theta = \frac{y}{x} \quad \text{より} \quad \theta = \tan^{-1} \frac{y}{x} \qquad (3 \cdot 3)$$

平面上に 1 点の O を定めると，任意の点 P に対して，ベクトル $\overrightarrow{OP}$ が定まり，逆に，任意のベクトル $\overrightarrow{OP}$ に対して，終点 P の位置が定まる．このように，平面上に 1 点 O を定めると，平面上の点とベクトルの間に 1 対 1 の対応がつくから，ベクトルは極座標で表すことができる．そして，$r \angle \theta$ と書く．すなわち，ベクトル $\overrightarrow{OP}$ は極座標表示すれば，

$$\overrightarrow{OP} = r \angle \theta$$

と表される．

点 P が極座標，直角座標で表されたのと同じように，ベクトルも極座標，直角座標で表示することができる．特に，直角座標表示されたベクトルを**数ベクトル**といい，$\overrightarrow{OP} = (x, y)$ と表す．このときの x, y をベクトルの**成分**といい，x を x 成分，y を y 成分という．

次に，同じベクトルをそれぞれ極座標表示したものを $\dot{R}_1 = r_1 \angle \theta_1$，$\dot{R}_2 = r_2 \angle \theta_2$ とすると，和の定義は次のようになる．

$$\dot{R} = \dot{R}_1 + \dot{R}_2 = r_1 \angle \theta_1 + r_2 \angle \theta_2 = r \angle \varphi \qquad (3 \cdot 4)$$

ここに，

$$\left. \begin{array}{l} r = \sqrt{r_1^2 + r_2^2 + 2 r_1 r_2 \cos(\theta_2 - \theta_1)} \\ \varphi = \tan^{-1} \dfrac{r_1 \sin \theta_1 + r_2 \sin \theta_2}{r_1 \cos \theta_1 + r_2 \cos \theta_2} \end{array} \right\} \qquad (3 \cdot 5)$$

> **参考** 式 $(3 \cdot 5)$ の導き方
>
> $$r = \sqrt{(r_1 \cos \theta_1 + r_2 \cos \theta_2)^2 + (r_1 \sin \theta_1 + r_2 \sin \theta_2)^2}$$

$$= \sqrt{r_1^2 \cos^2 \theta_1 + 2r_1 r_2 \cos \theta_1 \cos \theta_2 + r_2^2 \cos^2 \theta_2 \atop + r_1^2 \sin^2 \theta_1 + 2r_1 r_2 \sin \theta_1 \sin \theta_2 + r_2^2 \sin^2 \theta_2}$$

$$= \sqrt{r_1^2 \sin^2 \theta_1 + r_1^2 \cos^2 \theta_1 + 2r_1 r_2 \cos \theta_1 \cos \theta_2 + 2r_1 r_2 \sin \theta_1 \sin \theta_2 \atop + r_2^2 \sin^2 \theta_2 + r_2^2 \cos^2 \theta_2}$$

$$= \sqrt{r_1^2(\sin^2 \theta_1 + \cos^2 \theta_1) + 2r_1 r_2(\cos \theta_1 \cos \theta_2 + \sin \theta_1 \sin \theta_2 \atop + r_2^2(\sin^2 \theta_2 + \cos^2 \theta_2)}$$

$$= \sqrt{r_1^2 + r_2^2 + 2r_1 r_2 \cos(\theta_2 - \theta_1)}$$

$$\varphi = \tan \frac{r_1 \sin \theta_1 + r_2 \sin \theta_2}{r_1 \cos \theta_1 + r_2 \cos \theta_2}$$

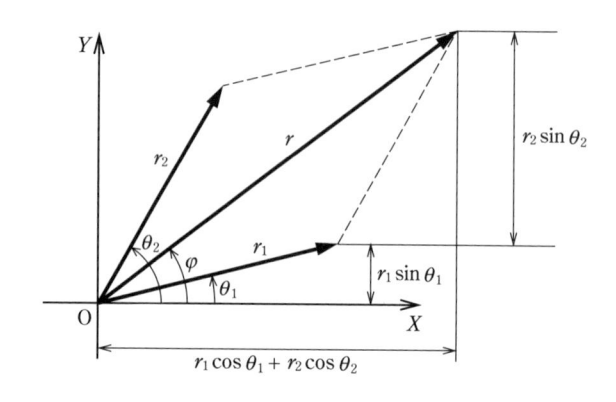

また，m を実数とすれば，実数倍の定義は次のようになる．

$$m\dot{R} = m(r \angle \theta) = mr \angle \theta \tag{3・6}$$

で表される．

次に極座標表示によって，交流をベクトルで表す方法を考えてみよう．式(2・13)で示したように，正弦波交流の一般式（瞬時値）は，

$$e = E_m \sin(\omega t + \theta) \text{[V]}$$

となる．ここに，E_m は交流の最大値，ω は角周波数，θ は初位相，t は時間である．この最大値 E_m を実効値 E で表すと，

$$E_m = \sqrt{2} E$$

となるので，上式は次のようになる．
$$e = \sqrt{2}E\sin(\omega t + \theta) \text{ [V]}$$
(3・7)

式(3・7)からわかるように，一般に正弦波交流は，周波数が一定のとき，実効値 E と初位相 θ の2つの量が与えられれば決まる．

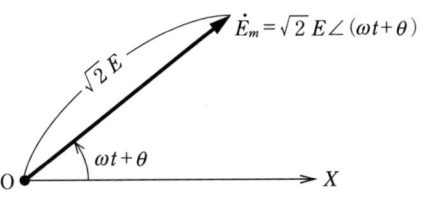

図3・3 式(3・7)の極座標表示

したがって，実効値 E，初位相 θ，角周波数 ω の正弦波交流を，図3・3のように，動径 $\sqrt{2}E$，傾角 $\omega t + \theta$ のベクトルで表すことができる．式(3・7)は，
$$\dot{E}_m = \sqrt{2}E \angle(\omega t + \theta) \tag{3・8}$$
と表すことができる．

一般的には極座標表示は最大値を用いる方法より，実効値を使う方が多い．したがって，式(3・7)を実効値を用いて極座標表示すると，
$$\dot{E} = E \angle(\omega t + \theta) \tag{3・9}$$
となる．また，本書では今後，極座標表示を用いるときは実効値で表すこととする．

3・3 回転ベクトル

図3・4に示すように，大きさが交流 $i = I_m \sin \omega t$ [A]の最大値 I_m に等しい1本のベクトル $\overline{\text{OP}}$ がある．これがOXの位置から，一定の角周波数 ω で点Oを中心として反時計回りに回転するものとする．このベクトル $\overline{\text{OP}} = \dot{I}_m$ の時間 t_1 のときの Y 軸上へ投影した長さは，
$$\overline{\text{Op}} = I_m \sin \omega t_1 = i_1$$
の瞬時値を表す．ただし，ωt_1 は X 軸から測った $\dot{I}_m$ の回転角である．したがって，この回転するベクトル $\dot{I}_m$ の時間 t が変化したときの Y 軸上の投影は図3・4(b)のように $i = I_m \sin \omega t$ の波形を表すことになる．

第3章 交流はベクトルで表せる

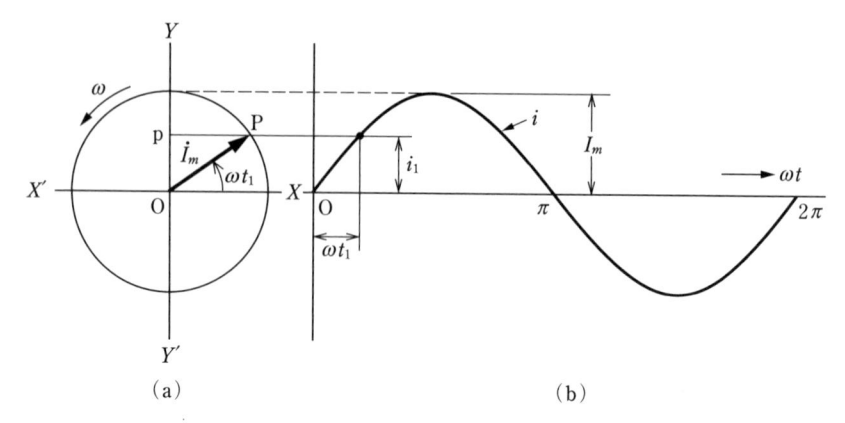

図3・4 回転ベクトルと正弦波交流

また，図3・5(a)に示すように，$\dot{I}_m$ より位相が θ [rad] 進んで回転するベクトル $\dot{E}_m$ を考えれば，任意の時間 t における X 軸から測った $\dot{E}_m$ の回転角は $(\omega t + \theta)$ であるから，$\dot{E}_m$ の Y 軸上に投影した長さ $\overline{\mathrm{Oq}}$ を e とすれば，

$$\overline{\mathrm{Oq}} = E_m \sin(\omega t + \theta) = e \qquad (3・10)$$

となり，ωt が変化したときの波形は図3・5(b)のように，$e = E_m \sin(\omega t + \theta)$ の波形を表すことができる．このような回転するベクトルを一般に**回転ベクトル**

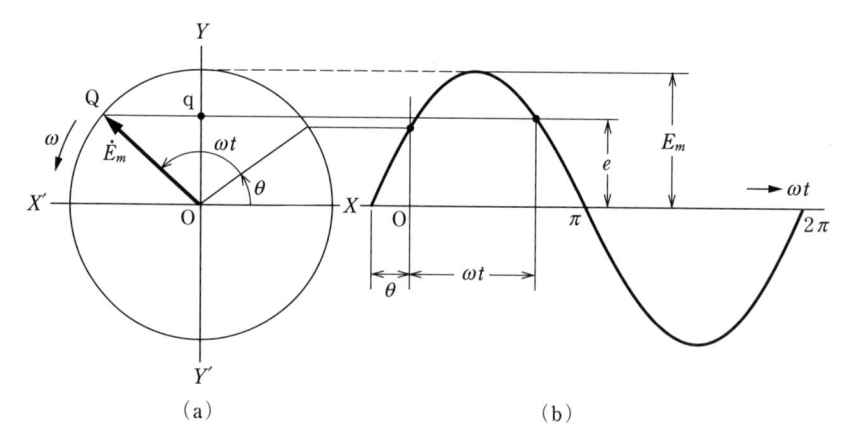

図3・5 回転ベクトルと正弦波交流

3・4 正弦波交流の合成

という．したがって，f [Hz] の正弦波交流は，その大きさが最大値に等しく，初位相 θ の位置を時間 t の起算点 ($t=0$) として，$\omega=2\pi f$ の一定の角周波数で反時計回りに回転する回転ベクトルで代表できる．そうして，回転ベクトルを Y 軸上に投影したものは交流の瞬時値を表す．図 3・6 は図 3・4 の $\dot{I}_m$，および図 3・5 の $\dot{E}_m$ の回転ベクトルを $\omega t=0$ の位置で表したものである．この場合 $\dot{I}_m$ と $\dot{E}_m$ は $\omega=2\pi f$ の角周波数で，θ という一定の位相差を保ったまま反時計回りに回転するので，$\dot{E}_m$ は $\dot{I}_m$ より θ だけ位相が進んでいることをはっきり知ることができる．

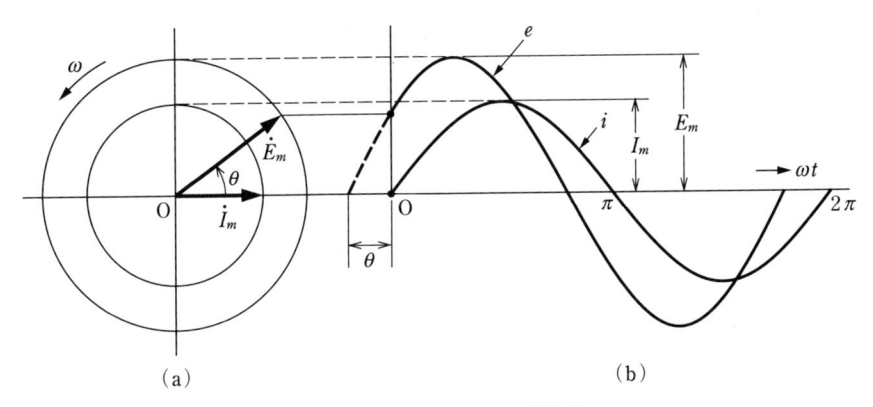

図 3・6 回転ベクトルと位相差

3・4 正弦波交流の合成

図 3・7 のように交流回路中のある接続点 P において，

$$\left.\begin{array}{l} i_a = I_{am} \sin \omega t \\ i_b = I_{bm} \sin (\omega t + \theta) \end{array}\right\} \quad (3 \cdot 11)$$

の電流が流出したとすると，接続点 P に流入した電流は，当然流出した電流の和に等しいことがいえる．したがって，

図 3・7 接続点における電流

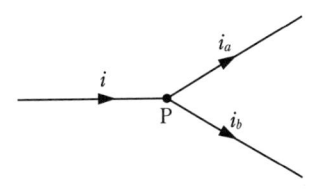

第3章 交流はベクトルで表せる

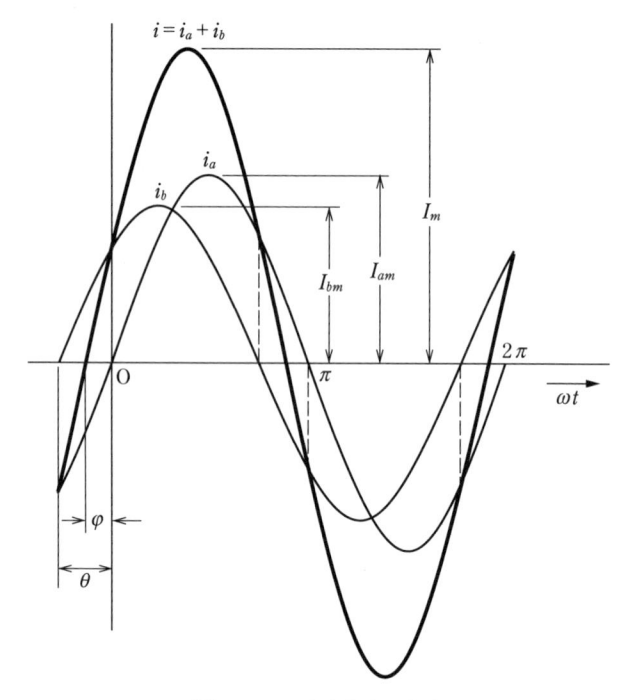

図3・8 正弦波交流の合成

$$i = i_a + i_b \tag{3・12}$$

となる．この合成電流を求める方法としては i_a と i_b の電流の曲線をグラフに描き，図3・8のように各瞬時値の値を足し合わせていけばよく，数学的には次の式の値を計算して知ることもできる．

$$i = I_{am} \sin \omega t + I_{bm} \sin(\omega t + \theta) \tag{3・13}$$

しかし，このような正弦波交流の場合は，前節で学んだ回転ベクトルを使って求めれば簡単に求めることができる．次から，ベクトルを用いて正弦波交流の合成を調べていく．

（1）交流の和

まず，任意の ωt に対して式(3・11)の i_a と i_b の回転ベクトルを描くと，図

3・9のようになる．すなわち，i_a の回転ベクトル $\dot{I}_{am}$ を X 軸から ωt 進んだ位置に，i_b のベクトル $\dot{I}_{bm}$ を X 軸から $(\omega t + \theta)$ 進んだ位置に描く．このとき，それぞれの Y 軸上の投影は瞬時値を表すから，

$$\overline{\mathrm{Oa}} = i_a, \quad \overline{\mathrm{Ob}} = i_b$$

となる．いま，$\dot{I}_{am}$ と $\dot{I}_{bm}$ を2辺とする平行四辺形をつくり，その対角

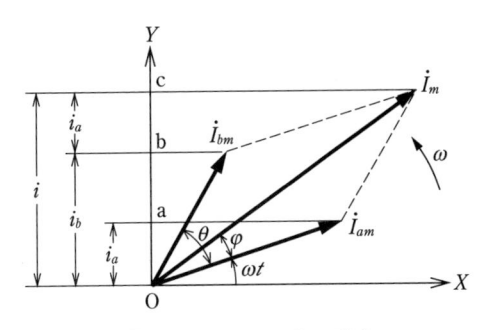

図3・9 ベクトル和の意味

線をとる．これを $\dot{I}_m$ とする．この場合 $\dot{I}_m$ を $\dot{I}_{am}$ と $\dot{I}_{bm}$ の**ベクトル和**といい，

$$\dot{I}_m = \dot{I}_{am} + \dot{I}_{bm}$$

という式で表す．$\dot{I}_m$ の Y 軸上の投影 $\overline{\mathrm{Oc}}$ を調べてみると，図3・9から，

$$\overline{\mathrm{Oc}} = \overline{\mathrm{Ob}} + \overline{\mathrm{bc}}$$

となり，$\overline{\mathrm{bc}} = \overline{\mathrm{Oa}}$ であるから，

$$\overline{\mathrm{Oc}} = \overline{\mathrm{Oa}} + \overline{\mathrm{Ob}} = i_a + i_b$$

となる．このことから $\dot{I}_m$ の Y 軸上の投影 $\overline{\mathrm{Oc}}$ は2つの交流の瞬時値の和を表すことになる．そして，$\dot{I}_{am}$ と $\dot{I}_{bm}$ は同じ角速度 ω で反時計回りに回転するので，$\dot{I}_m$ も同じ速度で同じ方向に回転することとなる．

したがって，この関係はどんな時間でも成立し，$\dot{I}_m$ の位相は図3・9から $\dot{I}_{am}$ より φ だけ進んでいるから，$\dot{I}_m$ という回転ベクトルは，

$$i = i_a + i_b = I_m \sin(\omega t + \varphi) \tag{3・14}$$

の交流を代表しているということができる．

以上は単に2つの交流の和について考えたのであるが，一般には多くの交流が正弦波交流で，その角周波数が等しい場合は，まず2つの交流の回転ベクトルの和を求め，次にその和と他の交流のベクトルの和を順次求めていけばよい．

例えば，

$$e_1 = E_{m1} \sin(\omega t + \theta_1) \quad e_2 = E_{m2} \sin(\omega t - \theta_2) \quad e_3 = E_{m3} \sin(\omega t + \theta_3)$$

の交流の和は，$t = 0$ のときについて考えれば，図3・10のように，それぞれの

交流の最大値の回転ベクトルを描き，次々にベクトル和を求めれば $\dot{E}_m$ が求まり，その初位相は，図3・10から $+\varphi$ であることがわかる．また，その瞬時値 e は，

$$e = e_1 + e_2 + e_3$$
$$= E_m \sin(\omega t + \varphi)$$

となる．

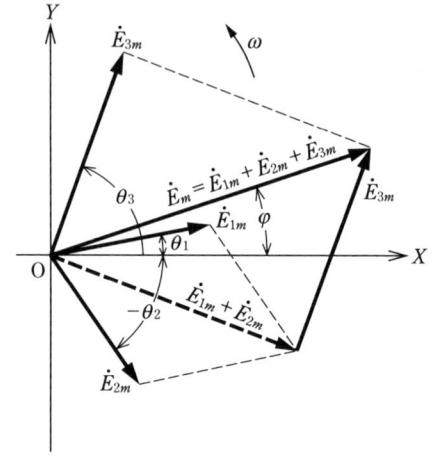

（2）交流の差

交流の差はどのようにして求めればよいか．

図3・10　多くの回転ベクトルの和

いま，図3・7で i と i_a が $i = I_m \sin(\omega t + \varphi)$，$i_a = I_{am} \sin \omega t$ であるとすれば，i_b は，

$$i_b = i - i_a \tag{3・15}$$

で知ることができる．また，この式は数学的に，

$$i_b = i + (-i_a) \tag{3・16}$$

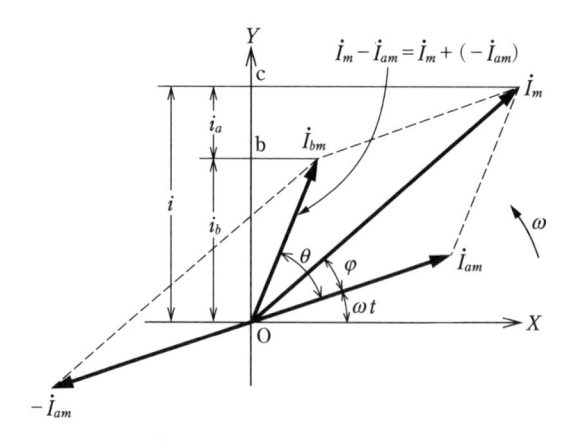

図3・11　ベクトル差の求め方

と書くことができる．したがって，i_b は i と $-i_a$ との和であることがわかる．このとき，

$$-i_a = -I_{am} \sin \omega t \qquad (3・17)$$

となるから，これは $-\dot{I}_{am}$ の回転ベクトルで表される．したがって，$\dot{I}_m$ と $(-\dot{I}_{am})$ とのベクトル和を求めれば図 3・11 のように $\dot{I}_{bm}$ を知ることができる．これは，図 3・9 と比べてみると，その意味がわかるであろう．

3・5 静止ベクトル

いままで学んだことからわかるように，同じ周波数をもっている 2 つ以上の正弦波交流をそれぞれベクトルで表すと，これらのベクトル群はどの瞬間の位置をとっても，一定の位置関係を保ったまま回転している．

したがって，任意の位置に，これらのベクトル群を静止させて考えても，それぞれの位相関係は変わることはない．このように静止させて考えたベクトルを**静止ベクトル**という．

いま，図 3・9 の i_a，i_b，i を表す回転ベクトル $\dot{I}_{am}$，$\dot{I}_{bm}$，$\dot{I}_m$ を $\omega t = 0$ の位置に図 3・12 のように静止させて考えるとしよう．この静止ベクトルをそれぞれ $1/\sqrt{2}$ 倍したものを図のように $\dot{I}_a$，$\dot{I}_b$，$\dot{I}$ とすればこれは実効値の関係を表した静止ベクトルになる．

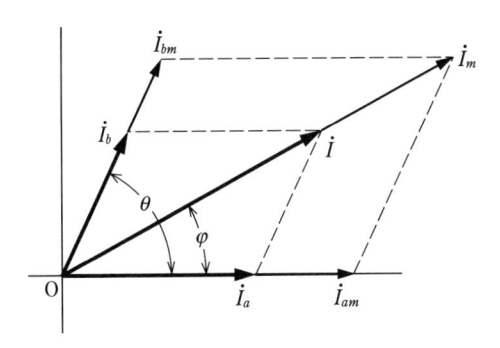

図 3・12 静止ベクトル

この静止ベクトルでは，もはや Y 軸上に投影した値で瞬時値を表すことはできなくなる．しかし，交流の実効値と，それぞれの間の位相関係を完全に表すことはできる．

われわれが交流回路を学ぶとき必要なのは，回路の電圧や電流などの実効値とその位相差であって，交流の瞬間瞬間の値を知ることは比較的少ないものである．このため，実用的には，この実効値の静止ベクトルで交流を表している．したがって，今後，単にベクトルといえば，この実効値の静止ベクトルを示すこととする．すなわち，交流のベクトルは実効値の大きさをもち，進み角は反時計回りの方向，遅れ角は時計回りの方向に測った静止ベクトルで表される．

このようなベクトルを用いて，種々の電圧および電流の大きさ（実効値），ならびに位相関係を表したものを**ベクトル図**（vector diagram）という．

例題 3・1

実効値 $\dot{I}_a$，$\dot{I}_b$ の電流があり，$\dot{I}_b$ が $\dot{I}_a$ より θ だけ位相が進んでいるとき，合成電流 $\dot{I}$ の大きさと，$\dot{I}_a$ との位相差を求めなさい．

解答 $\dot{I}_a$ を基準として，これを X 軸上にとり，ベクトル図を描くと図 3・13 のようになる．$\dot{I}_a$ と $\dot{I}$ との位相差を φ とすると，

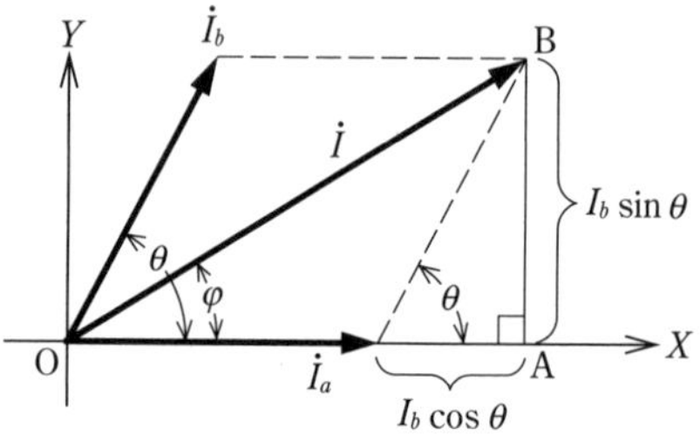

$$I = \overline{OB} = \sqrt{\overline{OA}^2 + \overline{AB}^2}$$
$$= \sqrt{(I_a + I_b \cos\theta)^2 + (I_b \sin\theta)^2}$$
$$= \sqrt{I_a^2 + I_b^2 + 2I_a I_b \cos\theta}$$

また，

$$\varphi = \tan^{-1} \frac{\overline{AB}}{\overline{OA}} = \tan^{-1} \frac{I_b \sin\theta}{I_a + I_b \cos\theta}$$

図 3・13

問 3・1 実効値 $I_a = 12 \,[\mathrm{A}]$ の電流と実効値 $I_b = 8 \,[\mathrm{A}]$ の電流があり，$\dot{I}_b$ が $\dot{I}_a$ より $\theta = \pi/3 \,[\mathrm{rad}]$ 位相が進んでいるとすれば，合成電流の実効値 I および $\dot{I}_a$ に対する位相差 φ はいくらになるか．

3・6 交流の正の方向とベクトル図

ある電気回路中の交流の起電力，電圧，あるいは電流は，その交流の瞬時値が正負に変化している．したがって，多くの交流の波形やベクトルの位相関係を正しく取り扱うにはそれぞれの量の正負の向きをしっかりと定めておく必要がある．

(1) 電流の正の方向

ここで改めて，1つの正弦波電流を考えてみると，この電流は1サイクルの間に，その瞬時値が正と負に変化する．しかし，この電流が正の値のときに流れる方向（これを正の方向という）の定め方によって，この電流の波形およびベクトルの位相において，π [rad] の違いができるのである．なぜならば，図3・14(a)のように回路中の一部 ab において，右方向に流れる電流に対して電流 i が正であるとすれば，左方向に流れる電流に対しては，電流 i が負となる．図3・14(b)のように，左方向に流れる電流に対して i' を正と定めれば，右方向の電流に対しては i' が負となる．したがって，図3・15(a)のように，電流の正の方向を右方向に定めた電流 i が，

$$i = I_m \sin \omega t$$

で表されるものとすれば，これを波形で表すと図3・15(b)の実線の波形となる．ところが，図3・14(b)の破線の矢印の方向を正とする電流 i' は

$$i' = -i = -I_m \sin \omega t$$

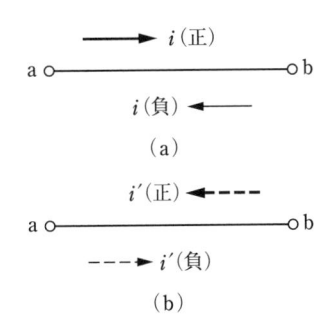

図3・14 電流の方向と電流値の正負

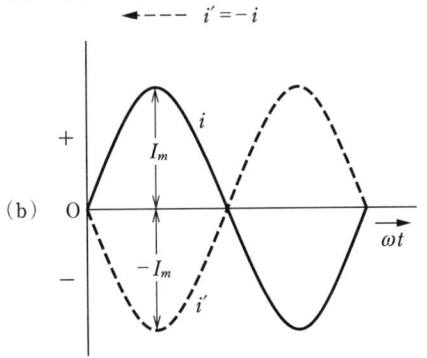

図3・15 交流の正の向きと波形

となり，図 3・15(b) の破線のような波形となる．したがって，これら i, i' の電流をベクトル図で表せば，図 3・16 のような関係になる．以上の理由から，まったく同じ交流でも，その交流の正の方向の定め方によって π [rad] 位相が変わって表される．

図 3・16　交流の正の方向とベクトル図の違い

（2）起電力と電圧の正の方向

起電力および電圧を取り扱う場合にも，これらの交流の正の方向を次のように定めている．

起電力および電圧の正の方向は，電位上昇の正の方向に矢印をつけて表す．したがって，図 3・17(a) の起電力 $\dot{E}$ および電圧 $\dot{V}$ はいずれも端子 a を正電位とし，端子 b を負電位とするときを正として表しているので，起電力 $\dot{E}$ と電圧 $\dot{V}$ は図 3・17(b) に示すように，お互いに同じ大きさで同相のベクトルで表されることになる．

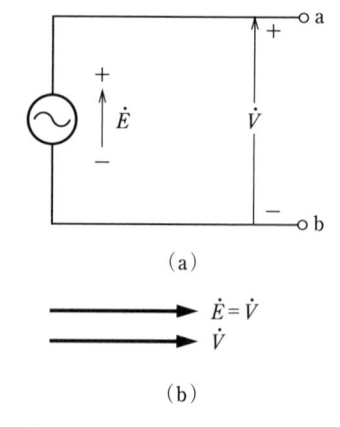

図 3・17　正の向きのとり方とベクトル図

以上のように，ベクトルは，これを表している交流の正の方向がどのように定められているかによって，はじめて描けるのである．

例題 3・2

図 3・18 のような回路中の接続点 O において，i_a, i_b, i の正の方向を図のように定めたとき，i_a と i_b の実効値は共に 10 A で，i_b は i_a より $\pi/3$ [rad] 位相が遅れているという．i のベクトルおよび実効値はどうなるか．

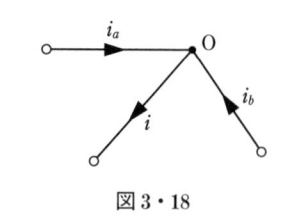

図 3・18

解答　図 3・19 において，

$$I_a = i_a \text{ の実効値} = 10 \text{ [A]}$$

$I_b = i_b$ の実効値 $= 10$ 〔A〕

$I = i$ の実効値

とすれば，図 3・18 より $i = i_a + i_b$ であるから，図 3・19(a) より $\dot{I} = \dot{I}_a + \dot{I}_b$ となる．したがって，そのベクトル図は図 3・19(b) のようになる．これより，

$$I = 2 \times 10 \times \cos\frac{\pi}{6} = 20 \times \frac{\sqrt{3}}{2} = 10 \times \sqrt{3} \fallingdotseq 17.32 \text{〔A〕}$$

$\dot{I}$ の位相は，$\dot{I}_b$ より $\pi/6$ 〔rad〕進む．

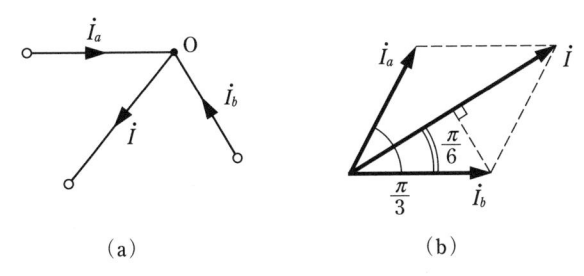

図 3・19

例題 3・3

前問（例題 3・2）において，i_a と i_b との合成電流 i の正の方向を図 3・20 のように逆に定め，これを i' とすれば，i' のベクトル図および実効値はどうなるか．

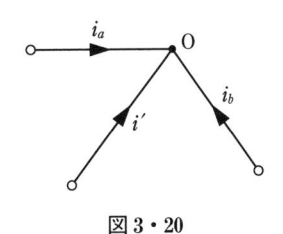

解答 図 3・20 より $i' = -(i_a + i_b)$ となるから $\dot{I}' = -(\dot{I}_a + \dot{I}_b)$，すなわち図 3・21(a) と

図 3・20

(b) で示すように，$\dot{I}_a$ と $\dot{I}_b$ のベクトル和の反対のベクトルで表される．したがって，I' は前問と同じ 17.32 A であるが，$\dot{I}_b$ より $5\pi/6$ rad 位相が遅れる．つまり，$\dot{I}'$ の正の方向は前問の $\dot{I}$ の正の方向とは逆に定めているので，$\dot{I}$ を逆にしたベクトルとなるのである．

第3章　交流はベクトルで表せる

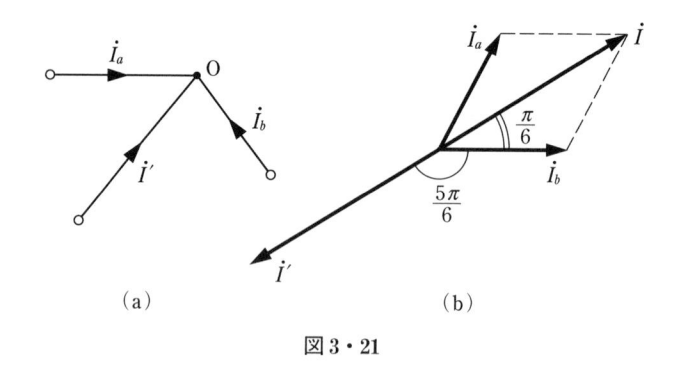

(a)　(b)

図 3・21

━━━━━━━━━━━━━━━ 章末問題 ━━━━━━━━━━━━━━━

1. $e = 100 \sin \omega t$ [V] と $i = 50 \sin(\omega t - \pi/3)$ [A] の 2 つの交流の関係を実効値のベクトル図で表しなさい．

2. 2 つの起電力 $\dot{E}_1$ と $\dot{E}_2$ の実効値が共に 100 V で，$\dot{E}_2$ は $\dot{E}_1$ より $\pi/3$ rad 位相が遅れているという．これらの $\dot{E}_1$ と $\dot{E}_2$ を加えたときの合成起電力 $\dot{E}$ を求めなさい．

3. 実効値が 100 V の起電力 $\dot{E}_1$ と $\dot{E}_2$ とがあり，$\dot{E}_2$ は $\dot{E}_1$ より $\pi/3$ rad 位相が進んでいるという．$\dot{E}_1$ を基準としてベクトル図を描き，$\dot{E}_1 - \dot{E}_2$ の大きさと位相を求めなさい．

4. 実効値が 100 V の 2 つの起電力 $\dot{E}_1$ と $\dot{E}_2$ とがあり，$\dot{E}_2$ は $\dot{E}_1$ より $2\pi/3$ rad 位相が遅れているとすれば $\dot{E}_1 + \dot{E}_2$，$\dot{E}_1 - \dot{E}_2$ の大きさを求めなさい．

5. 実効値 100 V の電圧 $\dot{E}_1$ に，次の電圧 $\dot{E}_2$ を加えたときの合成電圧 $\dot{E}$ の実効値を求めなさい．

    ① 実効値 100 V で位相が $\pi/2$ rad 進んでいる電圧
    ② 実効値 100 V で位相が $\pi/6$ rad 遅れている電圧

第4章

基本交流回路

　直流回路では電流を妨げる働きをするものは抵抗 R のみであったが，交流回路においては，この抵抗 R のほか，電磁気学で学ぶ自己インダクタンス L や静電容量 C が関係してくる．ここでは，これらの基本交流回路についての考え方や，取り扱い方を学んでいく．また，これからの計算においては特に断りのない限り実効値を用いることにする．

4・1 抵抗(R)回路

　いま図4・1に示す回路において，R [Ω] の抵抗に交流電圧 v [V]，すなわち，

$$v = V_m \sin \omega t \text{ [V]} \tag{4・1}$$

を加えたとき，回路に流れる電流を i とすれば，直流回路と同様に交流回路でもオームの法則が成り立つので，

$$i = \frac{v}{R} \tag{4・2}$$

という関係がある．したがって，式(4・1)と式(4・2)から，

$$v = V_m \sin \omega t \tag{4・3}$$

$$i = \frac{v}{R} = \frac{V_m}{R} \sin \omega t = I_m \sin \omega t \tag{4・4}$$

ただし，

$$I_m = \frac{V_m}{R} \tag{4・5}$$

となる．したがって，実効値で表した電圧を V，

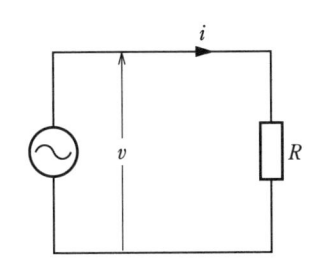

図4・1 抵抗回路

第4章　基本交流回路

電流を I とすれば，

$$I = \frac{V}{R} \tag{4・6}$$

ただし，

$$I = \frac{I_m}{\sqrt{2}}, \quad V = \frac{V_m}{\sqrt{2}}$$

この場合，式(4・3)と式(4・4)を見てもわかるように，電圧 v と電流 i の位相は共に ωt であるから電圧 $\dot{V}$ と電流 $\dot{I}$ は同相であるという．図4・2は抵抗回路の電圧と電流との関係を波形とベクトル図で示したものである．

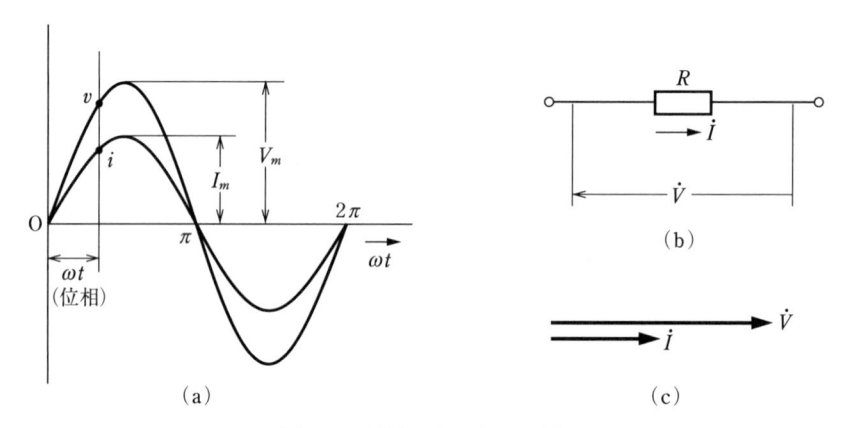

図4・2　抵抗回路の電圧と電流

例題 4・1

$10\,\text{k}\Omega$ の抵抗に最大値 $20\,\text{mA}$ の電流を流すにはいくらの電圧が必要か．最大値と実効値を示しなさい．

解答　抵抗に加える電圧の最大値を V_m とすれば式(4・5)から，

$$V_m = RI_m = 10 \times 10^3 \times 20 \times 10^{-3} = 200\,[\text{V}]$$

また，その実効値 V は，

$$V = \frac{V_m}{\sqrt{2}} = \frac{200}{\sqrt{2}} = \frac{200\sqrt{2}}{2} = 100\sqrt{2} \fallingdotseq 141.4\,[\text{V}]$$

問 4・1　5 kΩ の抵抗にある値の電圧を加えたら，電流が 2 mA 流れた．加えた電圧の値はいくらか．

4・2　自己インダクタンス(L)回路

(1) 自己インダクタンスに電流を流すとどうなるか

　電磁気学の分野で学ぶように，コイルに電流が流れると磁束が生じ，電流が増減するとコイル自身にも起電力が誘導される．この現象を**自己誘導**という．

　いま，コイルの電流 i と誘導起電力 e の正の方向を図 4・3 のように反対に定めると，

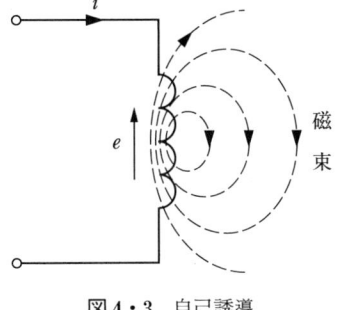

$$e = L\frac{\Delta i}{\Delta t} \text{ [V]} \qquad (4・7)$$

図 4・3　自己誘導

で表される．ここに $\Delta i/\Delta t$ は電流の変化率を表し，L はコイルの**自己インダクタンス**で単位は**ヘンリー**（単位記号：H）である．

(2) 自己インダクタンスに正弦波交流を流した場合

　いま，コイルに流れる電流 i が

$$i = I_m \sin \omega t \qquad (4・8)$$

であるとすれば，電流の変化率は $\Delta i/\Delta t$ である．したがって，誘導起電力 e はどうなるか考えてみよう．

　図 4・4 において，時間 t のとき電流を i とし，時間 t が微小時間 Δt 変化したときの電流を i' とすれば，

$$i' = i + \Delta i = I_m \sin(\omega t + \omega \cdot \Delta t)$$

である．したがって，

第4章　基本交流回路

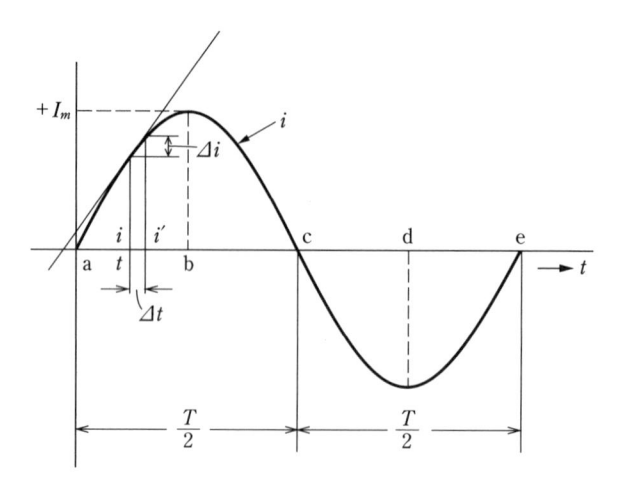

図4・4　交流の変化率の考え方

$$\frac{\Delta i}{\Delta t} = \frac{i' - i}{\Delta t} = \frac{I_m \sin(\omega t + \omega \cdot \Delta t) - I_m \sin \omega t}{\Delta t} \tag{4・9}$$

となる．この式の右辺の分子を変形すると，

$$I_m \sin(\omega t + \omega \cdot \Delta t) - I_m \sin \omega t$$
$$= I_m \{\sin \omega t \cdot \cos(\omega \cdot \Delta t) + \cos \omega t \cdot \sin(\omega \cdot \Delta t) - \sin \omega t\}$$
$$\fallingdotseq I_m \omega \cdot \Delta t \cos \omega t$$

ここで，$\omega \cdot \Delta t$ はきわめて小さい角であるから $\cos(\omega \cdot \Delta t) \fallingdotseq 1$ とし，$\sin(\omega \cdot \Delta t) \fallingdotseq \omega \cdot \Delta t$ としてよい．

$$\frac{\Delta i}{\Delta t} = \omega I_m \cos \omega t \tag{4・10}$$

したがって，電流の変化率 $\Delta i / \Delta t$ は**余弦（cos）曲線**に従って変化し，その最大値は ωI_m であることがわかる．

よって，コイルに誘導される起電力 e は次のようになる．

$$e = L\left(\frac{\Delta i}{\Delta t}\right) = \omega L I_m \cos \omega t$$
$$= \omega L I_m \sin\left(\omega t + \frac{\pi}{2}\right) = E_m \sin\left(\omega t + \frac{\pi}{2}\right) \tag{4・11}$$

4・2 自己インダクタンス(L)回路

ただし，

$E_m = \omega L \cdot I_m = e$ の最大値

これら，電流 i と誘導起電力 e との関係は図4・5のようになる．

これより，L [H] の自己インダクタンスをもつコイルに正弦波電流 i が流れるとき，これより $\pi/2$ rad 位相が進む起電力 e が誘導される．その大きさは，

最大値：$E_m = \omega L I_m$ $I_m = \dfrac{E_m}{\omega L}$

実効値：$E = \omega L I$ $I = \dfrac{E}{\omega L}$

(4・12)

となる．

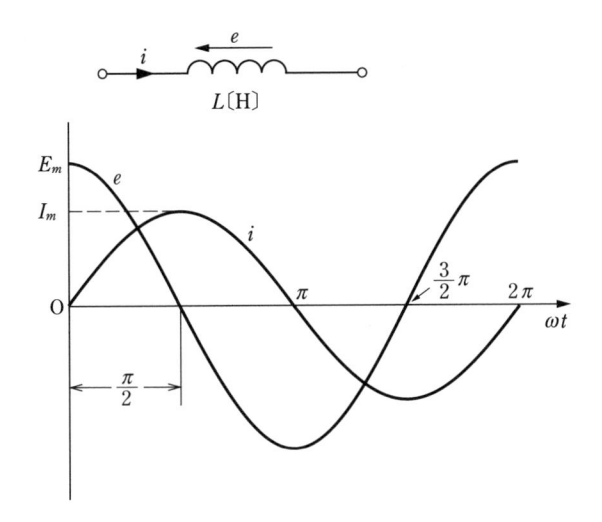

図4・5 自己インダクタンス回路の電流と起電力

参考 式(4・11)を微分法によって導く．

$$e = L \cdot \dfrac{di}{dt} = L\left(\dfrac{dI_m \sin \omega t}{dt}\right) = L(\omega I_m \cos \omega t) = \omega L I_m \cos \omega t$$

$$= \omega L I_m \sin\left(\omega t + \dfrac{\pi}{2}\right) = E_m \sin\left(\omega t + \dfrac{\pi}{2}\right)$$

ただし，$E_m = \omega L I_m$

第4章　基本交流回路

　図4・6に示すように，ab端子間に電圧 v を加えると，電流 i が流れて，この電流 i より $\pi/2$ rad 位相の進む誘導起電力 e が生ずることは，いま学んだとおりである．この誘導起電力 e の大きさは常に加えられている電圧 v の大きさに等しい．したがって，

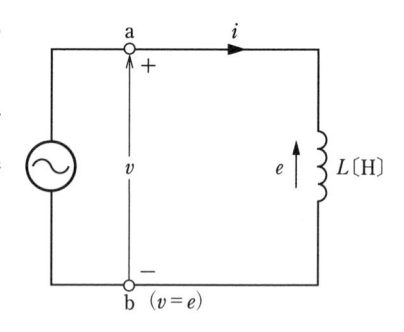

$$v = e \qquad (4・13)$$

となる．すなわち，電圧 v と誘導起電力 e とは同相で同じ大きさとなる．

　ゆえに，図4・5のように電圧 v，電流 i の正の方向を定めれば，実効値の間には，

図4・6 自己インダクタンス回路

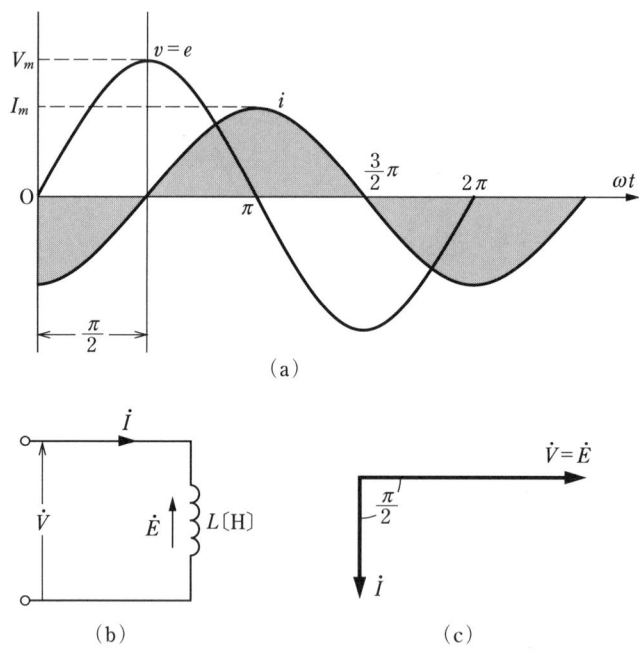

図4・7 自己インダクタンス回路の電圧と電流

4・2 自己インダクタンス(L)回路

$$V = \omega L I , \quad I = \frac{V}{\omega L} \tag{4・14}$$

の関係があり，電流 $\dot{I}$ は電圧 $\dot{V}$ より $\pi/2$ rad 位相が遅れる．図 4・7 は以上の学んだ関係を電圧と電流の波形とベクトル図で示したものである．なお，図 4・7(c)のベクトル図は $\dot{V}$ を基準としたベクトル図である．

(3) 誘導リアクタンス

式(4・14)からもわかるように，交流回路に自己インダクタンスが存在していると，たとえこの回路に抵抗がなくても電流 I は $V/\omega L$ となる．言い換えるならば，回路に流れる電流は ωL の大きさによって制限されるのである．この ωL を**誘導リアクタンス**（inductive reactance）あるいは単に**リアクタンス**と呼び，X_L または X の記号で表し，その単位は抵抗と同じ**オーム**（単位記号：Ω）を用いる．すなわち，

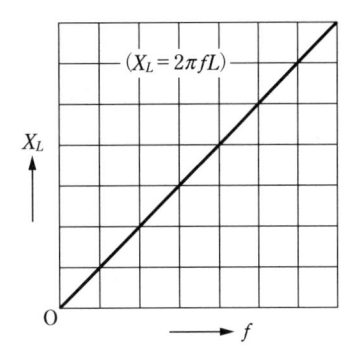

図 4・8 誘導リアクタンスの周波数特性

$$X_L = \omega L = 2\pi f L \ [\Omega] \tag{4・15}$$

ただし，

$$\omega = 2\pi f$$

したがって，誘導リアクタンス X_L の値は周波数 f に比例して変化することがわかる．図 4・8 は周波数 f と誘導リアクタンス X_L の関係をグラフで表したものである．

例題 4・2

ある回路の自己インダクタンスが 500 mH ならば，周波数が 50 Hz，50 kHz に対して誘導リアクタンス X_L はいくらか求めなさい．

解答 式(4・15)から

50 Hz では，

$$X_L = \omega L = 2\pi f L = 2\pi \times 50 \times 500 \times 10^{-3} \fallingdotseq 157 \,[\Omega]$$

50 kHz では，
$$X_L = \omega L = 2\pi f L = 2\pi \times 50 \times 10^3 \times 500 \times 10^{-3} \fallingdotseq 157 \times 10^3 \,[\Omega]$$
$$= 157 \,[\mathrm{k}\Omega]$$

別解 50 Hz から 50 kHz に変化したということは周波数は 1 000 倍に変化したことになる，したがって，誘導リアクタンスは周波数に比例するから 50 Hz のときの誘導リアクタンスの 1 000 倍となるので，50 kHz では，
$$X_L = 157\,[\Omega] \times 1\,000$$
$$= 157 \times 10^3 = 157\,[\mathrm{k}\Omega]$$

例題 4・3

自己インダクタンスが 5 mH のコイルに 1 V，50 kHz の高周波電圧を加えたとき，コイルに流れる電流はいくらか．

解答 電流の値を求めるには，式(4・14)から，
$$I = \frac{V}{\omega L} = \frac{V}{2\pi f L} = \frac{1}{2\pi \times 50 \times 10^3 \times 5 \times 10^{-3}} \fallingdotseq 0.637 \times 10^{-3}\,[\mathrm{A}]$$
$$= 0.637\,[\mathrm{mA}]$$

問 4・2 ある回路の自己インダクタンスが 0.5 H ならば，50 Hz および 150 Hz に対する誘導リアクタンスはいくらになるか．

問 4・3 前問の回路に 60 Hz，100 V の電圧を加えたときに回路に流れる電流はいくらか．

4・3 静電容量(C)回路

(1) 静電容量（コンデンサ）に電圧を加えるとどうなるか

図4・9に示すように，$C\,[\mathrm{F}]$ の静電容量をもったコンデンサに電圧 v を加えると，コンデンサの両板間に $q\,[\mathrm{C}]$ の電荷が静電誘導によって蓄えられ，

$$q = Cv \qquad (4・16)$$

4・3 静電容量(C)回路

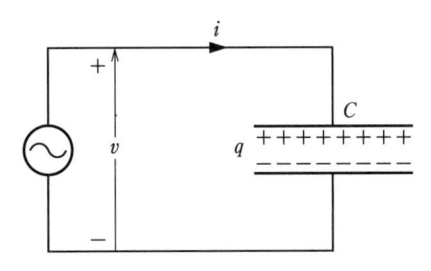

図4・9 静電容量回路

の関係がある．コンデンサに加わる電圧 v が増減すれば，電荷 q もそれに比例して増減するから，それに伴って回路に流れる電流が生じる．電流は単位時間に移動する電荷量，つまり，電荷量の変化率で表されるから，次のようになる．

$$i = \frac{\Delta q}{\Delta t} = C\left(\frac{\Delta v}{\Delta t}\right) \tag{4・17}$$

したがって，電流 i は電圧 v の変化率に比例する．次にこの電流について調べていく．

（2）静電容量（コンデンサ）に正弦波電圧を加えたときの電流

いま，図4・9の C の端子間に，

$$v = V_m \sin \omega t \tag{4・18}$$

の電圧を加えると，C に流れる電流 i は，

$$i = C\left(\frac{\Delta v}{\Delta t}\right) = C \cdot \frac{V_m \sin(\omega t + \omega \cdot \Delta t) - V_m \sin \omega t}{\Delta t}$$

$$= CV_m \cdot \frac{\sin(\omega t + \omega \cdot \Delta t) - \sin \omega t}{\Delta t}$$

上式は式(4・9)，(4・10)で学んだものと同様に $\omega C V_m \cos \omega t$ となる．

$$i = \omega C V_m \cos \omega t = I_m \sin\left(\omega t + \frac{\pi}{2}\right) \tag{4・19}$$

ただし，

$$I_m = \omega C V_m$$

第4章 基本交流回路

したがって，電流の最大値，実効値は，

$$
\begin{aligned}
\text{最大値}&: I_m = \frac{V_m}{\dfrac{1}{\omega C}} = \omega C V_m \\
\text{実効値}&: I = \frac{V}{\dfrac{1}{\omega C}} = \omega C V
\end{aligned}
\quad (4\cdot 20)
$$

という関係があり，電流 $\dot{I}$ は電圧 $\dot{V}$ より $\pi/2\,\mathrm{rad}$ 位相が進む．図 4・10 は以上の関係をベクトル図で表したものである．

(a)

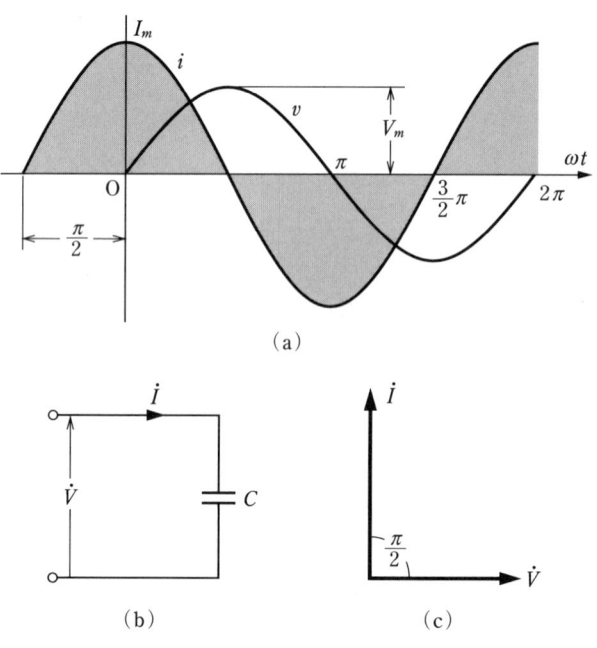

(b)　　　　　(c)

図 4・10 静電容量回路の電圧と電流

> **参考** 式(4・19)を微分法によって導く．
> $$ i = C\frac{dv}{dt} = C\frac{dV_m \sin \omega t}{dt} = \omega C V_m \cos \omega t = I_m \sin\left(\omega t + \frac{\pi}{2}\right) $$
> ただし，$I_m = \omega C V_m$

4・3 静電容量（C）回路

（3）容量リアクタンス

式(4・20)からわかるように，静電容量回路に流れる電流は $1/\omega C$ の値によって制限される．この $1/\omega C$ をコンデンサの**容量リアクタンス**（condensive reactance）あるいは単に**リアクタンス**と呼び，記号は X_c あるいは X などを用い，単位は誘導リアクタンスと同様にやはり**オーム**（単位記号：Ω）を用いる．すなわち，

$$X_c = \frac{1}{\omega C} = \frac{1}{2\pi f C} \,[\Omega]$$

(4・21)

となる．したがって，X_c の値は図4・11のグラフで表されるように周波数 f に反比例して変化することがわかる．

$\left(X_c = \dfrac{1}{2\pi f C}\right)$

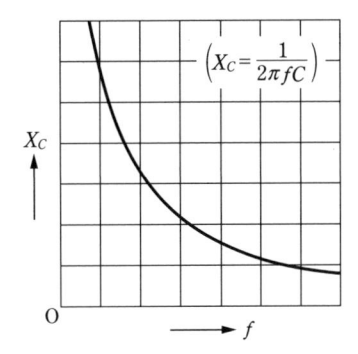

図4・11 容量リアクタンスの周波数特性

例題 4・4

$1\,\mu\mathrm{F}$ のコンデンサの 50 Hz および 50 kHz に対する容量リアクタンス X_c を求めなさい．

解答 式(4・21)から，

50 Hz では，

$$X_c = \frac{1}{\omega C} = \frac{1}{2\pi f C} = \frac{1}{2\pi \times 50 \times 1 \times 10^{-6}}$$
$$\fallingdotseq 3.18 \times 10^3 = 3.18 \,[\mathrm{k}\Omega]$$

50 kHz では，

$$X_c = \frac{1}{\omega C} = \frac{1}{2\pi f C} = \frac{1}{2\pi \times 50 \times 10^3 \times 1 \times 10^{-6}} \fallingdotseq 3.18 \,[\Omega]$$

別解 50 Hz から 50 kHz に変化したということは，周波数が 1 000 倍に変化したことになる．したがって，容量リアクタンスは周波数に反比例するから 50 Hz のときの誘導リアクタンスの 1/1 000 倍となるので，50 kHz では，

$$X_c = \omega C = 2\pi fC = 2\pi \times 50 \times 1 \times 10^{-6} \fallingdotseq 3\,183\,[\Omega] \times \frac{1}{1\,000}$$
$$= 3.18\,[\Omega]$$

問 4・4 ある回路の静電容量が $100\,\mu\text{F}$ ならば，$50\,\text{Hz}$ および $150\,\text{Hz}$ に対する容量リアクタンスはいくらになるか．

問 4・5 前問の回路に $55\,\text{Hz}$，$100\,\text{V}$ の電圧を加えたときに回路に流れる電流はいくらか．

以上で R，L，C がそれぞれ単独で存在する回路について学んだ．しかし，実際の回路では抵抗にはいくらかの L や C の成分があり，L や C でも少しは抵抗成分が含まれる場合がある．そこで，次節からはこのような場合について考

表 4・1　R，L，C の比較

回路名称	回路図	v, i の波形と位相	ベクトル図と位相 （電圧基準）	V, I の計算式
抵抗回路			同相電流	$V = RI\,[\text{V}]$ $I = \dfrac{V}{R}\,[\text{A}]$
自己インダクタンス回路			$\dfrac{\pi}{2}$ の遅れ電流	$V = X_L I = \omega LI$ $= 2\pi fLI\,[\text{V}]$ $I = \dfrac{V}{X_L} = \dfrac{V}{\omega L}$ $= \dfrac{V}{2\pi fL}\,[\text{A}]$
静電容量回路			$\dfrac{\pi}{2}$ の進み電流	$V = X_C I = \dfrac{I}{\omega C}$ $= \dfrac{I}{2\pi fC}\,[\text{V}]$ $I = \dfrac{V}{X_C} = \omega CV$ $= 2\pi fCV\,[\text{A}]$

えていくことにする．表4・1は R, L, C がそれぞれ単独で存在する回路の電圧と電流の最大値，実効値の関係，ベクトル図の関係をまとめたものである．

4・4　R-L の直列回路

図4・12(a)に示すように，R 〔Ω〕の抵抗と L 〔H〕の自己インダクタンスが直列に接続されている回路に，角周波数 ω 〔rad/s〕，実効値 V 〔V〕の正弦波電圧を加えたとき，電流 I 〔A〕が流れたとしよう．電流はこの回路のどの部分でも同じであるから，R 〔Ω〕の電圧 $\dot{V}_R$ は電流 $\dot{I}$ と同相で，実効値は，

$$V_R = RI \text{ 〔V〕} \tag{4・22}$$

L 〔H〕の電圧 $\dot{V}_L$ は，電流 $\dot{I}$ より位相が $\pi/2$ rad 進み，実効値は，

$$V_L = \omega L I \text{ 〔V〕} \tag{4・23}$$

である．

この回路の全電圧 $\dot{V}$ は，$\dot{V}_R$ と $\dot{V}_L$ とのベクトル和である．

図4・12(b)のベクトル図は，これらの関係を示すものである．図では電流 $\dot{I}$ を基準としている（直列回路では一般に電流を基準のベクトルに取るとベクトル図が描きやすい）．したがって，$\dot{V}_R$ は $\dot{I}$ と同相，$\dot{V}_L$ は $\dot{I}$ より $\pi/2$ rad 進んでいる．このとき $\dot{V}$ は $\dot{V}_R$ と $\dot{V}_L$ とのベクトル和となり，$\dot{V}_R$ と $\dot{V}_L$ を2辺とする平

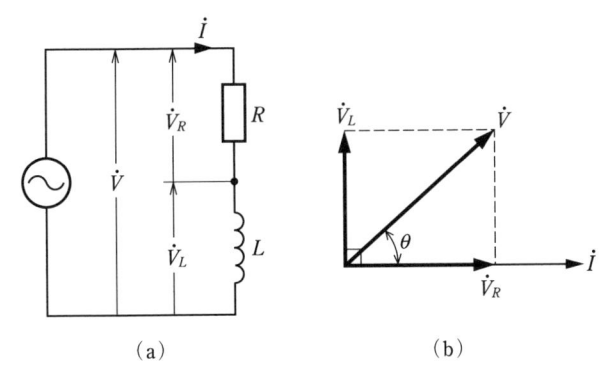

(a)　　　　　　(b)

図4・12　R-L の直列回路

行四辺形の対角線のベクトルで表される．したがって，$\dot{V}$ は $\dot{I}$ より θ [rad] 進んでいる．そして，$\dot{V}_R$ と $\dot{V}_L$ とは $\pi/2$ rad の位相差をもっているから，$\dot{I}$ の大きさ I は，

$$V=\sqrt{V_R{}^2+V_L{}^2}=\sqrt{(RI)^2+(\omega LI)^2}=I\sqrt{R^2+(\omega L)^2}$$

$$I=\frac{V}{\sqrt{R^2+(\omega L)^2}} \tag{4・24}$$

$$\theta=\tan^{-1}\left(\frac{V_L}{V_R}\right)=\tan^{-1}\left(\frac{\omega L}{R}\right) \tag{4・25}$$

このように，R-L の直列回路に電圧 V を加えると，電圧より式(4・25)の角 θ だけ位相が遅れた電流 I が流れる．そして，この電流 I の値を制限するものは式(4・24)の分母の $\sqrt{R^2+(\omega L)^2}$ である．

交流回路では一般に電圧/電流(V/I)で表される値を**インピーダンス**(impedance)といい，Z という量記号で表し，単位は**オーム**（単位記号：Ω）を用いる．したがって，この R-L の直列回路のインピーダンス Z は

$$Z=\sqrt{R^2+(\omega L)^2}\,[\Omega] \tag{4・26}$$

となる．

式(4・25)と(4・26)は図4・13のような直角三角形で記憶しておくと便利である．このような三角形を今後，直列回路の**インピーダンス三角形**と呼ぶことにする．

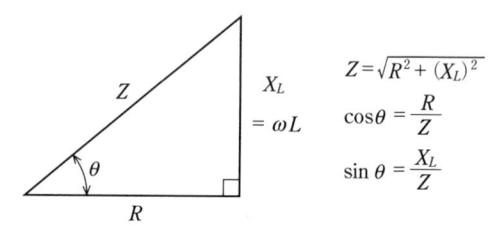

図4・13 インピーダンス三角形

例題 4・5

抵抗が 10 Ω，自己インダクタンスが 50 mH の R-L の直列回路に，60 Hz の正弦波交流電圧を加えたときのインピーダンスの大きさを求めなさい．

解答 インピーダンス Z は式(4・26)から，

$$Z=\sqrt{R^2+(\omega L)^2}=\sqrt{R^2+(2\pi fL)^2}=\sqrt{10^2+(2\pi\times60\times50\times10^{-3})^2}$$
$$\fallingdotseq 21.3\,[\Omega]$$

例題 4・6

$R=3$ [Ω], $L=12.8$ [mH] の直列回路に 100 V, 50 Hz の電圧を加えたときの X_L, Z, I, V_R, V_L, $\cos\theta$, $\sin\theta$ を求めなさい.

解答 式(4・24), 式(4・26) より

$$X_L=\omega L=2\pi fL=2\pi\times 50\times 12.8\times 10^{-3}\fallingdotseq 4.02 \text{ [Ω]}$$

$$Z=\sqrt{R^2+(\omega L)^2}=\sqrt{3^2+4.02^2}\fallingdotseq 5 \text{ [Ω]}$$

$$I=\frac{V}{Z}=\frac{100}{5}=20 \text{ [A]}$$

$$V_R=RI=3\times 20=60 \text{ [V]}$$

$$V_L=\omega LI=4.02\times 20=80.4 \text{ [V]}$$

図 4・13 より

$$\cos\theta=\frac{R}{Z}=\frac{3}{5}=0.6 \quad , \quad \sin\theta=\frac{X_L}{Z}=\frac{4.02}{5}=0.804$$

問 4・6 抵抗が 100 Ω, 自己インダクタンスが 30 mH の R-L の直列回路に, 200 V, 50 Hz の正弦波交流電圧を加えたとき, インピーダンスの大きさと回路に流れる電流を求めなさい. また, 抵抗およびコイルの両端の電圧を求めなさい.

4・5 R-C の直列回路

図 4・14(a) に示すように, R [Ω] の抵抗と C [F] の静電容量が直列に接続されている回路に, 角周波数 ω [rad/s], 実効値 V [V] の正弦波電圧を加えたとき, 電流 I [A] が流れたとしよう. 電流はこの回路のどの部分でも同じであるから, R [Ω] の電圧 $\dot{V}_R$ は電流 $\dot{I}$ と同相で, C [F] の電圧 $\dot{V}_C$ は, 電流 $\dot{I}$ より位相が $\pi/2$ rad 遅れる. それぞれの実効値は,

$$V_R=RI \text{ [V]} \quad , \quad V_C=\frac{1}{\omega C}I \text{ [V]} \tag{4・27}$$

である.

第4章　基本交流回路

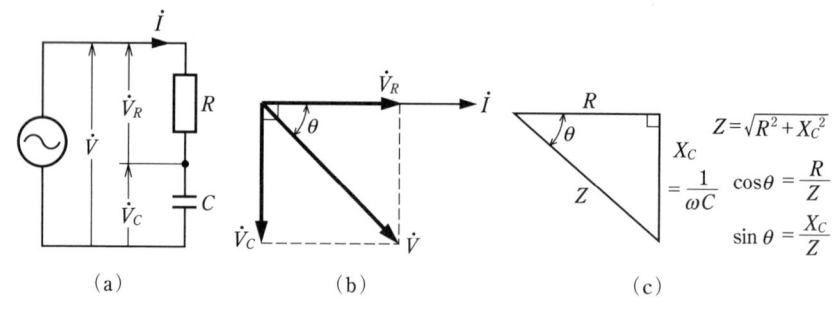

図4・14　R-Cの直列回路

したがって，そのベクトル図は図4・14(b)のようになる．すなわち，まず$\dot{I}$を基準に描くと，$\dot{V}_R$は$\dot{I}$と同相，$\dot{V}_C$は$\dot{I}$より位相が$\pi/2$ rad遅れたベクトルである．ゆえに，電圧$\dot{V}$は$\dot{V}_R$と$\dot{V}_C$とのベクトル和で，$\dot{V}$は$\dot{I}$よりθ [rad]遅れている．これらを式で表すと，

$$V=\sqrt{V_R^2+V_C^2}=\sqrt{(RI)^2+\left(\frac{I}{\omega C}\right)^2}=I\sqrt{R^2+\left(\frac{1}{\omega C}\right)^2}\;[\text{V}] \quad (4・28)$$

$$\theta=\tan^{-1}\left(\frac{V_C}{V_R}\right)=\tan^{-1}\frac{\frac{1}{\omega C}}{R}=\tan^{-1}\left(\frac{1}{\omega CR}\right) \quad (4・29)$$

このように，R-Cの直列回路に電圧Vを加えると，電圧より式(4・29)の角θだけ位相が進んだ電流Iが流れる．そして，この電流Iの値を制限するものは式(4・28)の

$$\sqrt{R^2+\left(\frac{1}{\omega C}\right)^2}$$

である．したがって，このR-Cの直列回路のインピーダンスZは，

$$Z=\sqrt{R^2+\left(\frac{1}{\omega C}\right)^2}\;[\Omega] \quad (4・30)$$

となる．図4・14(c)はこの場合のインピーダンス三角形である．

例題 4・7

抵抗が50 Ω，静電容量が2 μFのR-Cの直列回路に，1 kHzの正弦波交流電圧

4・5 R-C の直列回路

を加えたときのインピーダンスの大きさを求めなさい．

解答 インピーダンス Z は式(4・30)から，

$$Z=\sqrt{R^2+\left(\frac{1}{\omega C}\right)^2}=\sqrt{R^2+\left(\frac{1}{2\pi fC}\right)^2}$$

$$=\sqrt{50^2+\left(\frac{1}{2\pi\times 1\times 10^3\times 2\times 10^{-6}}\right)^2}\fallingdotseq 94\,[\Omega]$$

例題 4・8

$R=26.5\,[\Omega]$ の抵抗と $C=100\,[\mu\mathrm{F}]$ のコンデンサを直列接続して，この回路に 60 Hz，100 V の正弦波交流電圧を加えたときの電流 I および電流と電圧の位相差 θ を求め，電圧と電流のベクトル図を電流を基準として描きなさい．

解答 回路のインピーダンス Z を求める．式(4・30)より，

$$Z=\sqrt{R^2+\left(\frac{1}{\omega C}\right)^2}=\sqrt{26.5^2+\left(\frac{1}{2\pi\times 60\times 100\times 10^{-6}}\right)^2}$$

$$\fallingdotseq 37.5\,[\Omega]$$

回路に流れる電流 I は，

$$I=\frac{V}{Z}=\frac{100}{37.5}\fallingdotseq 2.67\,[\mathrm{A}]$$

位相差 θ は式(4・29)より，

$$\theta=\tan^{-1}\left(\frac{1}{\omega CR}\right)$$

$$=\tan^{-1}\left(\frac{1}{2\pi\times 60\times 100\times 10^{-6}\times 26.5}\right)$$

$$\fallingdotseq 45\,[°]=\frac{\pi}{4}\,[\mathrm{rad}]$$

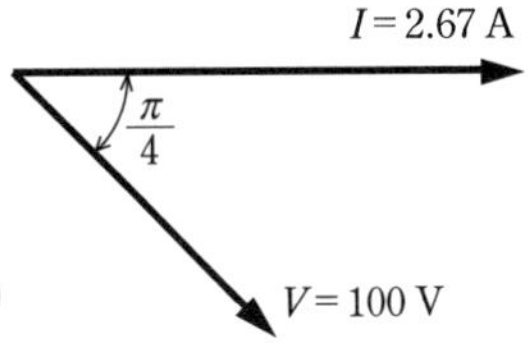

図 4・15

ベクトル図は図 4・15 のようになる．

問 4・7 抵抗が 40 Ω，コンデンサの静電容量が 100 μF の直列回路に 60 Hz，100 V の正弦波交流電圧を加えたとき，回路に流れる電流の値を求めなさい．また，電流と電圧の位相差 θ を求め，電流と電圧のベクトル図を電流を基準として描きなさい．

4・6　R-L-C の直列回路

次は，抵抗 R，自己インダクタンス L，静電容量 C を図4・16のように直列にし，この両端に電圧 V を加えた場合を考えてみよう．この場合，電流を $\dot{I}$ および各部分の端子電圧を $\dot{V}_R$, $\dot{V}_L$, $\dot{V}_C$ とすれば，

$$\left. \begin{array}{l} V_R = RI \\ V_L = \omega L I \\ V_C = \dfrac{1}{\omega C} I \\ \dot{V} = \dot{V}_R + \dot{V}_L + \dot{V}_C \end{array} \right\} \quad (4 \cdot 31)$$

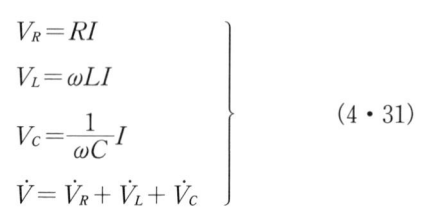

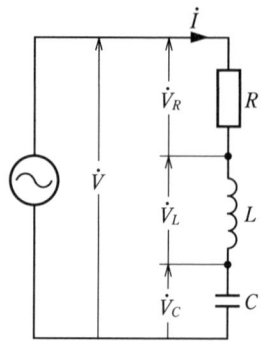

図4・16　R-L-C 直列回路

となり，そのベクトル図は図4・17(a)あるいは図(b)のようになる．図(a)は $\omega L > 1/\omega C$，図(b)は $\omega L < 1/\omega C$ の場合である．したがって，電圧 V と電流 I との関係には次のようになる．

① $\omega L > \dfrac{1}{\omega C}$ のとき

図4・17(a)のベクトル図より，

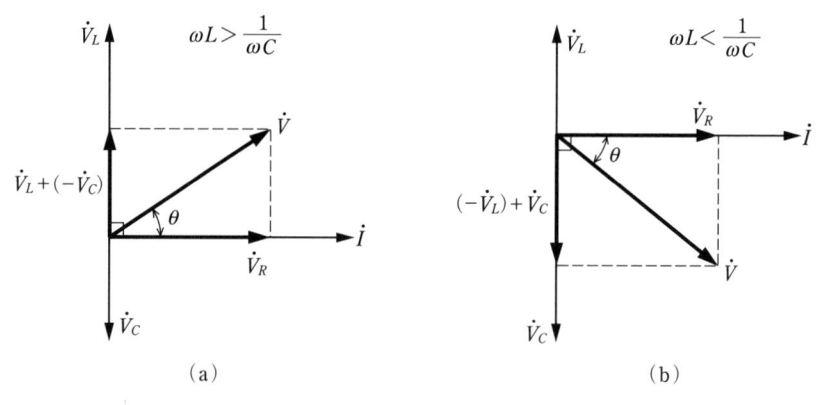

(a)　(b)

図4・17　R-L-C の直列回路のベクトル図

$$V=\sqrt{V_R^2+(V_L-V_C)^2}$$
$$=\sqrt{(RI)^2+\left(\omega LI-\frac{I}{\omega C}\right)^2}=I\sqrt{R^2+\left(\omega L-\frac{1}{\omega C}\right)^2}$$
$$I=\frac{V}{\sqrt{R^2+\left(\omega L-\frac{1}{\omega C}\right)^2}}=\frac{V}{Z} \qquad (4・32)$$

ただし,
$$Z=\sqrt{R^2+\left(\omega L-\frac{1}{\omega C}\right)^2} \ , \quad \theta=\tan^{-1}\left(\frac{\omega L-\frac{1}{\omega C}}{R}\right) \qquad (4・33)$$

図4・17(a)からわかるように ωL と $1/\omega C$ とはお互いに打ち消し合うように働き, $\omega L > 1/\omega C$ であるから ($\omega L - 1/\omega C$) は**誘導性のリアクタンス**となる．したがって，回路に流れる電流は**遅れ電流**となるのである．

② $\omega L < \frac{1}{\omega C}$ のとき

図4・17(b)のベクトル図より,
$$V=\sqrt{V_R^2+(V_C-V_L)^2}=\sqrt{(RI)^2+\left(\frac{I}{\omega C}-\omega LI\right)^2}$$
$$=I\sqrt{R^2+\left(\frac{1}{\omega C}-\omega L\right)^2}$$
$$I=\frac{V}{\sqrt{R^2+\left(\frac{1}{\omega C}-\omega L\right)^2}}=\frac{V}{Z} \qquad (4・34)$$

ただし,
$$Z=\sqrt{R^2+\left(\frac{1}{\omega C}-\omega L\right)^2} \ , \quad \theta=\tan^{-1}\left(\frac{\frac{1}{\omega C}-\omega L}{R}\right)$$

この場合は $\omega L < 1/\omega C$ であるから, ($1/\omega C - \omega L$) は**容量性のリアクタンス**となる．したがって，回路に流れる電流は**進み電流**となるのである．

③ $\omega L = \frac{1}{\omega C}$ のとき

この場合には,

$$Z = R \quad , \quad I = \frac{V}{R} \quad , \quad \theta = 0$$

となって，見かけ上**無誘導回路**となる．この状態のことを**直列共振**（series resonance）または単に**共振**という．詳しくは第6章で学ぶことにする．

一般に，R-L-C の直列回路で，ωL と $1/\omega C$ のどちらが大きいか不明の場合には $\omega L > 1/\omega C$ と仮定して，容量リアクタンスを負の誘導リアクタンスと考え，これを合成して，$\omega L + (-1/\omega C) = \omega L - 1/\omega C$ の誘導リアクタンスとして扱うと簡単になる．

したがって，このときのインピーダンス Z と位相差 θ を，すべて次のような式で扱う．

$$Z = \sqrt{R^2 + \left(\omega L - \frac{1}{\omega C}\right)^2} \quad , \quad \theta = \tan^{-1}\left(\frac{\omega L - \dfrac{1}{\omega C}}{R}\right)$$

このとき，θ が正の場合は，θ は電流の遅れの角を示し，もし負の値が出たとすれば，$\omega L < 1/\omega C$ であるから，進みの角を示すことになる．

例題 4・9

抵抗 500 Ω，誘導リアクタンス $(\omega L) = 700$ Ω，容量リアクタンス $(1/\omega C) = 200$ Ω の R-L-C の直列回路に 10 V の正弦波交流電圧を加えたとき，回路に流れる電流 I および電圧と電流の位相差 θ を求めなさい．

解答 $\omega L > 1/\omega C$（誘導性）であるから，式(4・33)より回路のインピーダンス Z は，

$$Z = \sqrt{R^2 + \left(\omega L - \frac{1}{\omega C}\right)^2} = \sqrt{500^2 + (700-200)^2} \fallingdotseq 707 \,[\Omega]$$

したがって，回路に流れる電流 I はオームの法則から，

$$I = \frac{V}{Z} = \frac{10}{707} = 0.0141 \fallingdotseq 14.1 \times 10^{-3} \,[\text{A}] = 14.1 \,[\text{mA}]$$

電圧と電流の位相差 θ は，

$$\theta = \tan^{-1}\left(\frac{\omega L - \dfrac{1}{\omega C}}{R}\right) = \tan^{-1}\left(\frac{700-200}{500}\right) = \tan^{-1} 1 = 45 \,[°]$$

$$= \frac{\pi}{4} \text{[rad]}$$

問 4・8 $C=4\,[\mu\text{F}]$, $L=3\,[\text{H}]$, $R=120\,[\Omega]$ の R-L-C の直列回路に 50 Hz, 100 V の正弦波交流電圧を加えたとき, 回路に流れる電流および電圧と電流の位相差 θ を計算し, この回路が誘導性か容量性かを示しなさい.

問 4・9 前問の電圧と電流の関係を電流を基準にベクトル図で表しなさい.

4・7　R と L および C の並列回路

R-L-C の直列回路の扱い方がわかったところで, 次は簡単な並列回路の扱い方について学ぶこととする.

(1) R-L の並列回路

図 4・18(a) のように抵抗 $R\,[\Omega]$ と自己インダクタンス $L\,[\text{H}]$ を並列に接続して, これに角周波数 $\omega\,[\text{rad/s}]$ の電圧 V を加えたとしよう. 電圧 V は R, L 両分路とも共通であるから, R に流れる電流 I_R は V と同相である.

$$I_R = \frac{V}{R} \tag{4・35}$$

また, L に流れる電流 I_L は V より $\pi/2$ rad 遅れた電流が流れる.

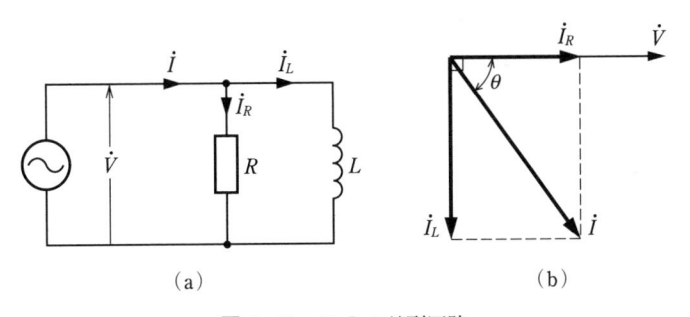

図 4・18　R-L の並列回路

第4章　基本交流回路

$$I_L = \frac{V}{\omega L} \tag{4・36}$$

　全電流 $\dot{I}$ は両分路の電流 $\dot{I}_R$ と $\dot{I}_L$ とのベクトル和である．いま，電圧 $\dot{V}$ を基準として（並列回路では一般に電圧を基準のベクトルに取るとベクトル図が描きやすい），この関係をベクトル図で示せば図4・18(b)のようになる．

　ゆえに，全電流 $\dot{I}$ は電圧 $\dot{V}$ より θ 位相が遅れ，その大きさは，

$$I = \sqrt{I_R{}^2 + I_L{}^2} = \sqrt{\left(\frac{V}{R}\right)^2 + \left(\frac{V}{\omega L}\right)^2} = V\sqrt{\left(\frac{1}{R}\right)^2 + \left(\frac{1}{\omega L}\right)^2} \tag{4・37}$$

回路のインピーダンスを Z とすれば，

$$\left.\begin{array}{l} Z = \dfrac{V}{I} = \dfrac{1}{\sqrt{\left(\dfrac{1}{R}\right)^2 + \left(\dfrac{1}{\omega L}\right)^2}} = \dfrac{R \cdot \omega L}{\sqrt{R^2 + (\omega L)^2}} \\[2em] \theta = \tan^{-1}\left(\dfrac{I_L}{I_R}\right) = \tan^{-1}\left(\dfrac{\dfrac{1}{\omega L}}{\dfrac{1}{R}}\right) = \tan^{-1}\dfrac{R}{\omega L} \end{array}\right\} \tag{4・38}$$

となる．

例題 4・10

抵抗 $3\,\Omega$ と誘導リアクタンス $4\,\Omega$ の R-L の並列回路に $10\,\mathrm{V}$ の正弦波交流電圧を加えたとき，次の問に答えなさい．

（1）抵抗および誘導リアクタンスに流れる電流 I_R と I_L を求めなさい．

（2）回路全体に流れる電流 I を求めなさい．

（3）回路のインピーダンス Z を求めなさい．

（4）電圧と電流の位相差 θ を求めなさい．

（5）電圧を基準としてベクトル図を描きなさい．

解答　（1）電流 I_R と I_L は式(4・35)と式(4・36)より，

$$I_R = \frac{V}{R} = \frac{10}{3} \fallingdotseq 3.33\,[\mathrm{A}], \quad I_L = \frac{V}{\omega L} = \frac{10}{4} = 2.5\,[\mathrm{A}]$$

（2）回路全体に流れる電流 I は式(4・37)より，

$$I = \sqrt{I_R{}^2 + I_L{}^2} = \sqrt{\left(\frac{V}{R}\right)^2 + \left(\frac{V}{\omega L}\right)^2} = \sqrt{3.33^2 + 2.5^2} \fallingdotseq 4.16\,[\mathrm{A}]$$

（3） 回路のインピーダンス Z は式(4・38)より，

$$Z=\frac{V}{I}=\frac{10}{4.16}\fallingdotseq 2.40\,[\Omega]$$

または，

$$Z=\frac{R\cdot\omega L}{\sqrt{R^2+(\omega L)^2}}=\frac{3\times 4}{\sqrt{3^2+4^2}}=\frac{12}{5}=2.4\,[\Omega]$$

（4） 位相差 θ は式(4・38)より，

$$\theta=\tan^{-1}\left(\frac{I_L}{I_R}\right)=\tan^{-1}\frac{R}{\omega L}=\tan^{-1}\frac{3}{4}\fallingdotseq 36.87\,[°]$$

一般的には交流回路では角度の単位はラジアンで表すが，この問題でベクトル図を描くときは，角度の単位は度のほうが描きやすいため，あえて角度の単位を度で計算した．

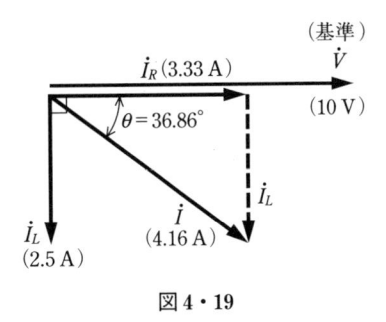

（5） ベクトル図を図4・19に示す．

図4・19

問4・10

$R=30\,[\Omega]$，$\omega L=40\,[\Omega]$ の R-L の並列回路に，120 V の正弦波交流電圧を加えたとき，各電流 I_R と I_L および全電流 I を求め，また回路のインピーダンス Z を求めなさい．

（2）R-C の並列回路

図4・20(a)のように抵抗 $R\,[\Omega]$ と静電容量 $C\,[F]$ を並列に接続して，これに角周波数 $\omega\,[rad/s]$ の電圧 V を加えたとしよう．電圧 V は R，C 両分路とも共通であるから，R に流れる電流 I_R は V と同相である．

$$I_R=\frac{V}{R} \tag{4・39}$$

また，C に流れる電流 I_C は V より $\pi/2$ rad 進んだ電流が流れる．

第4章　基本交流回路

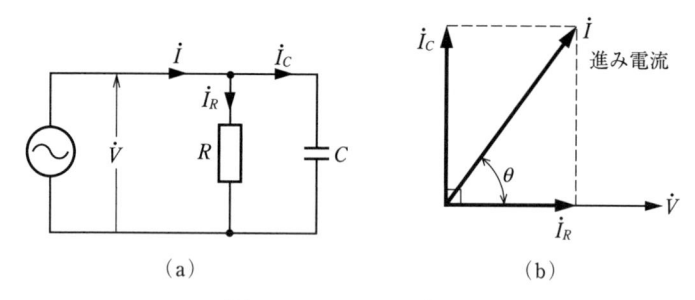

図4・20　R-Cの並列回路

$$I_C = \frac{V}{\frac{1}{\omega C}} = \omega C V \tag{4・40}$$

全電流 $\dot{I}$ は両分路の電流 $\dot{I}_R$ と $\dot{I}_C$ とのベクトル和である．いま，電圧 $\dot{V}$ を基準として（並列回路では一般に電圧を基準のベクトルに取るとベクトル図が描きやすい），この関係をベクトル図で示せば図4・20(b)のようになる．

ゆえに，全電流 $\dot{I}$ は電圧 $\dot{V}$ より θ 位相が進み，その大きさは，

$$I = \sqrt{I_R{}^2 + I_C{}^2} = \sqrt{\left(\frac{V}{R}\right)^2 + (\omega C V)^2} = V\sqrt{\left(\frac{1}{R}\right)^2 + (\omega C)^2} \tag{4・41}$$

回路のインピーダンスを Z とすれば，

$$\left.\begin{aligned} Z &= \frac{V}{I} = \frac{1}{\sqrt{\left(\frac{1}{R}\right)^2 + (\omega C)^2}} = \frac{R \cdot \left(\frac{1}{\omega C}\right)}{\sqrt{R^2 + \left(\frac{1}{\omega C}\right)^2}} \\ \theta &= \tan^{-1}\left(\frac{I_C}{I_R}\right) = \tan^{-1}\left(\frac{\omega C}{\frac{1}{R}}\right) = \tan^{-1}(\omega C R) \end{aligned}\right\} \tag{4・42}$$

となる．

例題 4・11

抵抗 $4\,\Omega$ と容量リアクタンス $8\,\Omega$ の R-C の並列回路に $10\,\mathrm{V}$ の正弦波交流電圧を加えたとき，次の問に答えなさい．

（1）抵抗および容量リアクタンスに流れる電流 I_R と I_C を求めなさい．

4・7　R と L および C の並列回路

（2）回路全体に流れる電流 I を求めなさい．
（3）回路のインピーダンス Z を求めなさい．
（4）電圧と電流の位相差 θ を求めなさい．
（5）電圧を基準としてベクトル図を描きなさい．

解答　（1）電流 I_R と I_C は式(4・39)と式(4・40)より，

$$I_R = \frac{V}{R} = \frac{10}{4} = 2.5 \,[\mathrm{A}] \quad , \quad I_C = \frac{V}{\frac{1}{\omega C}} = \omega CV = \frac{10}{8} = 1.25 \,[\mathrm{A}]$$

（2）回路全体に流れる電流 I は式(4・41)より，

$$I = \sqrt{I_R{}^2 + I_C{}^2} = \sqrt{\left(\frac{V}{R}\right)^2 + (\omega CV)^2} = \sqrt{2.5^2 + 1.25^2} \fallingdotseq 2.80 \,[\mathrm{A}]$$

（3）回路のインピーダンス Z は式(4・42)より，

$$Z = \frac{V}{I} = \frac{10}{2.8} \fallingdotseq 3.57 \,[\Omega]$$

または，

$$Z = \frac{R \cdot \left(\frac{1}{\omega C}\right)}{\sqrt{R^2 + \left(\frac{1}{\omega C}\right)^2}} = \frac{4 \times 8}{\sqrt{4^2 + 8^2}} \fallingdotseq 3.58 \,[\Omega]$$

（4）電圧と電流の位相差 θ は式(4・42)より，

$$\theta = \tan^{-1}\left(\frac{I_C}{I_R}\right) = \tan^{-1}(\omega CR) = \tan^{-1}\frac{1.25}{2.5} = 26.57 \,[°]$$

一般的には交流回路では角度の単位はラジアンで表すが，この問題でベクトル図を描くときは，角度の単位は度のほうが描きやすいため，あえて角度の単位を度で計算した．

（5）ベクトル図を図4・21に示す．

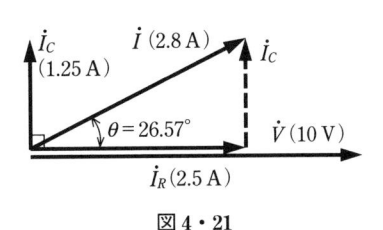

図4・21

問 4・11 $R=3\,[\Omega]$, $1/\omega C=4\,[\Omega]$ の $R\text{-}C$ の並列回路に，120 V の正弦波交流電圧を加えたとき，各電流 I_R と I_C および全電流 I を求め，また回路のインピーダンス Z を求めなさい．

4・8　$R\text{-}L\text{-}C$ の並列回路

　ここでは，図 4・22(a) に示すように，$R\,[\Omega]$ の抵抗，$L\,[\mathrm{H}]$ の自己インダクタンスおよび $C\,[\mathrm{F}]$ の静電容量を並列に接続した回路を考えていく．この回路に $V\,[\mathrm{V}]$ の電圧を加えたとき，各部に流れる電流を I_R, I_L, I_C とすれば，

$$I_R = \frac{V}{R}\quad,\quad I_L = \frac{V}{\omega L}\quad,\quad I_C = \omega C V \tag{4・43}$$

となり，このベクトル図は $\omega L > 1/\omega C$ とすれば，図 4・22(b) のようになる．したがって，合成電流 I は，

$$I = \sqrt{I_R{}^2 + (I_C - I_L)^2} = \sqrt{\left(\frac{V}{R}\right)^2 + \left(\omega C V - \frac{V}{\omega L}\right)^2}$$

$$= V\sqrt{\left(\frac{1}{R}\right)^2 + \left(\omega C - \frac{1}{\omega L}\right)^2} \tag{4・44}$$

これより回路のインピーダンス Z は，

$$Z = \frac{V}{I} = \frac{1}{\sqrt{\left(\dfrac{1}{R}\right)^2 + \left(\omega C - \dfrac{1}{\omega L}\right)^2}} \tag{4・45}$$

また，

$$\theta = \tan^{-1}\left(\frac{I_C - I_L}{I_R}\right) = \tan^{-1}\left(\frac{\omega C V - \dfrac{V}{\omega L}}{\dfrac{V}{R}}\right) = \tan^{-1}\left(\frac{\omega C - \dfrac{1}{\omega L}}{\dfrac{1}{R}}\right) \tag{4・46}$$

この $R\text{-}L\text{-}C$ の並列回路においても，

$$\omega L > \frac{1}{\omega C}\quad,\quad \omega L < \frac{1}{\omega C}\quad,\quad \omega L = \frac{1}{\omega C}$$

の 3 通りの場合によって，回路の性質が容量性になったり，誘導性になったり，

4・8 R-L-C の並列回路

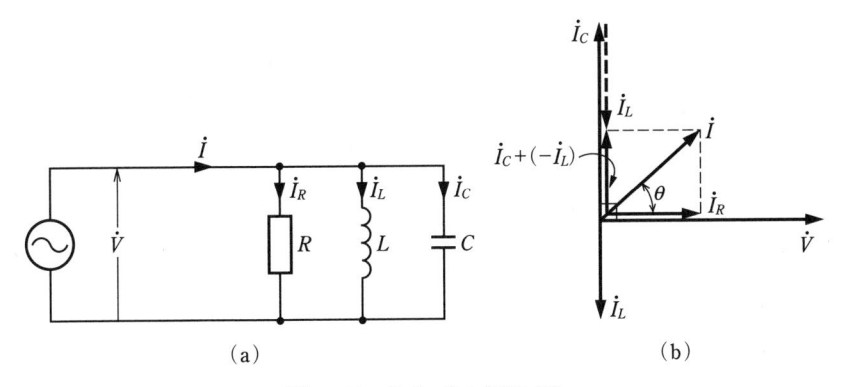

図 4・22 　R-L-C の並列回路

あるいは無誘導性回路になったりする．

特に，$\omega L = 1/\omega C$ の状態を **並列共振**（parallel resonance）あるいは **反共振**（anti resonance）という．この並列共振は直列共振同様，第 6 章で詳しく学ぶこととする．

例題 4・12

$R = 6$ [Ω]，$L = 50$ [mH]，$C = 250$ [μF] の R-L-C の並列回路に 50 Hz，100 V の正弦波交流電圧を加えたとき，回路に流れる電流 I および電圧と電流の位相差 θ を求めなさい．

解答　式(4・44)より，まず $1/\omega L$ と ωC を求める．

$$\frac{1}{\omega L} = \frac{1}{2\pi f L} = \frac{1}{2\pi \times 50 \times 50 \times 10^{-3}} \fallingdotseq 0.0637$$

$$\omega C = 2\pi f C = 2\pi \times 50 \times 250 \times 10^{-6} \fallingdotseq 0.0785$$

したがって，回路に流れる電流 I は，

$$I = V\sqrt{\left(\frac{1}{R}\right)^2 + \left(\omega C - \frac{1}{\omega L}\right)^2} = 100\sqrt{\left(\frac{1}{6}\right)^2 + (0.0785 - 0.0637)^2}$$

$$\fallingdotseq 100 \times 0.167 = 16.7 \text{ [A]}$$

また，位相差 θ は式(4・46)

第 4 章　基本交流回路

$$\theta=\tan^{-1}\left(\frac{\omega C-\dfrac{1}{\omega L}}{\dfrac{1}{R}}\right)=\tan^{-1}\left(\frac{0.0785-0.0637}{\dfrac{1}{6}}\right)$$

$$=\tan^{-1}0.0888\fallingdotseq 5.07[°]$$

問 4・12　$R=25$〔Ω〕,　$\omega L=20$〔Ω〕,　$1/\omega C=50$〔Ω〕の並列回路に，200 V の正弦波交流電圧を加えたとき，回路に流れる全電流および回路のインピーダンスを求めなさい．

章末問題

1. 50 Hz において，200 Ω の誘導リアクタンスをもつコイルがある．自己インダクタンスはいくらか．ただし，コイルに含まれる抵抗は無視できるものとする．
2. 10 μF の静電容量をもったコンデンサに 50 Hz，3.14 A の電流を流すためには何 V の電圧が必要か．
3. 2 Ω の抵抗と 20 mH の自己インダクタンスを直列に接続した回路に 50 Hz，100 V の正弦波交流電圧を加えたときに回路に流れる電流はいくらか．
4. 8 Ω の抵抗と 12 μF の静電容量をもっているコンデンサを直列に接続して，50 Hz，100 V の正弦波交流電圧を加えたときに回路に流れる電流はいくらか．
5. 図 4・23 で 1 kHz で 10 V の正弦波交流電圧を加えたら 100 mA の遅れ電流が流れた．また，V_C を測定したら 10 V であったという．この回路の Z，L を求めなさい．
6. あるコイルに交流 100 V を加えたら 20 A

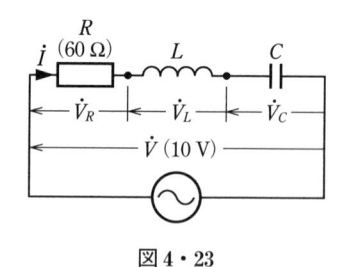

図 4・23

流れ，直流 50 V を加えたら 12.5 A 流れたという．コイルの抵抗とリアクタンスはいくらか．

7. 抵抗と誘導リアクタンスからなる直列回路に 200 V の正弦波交流電圧を加えたら 10 A の電流が流れた．抵抗が 12 Ω であるとすると誘導リアクタンスはいくらか．

8. $R=15$ [Ω]，$L=0.1$ [H]，$C=100$ [μF] の直列回路に 60 Hz，100 V の正弦波交流電圧を加えたとき回路に流れる電流および L と C の各端子間の電圧を求めなさい．

9. $R=40$ [Ω]，$\omega L=30$ [Ω] を並列に接続し $V=600$ [V] を加えた場合に，R と ωL に流れる電流および回路のインピーダンスを求めなさい．

10. $R=6$ [Ω]，$L=50.9$ [mH]，$C=265$ [μF] の並列回路に 50 Hz，120 V の正弦波交流電圧を加えたとき，回路に流れる全電流を求めなさい．

第5章

交流の電力

基本的な交流回路の計算の方法とベクトル図の描き方がわかったところで，交流回路の電力について調べてみることにしよう．

5・1 交流電力の意味

図 5・1 のようなインピーダンス回路に加えられている電圧と電流の瞬時値をそれぞれ v [V], i [A] とすれば，瞬時電力 p は（電圧×電流）であるから，

$$p = v \cdot i \text{ [W]} \tag{5・1}$$

で表される．

直流回路ならば，電圧も電流も時間に対して一定であるから，電力の値も一定となる．しかし，交流の瞬時電力 p は時々刻々と変化しているのである．では，どのように変化をしているかを考えていこう．

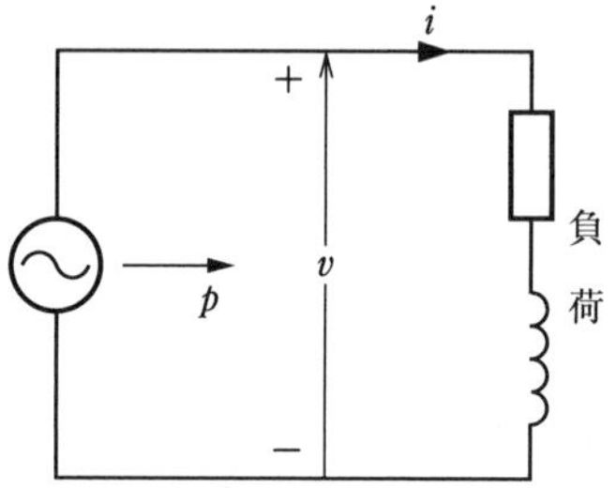

いま，

$$v = V_m \sin \omega t \quad , \quad i = I_m \sin(\omega t - \theta)$$

図 5・1 交流の電力

とすれば，

$$p = v \cdot i = V_m I_m \sin \omega t \cdot \sin(\omega t - \theta) = \frac{V_m I_m}{2} \{\cos \theta - \cos(2\omega t - \theta)\}$$

$$= VI \cos \theta - VI \cos(2\omega t - \theta) \tag{5・2}$$

ここに，

$$V = V_m / \sqrt{2} \quad , \quad I = I_m / \sqrt{2}$$

参考 式(5・2)の変形

この変形には，三角関数の公式を利用する．

$$\sin A \cdot \sin B = \frac{1}{2}\{\cos(A-B) - \cos(A+B)\}$$

よって，

$$V_m I_m \sin \omega t \cdot \sin(\omega t - \theta)$$
$$= \frac{V_m I_m}{2}[\cos\{\omega t - (\omega t - \theta)\} - \cos(\omega t + \omega t - \theta)]$$
$$= \frac{V_m I_m}{2}\{\cos \theta - \cos(2\omega t - \theta)\}$$

式(5・2)の第1項の値は時間に関係なく一定値であるが，第2項の値は VI を最大値として，電源の角周波数 ω の2倍で変化することを意味する．

ところが，余弦（cos）曲線の1サイクル間の平均は0となるから，瞬時電力 p を1サイクルにわたって平均した値，すなわち，平均電力は $VI\cos\theta$ で表される．一般に交流の電力は平均電力で表されるのである．したがって，交流電力は，

$$P = VI \cos \theta \tag{5・3}$$

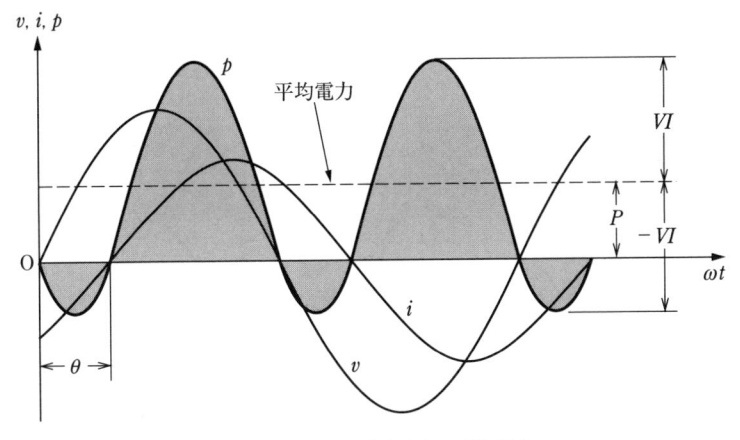

図5・2 交流の瞬時電力と平均電力

第5章　交流の電力

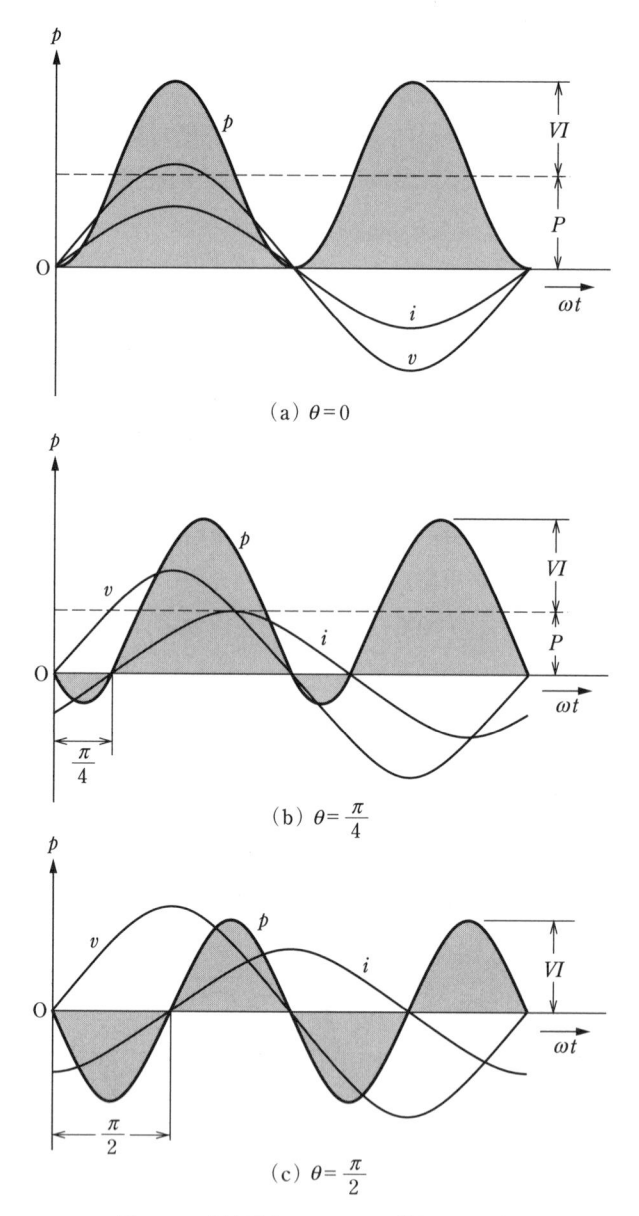

(a) $\theta = 0$

(b) $\theta = \dfrac{\pi}{4}$

(c) $\theta = \dfrac{\pi}{2}$

図5・3　交流電力とVとIの位相差の関係

となる．この式の θ は電流 I が電圧 V より遅れている角であるが，もし進み電流である場合には $\cos(-\theta)$ となる．しかし，$\cos(-\theta)=\cos\theta$ であるから，交流の電力 P は遅れ電流でも進み電流でも，式(5・3)を計算すれば求まることになる．

図5・2は電流 i が電圧 v より θ だけ位相が遅れている場合を示したもので，基線上の各点において v の値と i の値を乗じて p の曲線を描いたものである．v と i とが共に正の値のときは p も正の値となり，負荷の消費電力を表すが，v と i とが互いに反対符号のときは p は負の値となり，負荷が負の電力を消費していることになる．これは，負荷から電力を電源に送り返すことを意味している．したがって，■■を付けた正の面積と負の面積とを代数的に加えて，平均の高さを求めれば，1サイクル間の平均電力 P は

$$P = VI\cos\theta$$

となる．図5・3(a)は $\theta=0$，図(b)は $\theta=\pi/4$ [rad]，図(c)は $\theta=\pi/2$ [rad] の場合の p 曲線と交流の電力 P を示したものである．

5・2 力率

前節で学んだように，V を負荷の電圧[V]，I を負荷の電流[A]，θ を V と I の位相差とすれば，電力 P は，

$$P = VI\cos\theta \text{ [W]} \tag{5・4}$$

として計算される．これより，

$$\cos\theta = \frac{P}{VI} \tag{5・5}$$

という関係がある．したがって，$\cos\theta$ の値は，電圧 V，電流 I のもとに，$V\times I$ のうちどれだけの値が電力になるかを表す率である．そこで $\cos\theta$ のことを負荷の**力率**（power factor），また位相差のことを**力率角**（power factor angle）と呼んでいる．

$$\text{力率} = \cos\theta = \frac{P}{VI} \tag{5・6}$$

となり，一般には，負荷力率を百分率で表すことが多いので，

$$力率=\cos\theta=\frac{P}{VI}\times 100 〔\%〕 \quad (5・7)$$

となる．

表5・1　一般機器の力率の概数

各種電気機器	力率〔％〕
白熱電球	100
電気こたつ	100
アイロン	100
電子レンジ	99
ステレオ	93
扇風機	90
ヘアードライヤー	90
カラーテレビ	90
蛍光灯	60
庭園灯（水銀灯）	42

以上からわかるように，同じ電力を送る場合，力率が小さいほど電流を大きくする必要がある．電流が大きくなれば線路内の熱損失が目立って大きくなるし，電圧降下も大きくなって不利である．通常の力率はだいたい85％くらいとなっているため，それ以上であれば**力率がよい**といい，85％未満であれば**力率が悪い**という．

表5・1は一般機器の力率の概数を示す．これによれば，白熱電球や電気コタツ，アイロンなどは力率が100％で力率のよい代表的な負荷である．逆に蛍光灯や水銀灯などは力率の悪い代表的なものといえる．

なお，力率100％ということは $\cos\theta=1$，すなわち，回路中に接続される負荷は純抵抗負荷ということになる．

例題5・1

ある回路に100Vの交流電圧で，120Aの電流が流れており，その力率角が $\pi/6$ rad であった．電力 P と力率 $\cos\theta$ を求めなさい．

解答　まず，電力 P は式(5・3)より，

$$P=VI\cos\theta=100\times 120\times\cos\frac{\pi}{6}=100\times 120\times\frac{\sqrt{3}}{2}$$

$$\fallingdotseq 10\,392〔W〕=10.392\times 10^3〔W〕=10.392〔kW〕$$

次に力率は，式(5・6)および式(5・7)より

$$\cos\theta=\frac{P}{VI}=\frac{10\,392}{100\times 120}=0.866$$

百分率で表すと，

$$\cos\theta = \frac{P}{VI} \times 100 = \frac{10\,392}{100 \times 120} \times 100 = 86.6 \,[\%]$$

問 5・1 ある誘導性負荷に正弦波交流電圧 100 V を供給し，20 A の電流を流したところ，1.6 kW を消費した．このときの回路の力率を求めなさい．

問 5・2 ある回路に 100 V の電圧で，150 A の電流が流れている．電圧と電流の位相差が $\pi/3$ rad であった．この回路で消費される電力と力率を求めなさい．

5・3　皮相電力

前節で学んだように，交流回路では，電圧 V と電流 I を乗じたものは消費電力ではなく単に**見かけの**電力を表しているにすぎない．

このような意味から，$V \times I$（電圧×電流）を負荷の**皮相電力**（apparent power）と呼んでいる．皮相電力を S で表せば，

$$S = VI \,[\text{VA}] \tag{5・8}$$

単位には**ボルトアンペア**（単位記号：VA）を，また，その 1 000 倍の**キロボルトアンペア**（単位記号：kVA）を用いている．

この皮相電力は電気機器において，**容量**（capacity）を表すのによく用いられている．なぜなら，特に交流機器の出力〔kW〕は負荷の力率によって左右されるが，一般の負荷に対してどれだけの定格電圧 V のもとに，どれだけの電流 I を供給し得られるかということを表すのに便利であるからである．一般に交流機器の容量は〔kVA〕単位の皮相電力で表している．

5・4　無効電力

図5・4(a)のような回路で，電圧 $\dot{V}$ を加え電流 $\dot{I}$ が流れ負荷の力率が $\cos\theta$

第5章　交流の電力

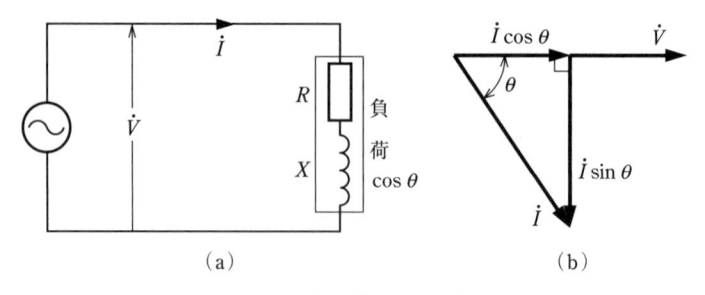

図5・4 有効電流と無効電流

のときのベクトル図を描くと図(b)のようになる．

　この場合 $\dot{I}$ は電圧 $\dot{V}$ と同相分の電流 $I\cos\theta$ と $\pi/2$ rad 位相の異なる $I\sin\theta$ の電流に分解することができる．

　いま，交流の消費電力を，

$$P = VI\cos\theta = V(I\cos\theta) \tag{5・9}$$

と書いてみると，上式の $I\cos\theta$ は電力 P を生ずるのに有効に働く電流分であると考えることができる．このことから，電圧と同相分の電流 $I\cos\theta$ を**電流の有効分**あるいは**有効電流**（active current）という．

　これに対して，電圧と $\pi/2$ rad 位相の異なる電流は電力 P を生ずるにはまったく意味をなさない．なぜなら，$I\sin\theta$ と電圧 $\dot{V}$ との間の力率は 0 となる．したがって，$I\sin\theta$ を**電流の無効分**あるいは**無効電流**（reactive current）といい，無効電流 $(I\sin\theta)$ と電圧 (V) との積を**無効電力**（reactive power）と呼ぶ．無効電力を Q で表すと，

$$Q = VI\sin\theta \text{ [var]} \tag{5・10}$$

となる．

　単位には**バール**（単位記号：var）またはその1 000倍の**キロバール**（単位記号：kvar）を用いる．このバールという単位は，無効分のボルトアンペアという意味で，volt-amp-reactive の頭文字を組み合わせたものである．また，$\cos\theta$ を力率というのに対して $\sin\theta$ のことを**無効率**（reactive fator）と呼んでいる．

例題 5・2

ある回路に力率 60%,電流 10 A の負荷がかかっているときの,有効電流 I_e と無効電流 I_q を計算しなさい.

解答 力率 60% ということは $\cos\theta=0.6$ である.したがって有効電流は,

$$I_e = I\cos\theta = 10 \times 0.6 = 6 \text{ [A]}$$

また,$\sin\theta = \sqrt{1-\cos^2\theta}$ の関係から,無効電流は,

$$I_q = I\sin\theta = 10 \times \sqrt{1-0.6^2} = 10 \times 0.8 = 8 \text{ [A]}$$

5・5 電力・皮相電力・無効電力との関係

前節で学んだように,S:皮相電力〔VA〕,P:電力〔W〕,Q:無効電力〔var〕とすれば,

$$\left.\begin{array}{l} S = VI \quad \text{[VA]} \\ P = VI\cos\theta \text{ [W]} \\ Q = VI\sin\theta \text{ [var]} \end{array}\right\} \tag{5・11}$$

という関係がある.したがって,

$$P^2 + Q^2 = (VI\cos\theta)^2 + (VI\sin\theta)^2 = V^2I^2(\cos^2\theta + \sin^2\theta)$$
$$= V^2I^2 = S^2$$

$(\cos^2\theta + \sin^2\theta = 1)$

$$S = \sqrt{P^2 + Q^2} \tag{5・12}$$

という関係で表される.また,

$$\left.\begin{array}{ll} \text{力率} & \cos\theta = \dfrac{P}{S} = \dfrac{P}{\sqrt{P^2+Q^2}} \\ \text{無効率} & \sin\theta = \dfrac{Q}{S} = \dfrac{Q}{\sqrt{P^2+Q^2}} \end{array}\right\} \tag{5・13}$$

という関係がある.

次にこれを図 5・5 を参考にインピーダンスの関係から考えていく.

第5章　交流の電力

R [Ω] 抵抗と X [Ω] のリアクタンスの直列回路では負荷のインピーダンス Z は V/I で表されるから，

$$V = IZ \text{ [V]} \quad (5・14)$$

であり，

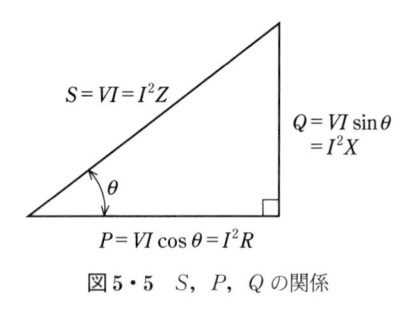

$$R = Z\cos\theta, \quad X = Z\sin\theta \quad (5・15)$$

図5・5　S, P, Q の関係

であるから，

電力　　$P = VI\cos\theta = (IZ) \times I \times \left(\dfrac{R}{Z}\right) = I^2 R$ [W] 　　(5・16)

無効電力 $Q = VI\sin\theta = (IZ) \times I \times \left(\dfrac{X}{Z}\right) = I^2 X$ [var] 　(5・17)

皮相電力 $S = VI = I^2 Z$ [VA] 　　　　　　　　　　　　(5・18)

上式から R-L-C の直列回路では，電源から送り込まれる電力 $P = VI\cos\theta$ [W] は $P = I^2 R$ [W] の電力となって，抵抗 R の部分においてのみ消費されることがわかる．言い換えれば，この回路の電力は $VI\cos\theta$ によるか，$I^2 R$ によって計算することができるということがわかる．

問 5・3　あるインピーダンス負荷に電圧 200 V を加えたとき，20 A の電流が流れ，負荷には 3.2 kW の電力が消費された．このときの負荷の力率，有効電流，無効電流，皮相電力，無効電力を求めなさい．

━━━━━━━━━━━━━━　章末問題　━━━━━━━━━━━━━━

1. 交流電圧 200 V で 0.35 A が流れ，25 W の電力を消費する回路がある．この回路の力率，皮相電力，無効電力を求めなさい．
2. 抵抗およびリアクタンスの直列回路に 100 V の電圧を加えたとき，皮相電力 2 kVA，電力 1.6 kW であった．抵抗とリアクタンスを求めなさい．

図 5・6

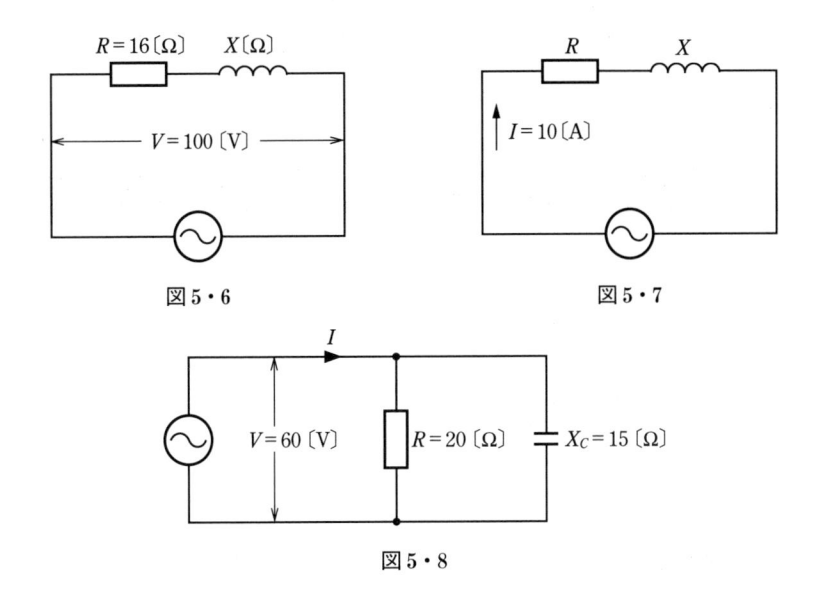

図 5・7

図 5・8

3. 図 5・6 の回路において，力率が 0.8 となるようなリアクタンス X の値を求めなさい．また，この回路に 100 V の電圧を加えたときの皮相電力，電力，無効電力の値を求めなさい．
4. 皮相電力 1 kVA，電力 0.8 kW の負荷がある．この負荷の無効電力および力率はいくらか．
5. 図 5・7 のような交流回路において，消費電力 1.2 kW，力率 80％ で，10 A の電流が流れているとき，回路のインピーダンス，抵抗，リアクタンスはいくらか．
6. 図 5・8 の回路において，電源電圧 $V=60$ [V] としたとき，次の各問に答えなさい．
① コンデンサに流れる電流 I_C
② 供給された電流 I
③ 回路の力率 $\cos\theta$
④ 回路の消費電力 P

第 6 章

記号法による交流回路の計算

　第 4 章で基本的な交流回路をベクトル図で取り扱う方法を学んだが，ここでは一歩進んで，交流のベクトルを複素数で表す記号法を学ぶこととする．この記号法は交流回路の計算を直流回路の計算とまったく同じ要領で計算できるという特徴をもっている．

6・1 複素数の表し方

　一般に，実数と虚数からできている数を**複素数**（complex number）という．すなわち，

$$複素数 = (実数) + (虚数) \tag{6・1}$$

ここで虚数とは，$\sqrt{-2}$, $\sqrt{-3}$, $\sqrt{-4}$ のように平方根の中の数字が負の数であるものをいう．一般にはこのような数は求めることができないが，

$$\sqrt{-2} = \sqrt{2\times(-1)} = \sqrt{2}\times\sqrt{-1} \fallingdotseq 1.414\sqrt{-1}$$
$$\sqrt{-3} = \sqrt{3\times(-1)} = \sqrt{3}\times\sqrt{-1} \fallingdotseq 1.732\sqrt{-1}$$
$$\sqrt{-4} = \sqrt{4\times(-1)} = 2\times\sqrt{-1} = 2\sqrt{-1}$$

のように，実数と $\sqrt{-1}$ との積として表すことは可能である．このとき，$\sqrt{-1}$ を**虚数単位**（imaginary unit）といい，j という記号で表す．すなわち，

$$j = \sqrt{-1} \quad , \quad j^2 = -1 \tag{6・2}$$

ということになり，この虚数単位 j を使えば，

$$\sqrt{-2} = \sqrt{2}\times\sqrt{-1} = j\sqrt{2}$$
$$\sqrt{-3} = \sqrt{3}\times\sqrt{-1} = j\sqrt{3}$$

$$\sqrt{-4} = 2 \times \sqrt{-1} = j2$$

というようになる．ゆえに，複素数は実数と虚数の和で表される数であり，複素数を $\dot{A}$ とすれば，

$$\dot{A} = a + jb \tag{6・3}$$

と表現できる．a を**実部**（real part），b を**虚部**（imaginary part）と呼んでいる．

> **参考** 虚数単位の j について
>
> 　数学では虚数単位として i を用いるが，電気工学全般では i は電流を表すことが多く，虚数単位として用いると混乱を招いてしまう．よって習慣的に j を虚数単位として用いている．

6・2　交流のベクトルは複素数で表せる

図6・1のように平面上に直交座標をとり，X 軸に実部，Y 軸に虚部を表すような平面を約束する．このような平面のことを**複素平面**または**ガウス平面**という．したがって，図のようなA点は，

$$\dot{A} = x + jy \tag{6・4}$$

のように，複素数で表現することができる．

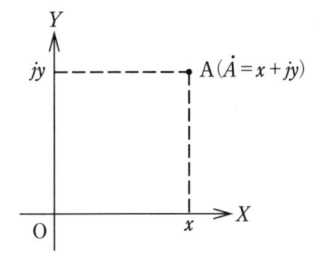

図6・1　ガウス平面（複素平面）

　この式(6・4)で表された複素数の**絶対値**（大きさ）および**偏角**あるいは**位相角** θ は，次のように求めることができる．

$$\left. \begin{array}{l} |\dot{A}| = \sqrt{x^2 + y^2} = \sqrt{(実部)^2 + (虚部)^2} \\ \theta = \tan^{-1} \dfrac{y}{x} = \tan^{-1} \dfrac{虚部}{実部} \end{array} \right\} \tag{6・5}$$

で求まる．この関係を図に表すと図6・2のようになる．

第6章　記号法による交流回路の計算

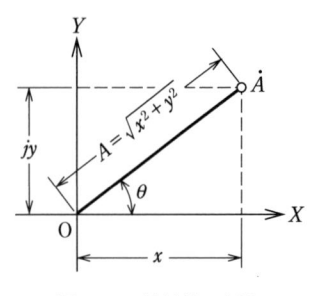

図6・2　絶対値と偏角

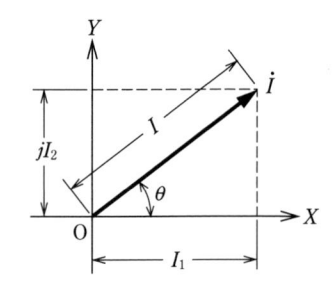

図6・3　電流ベクトルの複素数表示

　このことから $\dot{A}=x+jy$ の複素数の中には，その大きさが $\sqrt{x^2+y^2}$ で位相角が θ であるという意味が含まれていることになる．そこで，大きさと方向をもった交流のベクトルは複素数で表すことができる．なぜなら，図6・3のように $\dot{I}$ という電流のベクトルがあった場合，

$$\dot{I}=I_1+jI_2 \tag{6・6}$$

という複素数で表せば，その大きさは絶対値をとることによって，

$$|\dot{I}|=I=\sqrt{I_1^2+I_2^2}$$

となり，そのベクトルの位相角 θ は，

$$\theta=\tan^{-1}\frac{I_2}{I_1}$$

として知ることができるからである．

　逆に電流の大きさ I と位相角 θ がわかっているときは図6・3で，

$$I_1=I\cos\theta \quad , \quad I_2=I\sin\theta$$

であるから，この電流 $\dot{I}$ は，

$$\dot{I}=I_1+jI_2=I\cos\theta+jI\sin\theta=I(\cos\theta+j\sin\theta) \tag{6・7}$$

として，複素数で表すことができる．このように複素数で交流を表す方法を**記号法**（symbolic method）という．

参考　式(6・6)と I_1 と I_2 の三角関数表示について

　　図6・3において $\sin\theta$ と $\cos\theta$ の値は，

$$\cos\theta = \frac{I_1}{I}, \quad \sin\theta = \frac{I_2}{I}$$

となり，それぞれの式を I_1, I_2 について変形させると，

$$I_1 = I\cos\theta, \quad I_2 = I\sin\theta$$

となる．したがって，式(6・7)が導き出される．

また，複素数は次のように極座標で表すこともできる．

$$\cos\theta + j\sin\theta = \varepsilon^{j\theta} \tag{6・8}$$

ここに，ε は自然対数の底（2.7182…）という関係がある．したがって，図6・4のベクトル $\dot{A}$ は

$$\dot{A} = A(\cos\theta + j\sin\theta) = A\varepsilon^{j\theta} \tag{6・9}$$

となる．この極座標形式の表し方は $\dot{A}$ の大きさが A で，位相角が θ のベクトルであることを端的に表している．また，式(6・9)は次のように簡単に表すこともできる．

$$\dot{A} = A\varepsilon^{j\theta} = A\angle\theta \tag{6・10}$$

以下に，いままで学んだ記号法による交流の複素数の種々の表し方と相互関係をまとめる（A は絶対値を表し，θ は位相角を表す）．

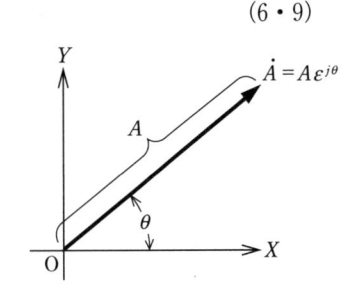

図6・4 極座標表示

直角(交)座標形成　$\dot{A} = x + jy$

三角関数形式　$\dot{A} = A(\cos\theta + j\sin\theta)$

極座標形式　$\dot{A} = A\varepsilon^{j\theta} = A\angle\theta$

ただし　$A = \sqrt{x^2 + y^2}, \quad \theta = \tan^{-1}\frac{y}{x}$

例題 6・1

次のベクトルの大きさと位相角を求めなさい．また，極座標形式で表しなさい．

(1) $\dot{A} = 3 + j4$　　(2) $\dot{B} = -5 + j3$

解答　複素数で表現されている場合のベクトルの大きさや位相角を求めるには，式(6・5)を利用すれば簡単に求めることができる．

(1) $|\dot{A}| = A = \sqrt{3^2 + 4^2} = 5 \quad \theta = \tan^{-1}\dfrac{4}{3} \fallingdotseq 53.13\,[°] \fallingdotseq 0.295\pi\,[\text{rad}]$

$\dot{A} = 5\varepsilon^{j53.13°} = 5\angle 53.13°$

(2) $|\dot{B}| = B = \sqrt{(-5)^2 + 3^2} \fallingdotseq 5.83 \quad \theta = \tan^{-1}\left(\dfrac{3}{5}\right) \fallingdotseq 30.96\,[°]$

$\fallingdotseq 0.172\pi\,[\text{rad}]$

$\theta' = 180 - 30.96 = 149.04\,[°]$ （第2象限の角度となる）

$\dot{B} = 5.83\varepsilon^{j149.04°} = 5.83\angle 149.04°$

極座標形式の場合の角度はラジアンで答えてもかまわない．

問 6・1 次のベクトルの大きさと位相角を求めなさい．
(1) $\dot{A} = -4 - j4$ (2) $\dot{B} = 4 - j3$

6・3 複素数の加減乗除

(1) 加(減)法

$$\left.\begin{array}{l}(a+jb)+(c+jd) = (a+c) + j(b+d) \\ (a+jb)-(c+jd) = (a-c) + j(b-d)\end{array}\right\} \quad (6\cdot 11)$$

(2) 乗法

$$(a+jb)(c+jd) = ac + jad + jbc + j^2 bd = (ac - bd) + j(ad + bc)$$
$$(6\cdot 12)$$

互いに共役である複素数の積は実数となる．共役複素数とは $\dot{A} = x + jy$ の y の符号を変えたもので，$\bar{A} = x - jy$ と表す．

共役複素数の積

$$(a+jb)(a-jb) = a^2 - jab + jba - j^2 b^2 = a^2 + b^2$$

（3）除法

複素数の除法は，複素数の分数の形となる．この場合，分母を有理化（実数化）するには分母の共役複素数をさがし，その共役複素数を分母，分子に乗ずればよい．

$$\frac{a+jb}{c+jd}=\frac{(a+jb)(c-jd)}{(c+jd)(c-jd)}=\frac{(ac+bd)+j(bc-ad)}{c^2+d^2}$$
$$=\frac{ac+bd}{c^2+d^2}+j\frac{bc-ad}{c^2+d^2} \qquad (6\cdot13)$$

以上のことからもわかるとおり，複素数は共役複素数の積を除いて，加えても，引いても，掛けても，割っても，その結果は複素数となる．

参考 極座標形式を用いて表現した複素数の乗法と除法

複素数の和と差に関しては直角座標形式 $(x+jy)$ でなければ計算できないが，乗・除法に関しては直角座標形式と極座標形式で計算する方法がある．以下に極座標形式での計算方法を記しておく．

いま，2つの複素数をそれぞれ，

$$\dot{Z}_1=Z_1\varepsilon^{j\theta_1}=Z_1\angle\theta_1 \quad , \quad \dot{Z}_2=Z_2\varepsilon^{j\theta_2}=Z_2\angle\theta_2$$

としたとき，

乗法： $\dot{Z}_1\dot{Z}_2=Z_1Z_2\varepsilon^{j(\theta_1+\theta_2)}=Z_1Z_2\angle(\theta_1+\theta_2) \qquad (6\cdot14)$

除法： $\dfrac{\dot{Z}_1}{\dot{Z}_2}=\dfrac{Z_1}{Z_2}\varepsilon^{j(\theta_1-\theta_2)}=\dfrac{Z_1}{Z_2}\angle(\theta_1-\theta_2) \qquad (6\cdot15)$

となる．

例題 6・2

次の2つの複素数の和・差 $(A-B)$・積・商 (A/B) を求めなさい．

$$A=4+j5 \quad , \quad B=3-j2$$

解答 それぞれ，式(6・11)から式(6・13)より，

$$A+B=(4+j5)+(3-j2)=(4+3)+j(5-2)=7+j3$$
$$A-B=(4+j5)-(3-j2)=(4-3)+j(5+2)=1+j7$$
$$A\times B=(4+j5)(3-j2)=12-j8+j15-j^210$$

$$=(12+10)+j(-8+15)=22+j7$$

$$\frac{A}{B}=\frac{4+j5}{3-j2}=\frac{(4+j5)(3+j2)}{(3-j2)(3+j2)}=\frac{12+j8+j15-10}{9+4}=\frac{2+j23}{13}$$

$$=\frac{2}{13}+j\frac{23}{13} \fallingdotseq 0.154+j1.769$$

問 6・2 次の計算をしなさい．

（1） $\dfrac{1}{j}$　　　　　　（2） $(1+j)-(4-j8)$

（3） $(4+j2)(1+j8)$　　（4） j^3

問 6・3 次の2つの複素数の和・差 $(A-B)$・積・商 (A/B) を求めなさい．
$$A=6-j3 \quad , \quad B=-3-j$$

問 6・4 次の2つの複素数の積 (AB) と商 (A/B) を求めなさい．
$$A=5\varepsilon^{j30°} \quad , \quad B=2\varepsilon^{j60°}$$

6・4 ベクトルの和と差

（1）ベクトル和

前節で学んだ複素数の加（減）法を応用すれば，次のようにして，交流におけるベクトル和も代数的に求めることができる．

いま，図6・5において，$\dot{I}_1$，$\dot{I}_2$ をそれぞれ複素数で表すと，

$$\dot{I}_1=a+jb \quad , \quad \dot{I}_2=c+jd$$

となる．そこで，この2つの複素数の和を求めると，

$$\dot{I}_1+\dot{I}_2=(a+jb)+(c+jd)$$
$$=(a+c)+j(b+d)$$

となり，この関係は図6・5に示すように，図の上で求めた $\dot{I}_1$ と $\dot{I}_2$ のベクトル和 $\dot{I}$ の複素数となる．

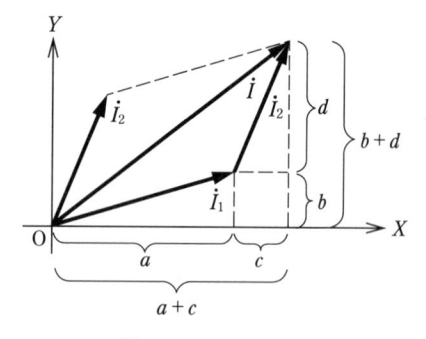

図6・5　ベクトル和

（2）ベクトル差

交流におけるベクトル差も次のようにして簡単に求められる．すなわち，

$$\dot{I}_1 = a+jb, \quad \dot{I}_2 = c+jd$$

のベクトル差を $\dot{I}$ とすれば，

$$\dot{I}_1 - \dot{I}_2 = (a+jb)-(c+jd)$$
$$= (a-c)+j(b-d)$$

となり，この関係は図6・6と比較してみれば，ベクトル図で求めた結果と一致

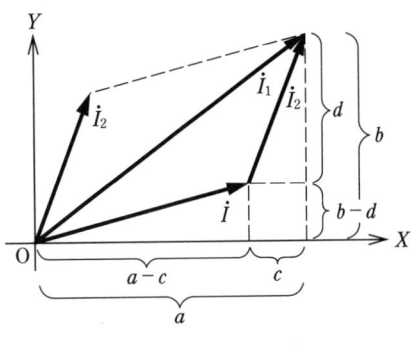

図6・6 ベクトル差

していることがわかる．このように，交流のベクトルを複素数をもって表せば，ベクトル和あるいはベクトル差を複素数の和と差によって代数的に計算でき，取り扱いやすくなる．

6・5 ベクトルの位相の変更

（1） j を掛けると，ベクトルは $\pi/2$ [rad] 位相が進む

例えば図6・7に示すように，第1象限にあるベクトルを $\dot{A} = a+jb$ として，

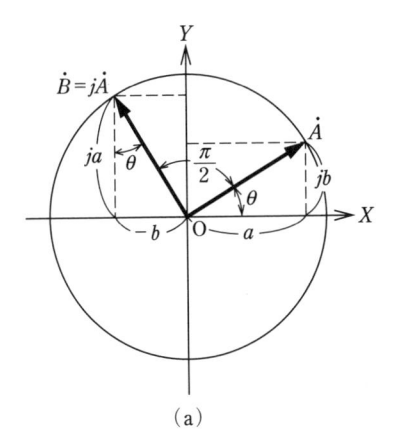

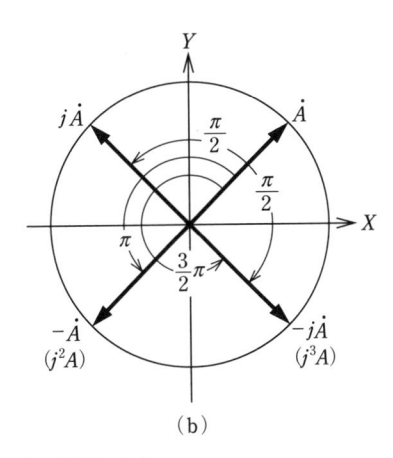

(a)

(b)

図6・7 j を掛けると $\pi/2$ [rad] 位相が進む

第6章　記号法による交流回路の計算

これに j を掛けたベクトルを $\dot{B}$ とすれば,

$$\dot{B}=j\dot{A}=j(a+jb)=-b+ja$$

となり，この $\dot{B}$ は明らかに $\dot{A}$ と同じ絶対値をもち，$\dot{A}$ より反時計方向に $\pi/2$ 〔rad〕進んだベクトルとなる．したがって，図6・7(b)からもわかるとおり，j を掛けるごとに $\pi/2$〔rad〕反時計方向にベクトルが回転することがわかる．以上のことから，ベクトルに j を掛けると $\pi/2$〔rad〕位相進み，また，ベクトルに $-j$ を掛けると $\pi/2$〔rad〕位相が遅れることがわかる．

（2）$(\cos\theta+j\sin\theta)=\varepsilon^{j\theta}$ を掛けるとベクトルは θ〔rad〕位相が進む

図6・8に示すように，任意のベクトルを $\dot{A}$ とし，これに $(\cos\theta+j\sin\theta)=\varepsilon^{j\theta}$ を掛けたベクトルを $\dot{B}$ とすれば，

$$\dot{B}=\dot{A}(\cos\theta+j\sin\theta)$$
$$=\dot{A}\cos\theta+j\dot{A}\sin\theta$$

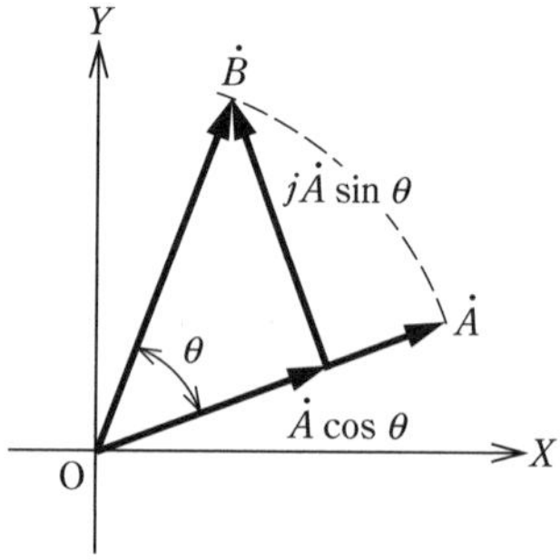

となるから，$\dot{A}$ と $(\cos\theta+j\sin\theta)$ を掛けることによって $\dot{A}$ と絶対値が等しく，位相が θ〔rad〕進んだベクトル $\dot{B}$ になる．またこれは，式(6・8)より

$$\cos\theta+j\sin\theta=\varepsilon^{j\theta}=1\angle\theta$$

という関係があるから，

$$\dot{B}=A\varepsilon^{j\theta}=A\angle\theta$$

図6・8　$\varepsilon^{j\theta}$ を掛けると位相が θ〔rad〕進む

となる．このことから考えても $\dot{B}$ の大きさは A に等しいが，A より θ〔rad〕位相が進んでいることが明らかとなる．

以上のことから，一般に任意のベクトルを θ〔rad〕だけ位相を進ませるには $(\cos\theta+j\sin\theta)=\varepsilon^{j\theta}$ を掛ければよいことがわかる．

例題6・3
複素数 $\dot{Z}_1=4+j2$ の位相を $\pi/2$〔rad〕進ませた複素数 $\dot{Z}_2$ を直角座標形式 $(a+jb)$ で表しなさい．

解答 ベクトルを $\pi/2$ [rad] 進ませるためには j を掛ければよい.
$$\dot{Z}_2 = j\dot{Z}_1 = j(4+j2) = -2+j4$$

問6・5 例題6・3の複素数 $\dot{Z}_1$ を $\pi/2$ rad 位相を遅らせた複素数 $\dot{Z}_3$ を直角座標形式 ($a+jb$) で表しなさい.

問6・6 $V=100$ [V] より $\pi/3$ rad 進んだベクトル $\dot{A}$ を直角座標形式 ($a+jb$) で表しなさい.

6・6　インピーダンスの記号式

これまでに，記号法の基本を一通り学んだ．ここからは交流回路に応用する方法について学んでいく．

いま，図6・9(a)に示すように，抵抗 R [Ω]，インダクタンス L [H]，静電容量 C [F] の直列回路に，f [Hz]，$\dot{V}$ [V] の電圧を加えたときの電流を $\dot{I}$ [A] とすれば，R，L，C の各電圧 $\dot{V}_R$，$\dot{V}_L$，$\dot{V}_C$ の大きさおよびそれらの位相角は,

$V_R = RI$ で $\dot{V}_R$ と $\dot{I}$ は同相

$V_L = \omega L I$ で $\dot{V}_L$ は $\dot{I}$ より $\dfrac{\pi}{2}$ rad 位相が進む

$V_C = \dfrac{1}{\omega C} I$ で $\dot{V}_C$ は $\dot{I}$ より $\dfrac{\pi}{2}$ rad 位相が遅れる

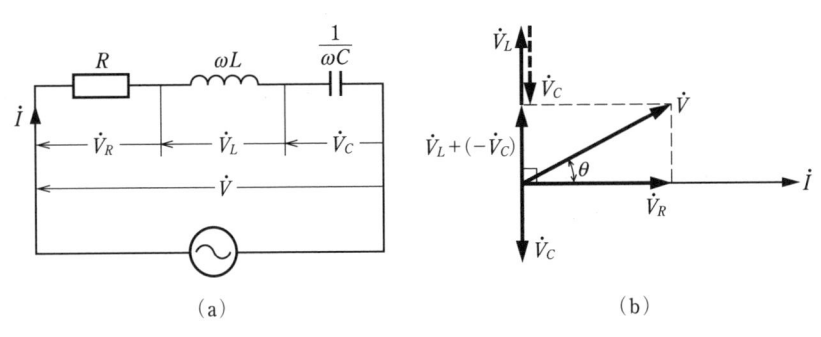

図6・9　R-L-C の直列回路のベクトル図

となり，これらのベクトルの関係は図6・9(b)のようになることはすでに学んだとおりである．

これらの $\dot{V}_R$, $\dot{V}_L$, $\dot{V}_C$ を記号法で表す．このとき，縦軸を虚軸，横軸を実軸とすると，

$$\dot{V}_R = R\dot{I} , \quad \dot{V}_L = j\omega L\dot{I} , \quad \dot{V}_C = -j\frac{1}{\omega C}\dot{I} \tag{6・16}$$

となる．したがって，全電圧 $\dot{V}$ は $\dot{V}_R$, $\dot{V}_L$, $\dot{V}_C$ のベクトル和であるから，

$$\dot{V} = \dot{V}_R + \dot{V}_L + \dot{V}_C = R\dot{I} + j\omega L\dot{I} - j\frac{1}{\omega C}\dot{I}$$

$$= \left(R + j\omega L - j\frac{1}{\omega C}\right)\dot{I} \tag{6・17}$$

となる．いま，

$$\dot{Z} = \frac{\dot{V}}{\dot{I}} = R + j\left(\omega L - \frac{1}{\omega C}\right) \tag{6・18}$$

とおけば，

$$\dot{V} = \dot{Z}\dot{I} \quad \text{あるいは} \quad \dot{I} = \frac{\dot{V}}{\dot{Z}} \tag{6・19}$$

このように記号法で表された $\dot{Z}$ を**ベクトルインピーダンス**（vector impedance）という．

式(6・18)において，$X_L = \omega L$, $X_C = \frac{1}{\omega C}$ とおけば，

$$\dot{Z} = R + j(X_L - X_C) = R + jX \tag{6・20}$$

ここに，$X = X_L - X_C = \omega L - \frac{1}{\omega C}$ とし，式(6・20)の実部 R を**抵抗成分**（resistance component），虚部 X を**リアクタンス成分**（reactance component）という．

$\dot{Z}$ の大きさおよび位相角は，

$$Z=|\dot{Z}|=\sqrt{R^2+X^2}$$
$$\theta=\tan^{-1}\left(\frac{X}{R}\right)$$
$$\cos\theta=\frac{R}{Z}, \quad \sin\theta=\frac{X}{Z}$$
(6・21)

となるから,
$$\dot{Z}=Z(\cos\theta+j\sin\theta)=Z\varepsilon^{j\theta}=Z\angle\theta \tag{6・22}$$
と表すこともできる.

図6・10(a)および(b)は，これらの関係を示したものである．

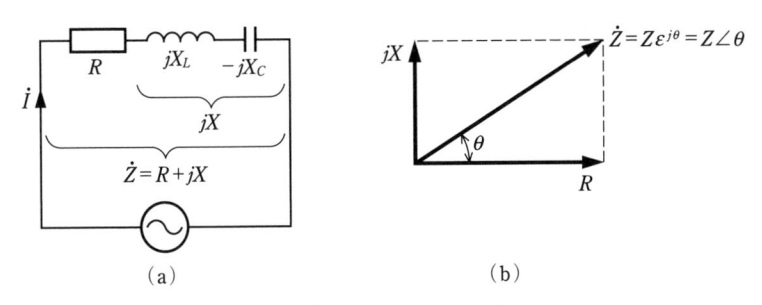

図6・10 ベクトルインピーダンス

6・7 アドミタンスの記号式

ベクトルインピーダンス $\dot{Z}$ の逆数 $1/\dot{Z}$ を**ベクトルアドミタンス**（vector admittance）といい，記号は $\dot{Y}$ を用いる．すなわち，

$$\dot{Y}=\frac{1}{\dot{Z}}=\frac{1}{Z\angle\theta}=Y\angle-\theta=Y\varepsilon^{-j\theta} \text{ あるいは } \dot{Y}=g-jb \tag{6・23}$$

式(6・23)の実部の g を**コンダクタンス**（conductance），虚部の b を**サセプタンス**（susceptance）といい，Y, g, b の単位は**ジーメンス**（単位記号：S）を用いる．図6・10の R と jX の直列回路の $\dot{Y}$ を計算すると次のようになる．

$$\dot{Y}=\frac{1}{\dot{Z}}=\frac{1}{R+jX}=\frac{(R-jX)}{(R+jX)(R-jX)}$$

第6章　記号法による交流回路の計算

$$= \frac{R-jX}{R^2+X^2} = \frac{R}{R^2+X^2} - j\frac{X}{R^2+X^2} \qquad (6 \cdot 24)$$

$$\therefore \quad g = \frac{R}{R^2+X^2}, \quad b = \frac{X}{R^2+X^2} \qquad (6 \cdot 25)$$

$$\left.\begin{array}{l} Y = \dfrac{1}{Z} = \dfrac{1}{\sqrt{R^2+X^2}} \\ \theta = \tan^{-1}\left(\dfrac{b}{g}\right) = \tan^{-1}\left(\dfrac{X}{R}\right) \end{array}\right\} \qquad (6 \cdot 26)$$

いま，この $\dot{Y}=Y\angle-\theta$ に電圧 $\dot{V}$ を加えて，電流 $\dot{I}$ となったとすれば，

$$\left.\begin{array}{l} \dot{I} = \dfrac{\dot{V}}{\dot{Z}} = \dot{Y}\dot{V} = Y\dot{V}\angle-\theta \\ \dot{I} = (g-jb)\dot{V} = g\dot{V} - jb\dot{V} \end{array}\right\} \qquad (6 \cdot 27)$$

となる．これをベクトル図に表すと図 6・11 のようになる．

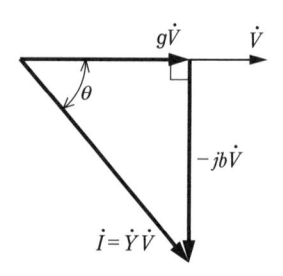

図 6・11　アドミタンスの考え方

例題 6・4

図 6・12(a) に示すように $\dot{Z}=5+j10$ のインピーダンスをもつ回路に 100 V の正弦波交流電圧を加えるとき，回路を流れる電流の大きさと位相角を求めなさい．

解答　与えられた電圧を基準と考え，記号法で表すと，

$$\dot{V} = 100 + j0 = 100 \text{ [V]}$$

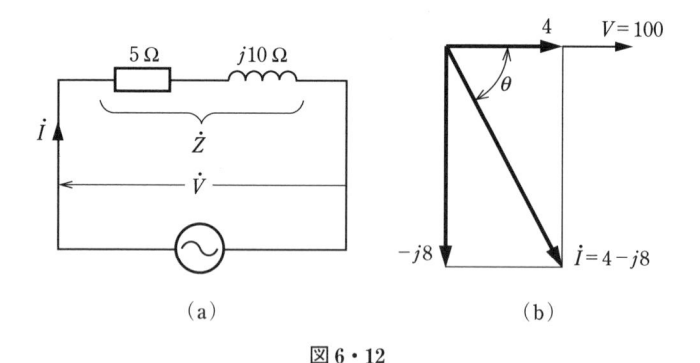

図 6・12

6・8 インピーダンスの直列接続

回路のベクトルインピーダンスは式(6・20)より $\dot{Z}=5+j10$ なので，オームの法則から電流を求めると，

$$\dot{I}=\frac{\dot{V}}{\dot{Z}}=\frac{100}{5+j10}=\frac{100(5-j10)}{(5+j10)(5-j10)}=\frac{500-j1\,000}{5^2+10^2}$$

$$=\frac{500}{125}-j\frac{1\,000}{125}=4-j8 \text{ [A]}$$

したがって，電流の大きさと位相角は，

$$I=|\dot{I}|=\sqrt{4^2+8^2}\fallingdotseq 8.94 \text{ [A]}$$

$$\theta=\tan^{-1}\left(\frac{-8}{4}\right)=\tan^{-1}(-2)\fallingdotseq -63.43[°]\fallingdotseq -0.352\pi \text{ [rad]}$$

問 6・7 例題 6・4 の問題において，加える正弦波交流電圧を $\dot{V}=100+j10$ 〔V〕としたとき，回路に流れる電流の大きさと位相角を求めなさい．

6・8　インピーダンスの直列接続

図 6・13 に示すように 2 つのインピーダンス $\dot{Z}_1, \dot{Z}_2$ が直列に接続された回路があって，

$$\left.\begin{array}{l}\dot{Z}_1=Z_1\angle\theta_1=R_1+jX_1\\ \dot{Z}_2=Z_2\angle\theta_2=R_2+jX_2\end{array}\right\} \quad (6\cdot28)$$

で表されるとしよう．この回路に電圧 $\dot{V}$ を加えて，電流 $\dot{I}$ が流れるとすれば $\dot{Z}_1, \dot{Z}_2$ の電圧 $\dot{V}_1, \dot{V}_2$ は，

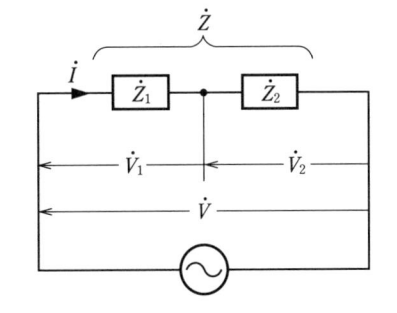

図 6・13　直列インピーダンス

$$\dot{V}_1=\dot{Z}_1\dot{I}\quad,\quad \dot{V}_2=\dot{Z}_2\dot{I} \tag{6・29}$$

したがって，全電圧 $\dot{V}=\dot{V}_1+\dot{V}_2$ となるから，

$$\dot{V}=\dot{V}_1+\dot{V}_2=\dot{Z}_1\dot{I}+\dot{Z}_2\dot{I}=(\dot{Z}_1+\dot{Z}_2)\dot{I}=\dot{Z}\dot{I} \tag{6・30}$$

よって，合成インピーダンス $\dot{Z}$ は式(6・28)と式(6・30)より，

$$\dot{Z} = \dot{Z}_1 + \dot{Z}_2 = (R_1 + jX_1) + (R_2 + jX_2)$$
$$= (R_1 + R_2) + j(X_1 + X_2) \tag{6・31}$$

また，その大きさと位相角は以下のようになる．

$$\left.\begin{array}{l} Z = |\dot{Z}| = \sqrt{(R_1+R_2)^2 + (X_1+X_2)^2} \\ \theta = \tan^{-1}\left(\dfrac{X_1+X_2}{R_1+R_2}\right) \end{array}\right\} \tag{6・32}$$

として求められる．図6・14 は $\dot{Z}_1$, $\dot{Z}_2$, および $\dot{Z}$ のベクトル関係を示したものである．

以上は，2つのインピーダンス $\dot{Z}_1$, $\dot{Z}_2$ の直列接続の場合であるが，もし多数のインピーダンス $\dot{Z}_1$, $\dot{Z}_2$, $\dot{Z}_3$, ……, $\dot{Z}_n$ が直列に接続されていれば，合成インピーダンス $\dot{Z}$ は，これを記号法で表して次々に加えて，

$$\dot{Z} = \dot{Z}_1 + \dot{Z}_2 + \dot{Z}_3 + \cdots + \dot{Z}_n$$
$$= (R_1 + jX_1) + (R_2 + jX_2)$$
$$\quad + (R_3 + jX_3) + \cdots + (R_n + jX_n)$$
$$= (R_1 + R_2 + R_3 + \cdots + R_n)$$
$$\quad + j(X_1 + X_2 + X_3 + \cdots + X_n)$$
$$= R_0 + jX_0 \tag{6・33}$$

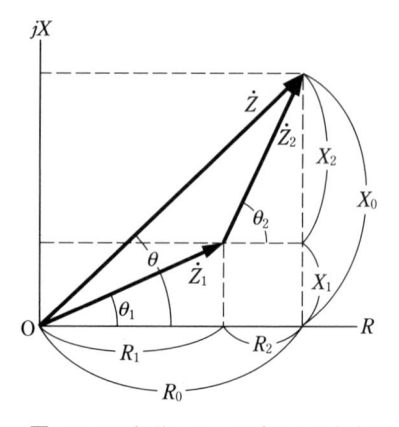

図6・14 直列インピーダンスの合成

また，

$$\theta = \tan^{-1}\frac{X_0}{R_0} \tag{6・34}$$

ここで $R_0 = R_1 + R_2 + R_3 + \cdots + R_n$, $X_0 = X_1 + X_2 + X_3 + \cdots + X_n$ とする．

したがって，インピーダンスの直列接続における合成インピーダンスは各インピーダンスの和に等しいことになる．

例題 6・5

図 6・15 のように，12 Ω の抵抗と誘導リアクタンス 16 Ω のコイル，および容量リアクタンス 7 Ω のコンデンサを直列に接続した回路に，正弦波交流電圧 $\dot{V}$ を加えたとき，回路に 14 A の電流が流れた．次の各値を求めなさい．また，電流 $\dot{I}=14$ [A] を基準として $\dot{V}$，$\dot{V}_R$，$\dot{V}_L$，$\dot{V}_C$，$\dot{V}_{RL}$ のベクトル図を描きなさい．

（1）回路のインピーダンス $\dot{Z}$ 　　（2）電圧 $\dot{V}_R$，$\dot{V}_L$，$\dot{V}_C$
（3）電圧 $\dot{V}$，$\dot{V}_{RL}$ 　　　　　　（4）回路の力率 $\cos\theta$
（5）$\dot{V}$ と $\dot{I}$ の位相角 θ

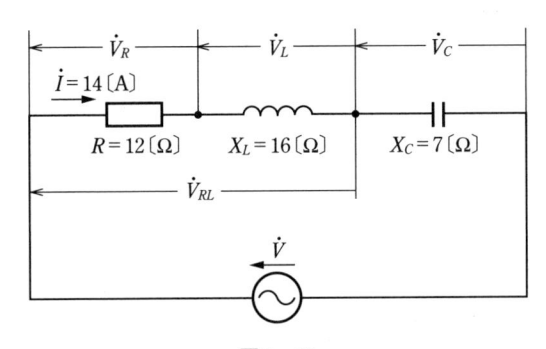

図 6・15

解答　（1）$\dot{Z}=R+jX_L-jX_C=12+j16-j7=12+j9$ [Ω]

$Z=|\dot{Z}|=\sqrt{12^2+9^2}=15$ [Ω]

直列回路の場合，各素子に流れる電流は等しいから，

（2）$\dot{V}_R=R\dot{I}=12\times14=168$ [V] 　　　$V_R=168$ [V]

$\dot{V}_L=jX_L\dot{I}=j16\times14=j224$ [V] 　　$V_L=224$ [V]

$\dot{V}_C=-jX_C\dot{I}=-j7\times14=-j98$ [V] 　$V_C=98$ [V]

（3）全電圧 $\dot{V}=\dot{V}_R+\dot{V}_L+\dot{V}_C$，また，$\dot{V}_{RL}=(R+jX_L)\dot{I}$

$\dot{V}=\dot{V}_R+\dot{V}_L+\dot{V}_C=168+j224-j98=168+j126$ [V]

$V=|\dot{V}|=\sqrt{168^2+126^2}=210$ [V]

$\dot{V}_{RL}=(12+j16)\times14=168+j224$ [V]

第6章 記号法による交流回路の計算

$$V_{RL} = |\dot{V}_{RL}| = \sqrt{168^2 + 224^2} = 280 \text{ [V]}$$

(4) $\cos\theta = \dfrac{R}{Z} = \dfrac{12}{15} = 0.8$

(5) $\theta = \tan^{-1}\dfrac{X}{R} = \tan^{-1}\left(\dfrac{9}{12}\right) \fallingdotseq 36.87\text{ [°]} \fallingdotseq 0.205\,\pi\text{ [rad]}$

これらのベクトル図は図 6・16 のようになる.

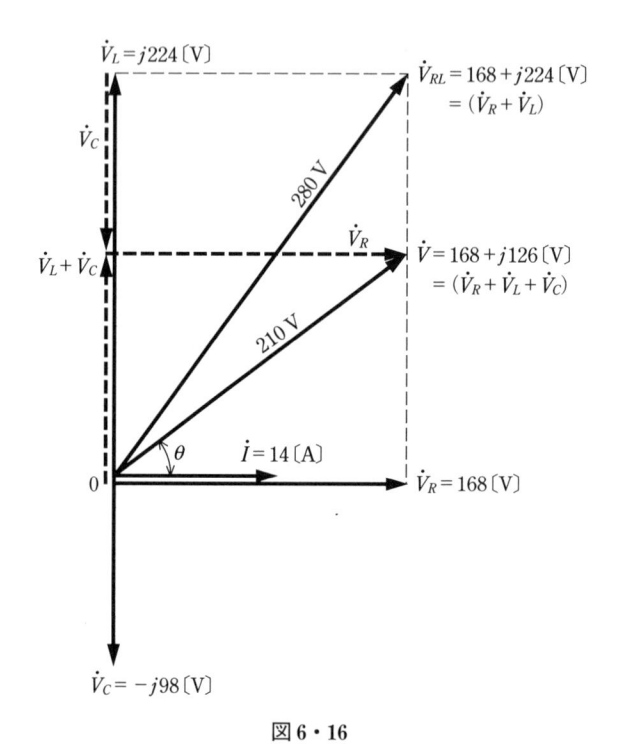

図 6・16

問 6・8 抵抗 3 Ω,自己インダクタンス 100 mH のコイルに 100 μF の容量のコンデンサを直列に接続してあるという.周波数 50 Hz におけるこの回路の合成インピーダンス $\dot{Z}$ を求めなさい.

6・9 直列共振回路

6・6節で学んだように，図6・17に示す R-L-C の直列回路のインピーダンス $\dot{Z}$ は，

$$\dot{Z} = Z\angle\theta = R + jX = R + j\left(\omega L - \frac{1}{\omega C}\right)$$
$$Z = \sqrt{R^2 + X^2}, \quad \theta = \tan^{-1}\left(\frac{X}{R}\right)$$
(6・35)

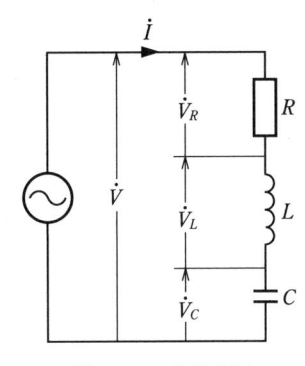

図6・17 直列共振

であるから，電流 $\dot{I}$ は，

$$\dot{I} = \frac{\dot{V}}{\dot{Z}} = \frac{\dot{V}}{R + j\left(\omega L - \frac{1}{\omega C}\right)} \quad (6・36)$$

である．$\omega L \neq 1/\omega C$ の場合についてはすでに学んだので，次にインピーダンスの虚部が0の特別の場合について考えてみよう．この場合，

$$\omega L - \frac{1}{\omega C} = 0$$

で虚部は0になる．したがって，式(6・35)，(6・36)は，

$$\left.\begin{array}{l}\dot{Z} = R \\ \theta = \tan^{-1}\dfrac{0}{R} = 0 \\ \dot{I} = \dfrac{\dot{V}}{R}\end{array}\right\}\quad(6・37)$$

となるから，電流 $\dot{I}$ と電圧 $\dot{V}$ とは同相となる．したがって，この回路は単に純抵抗回路（Rのみの回路）とまったく同じとなり，インピーダンスは最小，電流は最大になる．このような状態のことを**直列共振**（series resonance）という．

この場合のベクトル関係は図6・18に示すようになり，$\dot{V}$ を基準のベクトルとすると，

$$\dot{I} = \frac{\dot{V}}{R}$$
$$\dot{V}_R = R\dot{I} = \dot{V}$$

第6章　記号法による交流回路の計算

$$\dot{V}_L = j\omega L I$$

$$\dot{V}_C = -j\frac{1}{\omega C}$$

$$\therefore \quad \dot{V}_L = -\dot{V}_C \quad \left(\because \quad \omega L = \frac{1}{\omega C}\right)$$

となる．

この式が示すように，共振時には，L の電圧 $\dot{V}_L$ と C の電圧 $\dot{V}_C$ とが共振しているという意味で，これを**電圧共振**（voltage resonance）ということもある．

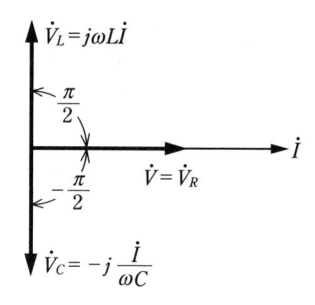

図6・18　直列共振時のベクトル図

（1）共振周波数

いま，この直列共振状態のときの周波数を f_r，角周波数を ω_r とすれば $\omega L = 1/\omega C$ より，

$$\omega_r L = \frac{1}{\omega_r C} \quad , \quad \omega_r^2 LC = 1$$

$$\therefore \quad \omega_r^2 = \frac{1}{LC}$$

$$\omega_r = \frac{1}{\sqrt{LC}} \quad (\omega_r = 2\pi f_r)$$

$$\therefore \quad f_r = \frac{1}{2\pi\sqrt{LC}} \tag{6・38}$$

この f_r を**共振周波数**（resonance frequency）という．図6・19(a)は R-L-C の直列回路のリアクタンス ωL，$1/\omega C$，$(\omega L - 1/\omega C)$ が周波数 f の変化に対して，どのように変化するかを示したものであり，また図6・19(b)は，一定電圧のもとで電流 I が周波数 f の変化に対してどのように変化するかをグラフで示したものである．これを**共振曲線**（resonance curve）という．また，共振点 f_r における電流 $I_r = V/R$ を**共振電流**といい，この回路に現れる最大の電流値である．この共振曲線の形からわかるように，抵抗 R が小さいほど曲線の鋭さが増すことがわかる．

6・9 直列共振回路

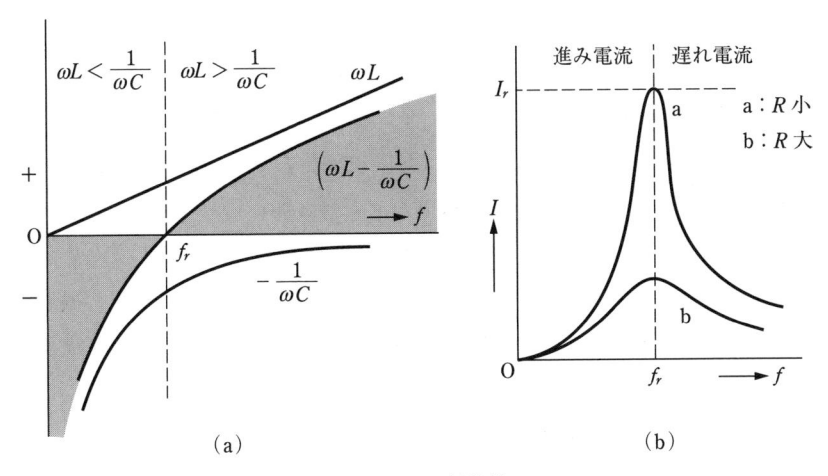

図6・19 共振曲線

(a) の図中ラベル: $\omega L < \dfrac{1}{\omega C}$, $\omega L > \dfrac{1}{\omega C}$, ωL, $\left(\omega L - \dfrac{1}{\omega C}\right)$, $-\dfrac{1}{\omega C}$, f_r

(b) の図中ラベル: 進み電流, 遅れ電流, I_r, a, b, f_r, a：R 小, b：R 大

(2) 電圧拡大率 Q

共振を生じているときの V_L と V_C の大きさを求めると，次のようになる．すなわち，

$$\omega_r L = \frac{1}{\omega_r C} \quad (\omega_r = 2\pi f_r)$$

の条件のとき，

$$\left. \begin{array}{l} V_L = \omega_r L I_r = \dfrac{\omega_r L}{R} V \\[6pt] V_C = \dfrac{I_r}{\omega_r C} = \dfrac{V}{\omega_r C R} \end{array} \right\} \tag{6・39}$$

いま，

$$Q = \frac{\omega_r L}{R} = \frac{1}{\omega_r C R} \tag{6・40}$$

とおけば，

$$V_L = V_C = QV \tag{6・41}$$

上式から，V_L と V_C は共に等しく，電源電圧 V の Q 倍に拡大されていることがわかる．このような意味から，Q のことを**電圧拡大率**または**せん鋭度**とい

125

う．

（3）共振回路の選択度

このように，R-L-C の直列回路には共振現象がある．したがって，このような回路内には周波数の違った多数の起電力が同時に加えられている場合には，共振周波数 f_r の電流のみが著しく多く流れ，他の周波数の電流は，ほんのわずかしか流れないことが理解できる．したがって，$Q=\omega_r L/R$ の大きな共振回路ほど共振曲線が鋭いから，共振周波数 f_r の電流のみを特に選択して，拡大する作用をもっている．

この場合，図 6・20 のように共振周波数 f_r から上下に微小周波数 Δf_a，Δf_b 変化させ，電流 I がどちらも共振電流 I_r の $1/\sqrt{2}=0.707$ 倍であるような 2 つの周波数 $f_a=f_r-\Delta f_a$，$f_b=f_r+\Delta f_b$ を考えたとき，

$$S=\frac{f_r}{f_b-f_a}=\frac{f_r}{\Delta f_a+\Delta f_b} \quad (6・42)$$

を回路の**選択度**（selectivity）という．これは，この値が大きいほど共振曲線が鋭く，共振周波数の電流のみを拡大する選択性が大きくなるからである．直列共振においては，この S の値は理論上，前に学んだ Q の値と一致している．

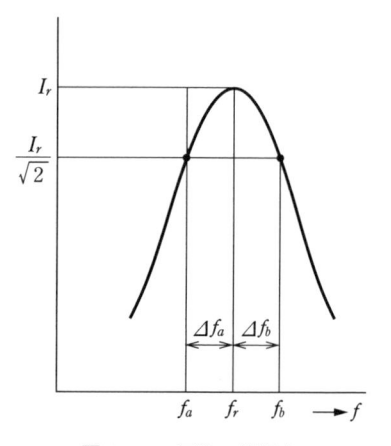

図 6・20　回路の選択度

例題 6・6

R-L-C の直列回路に正弦波交流電圧 100 V を加えたとき，次の値を求めなさい．ただし，$R=10$〔Ω〕，$L=2$〔H〕，$C=5.07$〔μF〕とする．

（1）共振周波数 f_r　　（2）最大電流 I_r　　（3）電圧拡大率 Q

解答　（1）共振周波数 f_r は式（6・38）より，

$$f_r = \frac{1}{2\pi\sqrt{LC}} = \frac{1}{2\pi\sqrt{2 \times 5.07 \times 10^{-6}}} \fallingdotseq 50 \,[\text{Hz}]$$

（2）最大電流 I_r は共振時の電流値となり回路内のインピーダンスは R のみとなる．よって，

$$I = \frac{V}{R} = \frac{100}{10} = 10 \,[\text{A}]$$

（3）電圧拡大率 Q は式(6・40)より，

$$Q = \frac{\omega_r L}{R} = \frac{2\pi f_r L}{R} = \frac{2\pi \times 50 \times 2}{10} \fallingdotseq 62.8$$

問 6・9　$3\,\mu\text{F}$ の容量をもつコンデンサと $5\,\text{H}$ の自己インダクタンスをもつコイルと $10\,\Omega$ の抵抗を直列に接続した回路がある．この回路の共振周波数を求めなさい．

問 6・10 　問 6・9 の回路の電圧拡大率 Q を求めなさい．

6・10　インピーダンスの並列接続

図 6・21 に示すように，ab 端子間に 2 つのインピーダンス $\dot{Z}_1$，$\dot{Z}_2$ が並列になっている場合の合成インピーダンス $\dot{Z}$ を調べてみよう．

いま，ab 間に電圧 $\dot{V}$ を加えると，各 $\dot{Z}_1$，$\dot{Z}_2$ に流れる電流 $\dot{I}_1$，$\dot{I}_2$ は，

$$\dot{I}_1 = \frac{\dot{V}}{\dot{Z}_1}, \quad \dot{I}_2 = \frac{\dot{V}}{\dot{Z}_2}$$

である．ゆえに，合成電流 $\dot{I}$ は，

$$\dot{I} = \dot{I}_1 + \dot{I}_2 = \frac{\dot{V}}{\dot{Z}_1} + \frac{\dot{V}}{\dot{Z}_2} = \left(\frac{1}{\dot{Z}_1} + \frac{1}{\dot{Z}_2}\right)\dot{V}$$

$$\dot{Z} = \frac{\dot{V}}{\dot{I}} = \frac{1}{\dfrac{1}{\dot{Z}_1} + \dfrac{1}{\dot{Z}_2}} = \frac{\dot{Z}_1 \dot{Z}_2}{\dot{Z}_1 + \dot{Z}_2} \quad (6 \cdot 43)$$

したがって，$\dot{Z}_1$，$\dot{Z}_2$，$\dot{Z}_3$，…，$\dot{Z}_n$ の多くのインピーダンスが並列になったときの合成インピーダン

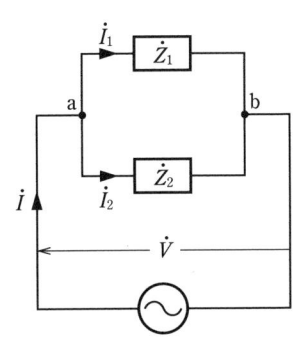

図 6・21 並列インピーダンス

ス $\dot{Z}$ は，

$$\dot{Z}=\frac{\dot{V}}{\dot{I}}=\frac{1}{\dfrac{1}{\dot{Z}_1}+\dfrac{1}{\dot{Z}_2}+\dfrac{1}{\dot{Z}_3}+\cdots+\dfrac{1}{\dot{Z}_n}} \tag{6・44}$$

になる．すなわち，並列回路における合成インピーダンスは各インピーダンスの逆数の和の逆数に等しい．

あるいは，以上の計算をすでに学んだアドミタンスを使って整理すると，

$$\dot{I}_1=\dot{Y}_1\dot{V}\quad,\quad \dot{I}_2=\dot{Y}_2\dot{V}\quad,\quad \dot{I}_3=\dot{Y}_3\dot{V}$$

となるから，

$$\dot{I}=\dot{I}_1+\dot{I}_2+\dot{I}_3=\dot{Y}_1\dot{V}+\dot{Y}_2\dot{V}+\dot{Y}_3\dot{V}=(\dot{Y}_1+\dot{Y}_2+\dot{Y}_3)\dot{V}$$

したがって，多くのアドミタンスの並列回路の合成アドミタンス $\dot{Y}$ は，

$$\dot{Y}=\frac{\dot{I}}{\dot{V}}=\dot{Y}_1+\dot{Y}_2+\dot{Y}_3+\cdots+\dot{Y}_n \tag{6・45}$$

となる．すなわち，並列回路における合成アドミタンスは，各アドミタンスの和に等しい．

例題 6・7

図 6・22 における合成インピーダンス $\dot{Z}$ を求めなさい．

[解答] まず，各枝のインピーダンス $\dot{Z}_1$，$\dot{Z}_2$ を求める．

$$\dot{Z}_1=3+j5$$
$$\dot{Z}_2=5-j3$$

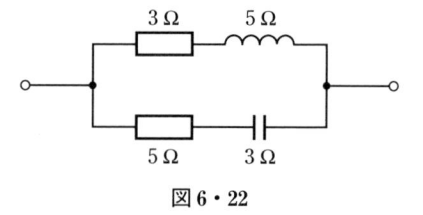

図6・22

式(6・43) より，合成インピーダンス $\dot{Z}$ を求める．

$$\dot{Z}=\frac{\dot{V}}{\dot{I}}=\frac{1}{\dfrac{1}{\dot{Z}_1}+\dfrac{1}{\dot{Z}_2}}=\frac{\dot{Z}_1\dot{Z}_2}{\dot{Z}_1+\dot{Z}_2}=\frac{(3+j5)(5-j3)}{(3+j5)+(5-j3)}=\frac{30+j16}{8+j2}$$

$$=\frac{(30+j16)(8-j2)}{(8+j2)(8-j2)}=\frac{272+j68}{68}=4+j\ [\Omega]$$

問 6・11 $\dot{Z}_1=3+j4\ [\Omega]$，$\dot{Z}_2=6-j8\ [\Omega]$ のインピーダンスの並列回路に 100

Vの電圧を加えたとき，各インピーダンスに流れる電流および全電流を求めなさい．

6・11 並列共振回路

図6・23に示すようなL-Cの並列回路に，電圧$\dot{V}$を加えれば，

Lの電流 $\dot{I}_L = \dfrac{\dot{V}}{j\omega L} = -j\dfrac{\dot{V}}{\omega L}$

Cの電流 $\dot{I}_C = \dfrac{\dot{V}}{-j\dfrac{1}{\omega C}} = j\omega C \dot{V}$

となるから，全電流$\dot{I}$は，

$$\dot{I} = \dot{I}_L + \dot{I}_C = -j\left(\dfrac{1}{\omega L} - \omega C\right)\dot{V}$$

となる．

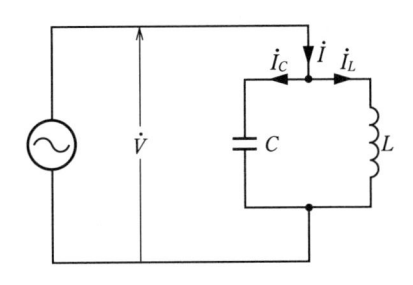

図6・23 並列共振

この場合のベクトル関係は第4章で学んだように，図6・24(a)，(b)のようになる．もし$\omega L = 1/\omega C$の関係になったとすれば，

$$|\dot{I}_L| = |\dot{I}_C|, \quad \dot{I} = \dot{I}_L + \dot{I}_C = 0 \tag{6・46}$$

すなわち，電源からの電流Iは完全に0になるから，L-Cの並列回路の合成アドミタンスは0，すなわち合成リアクタンスは無限大となる．この状態を**並列**

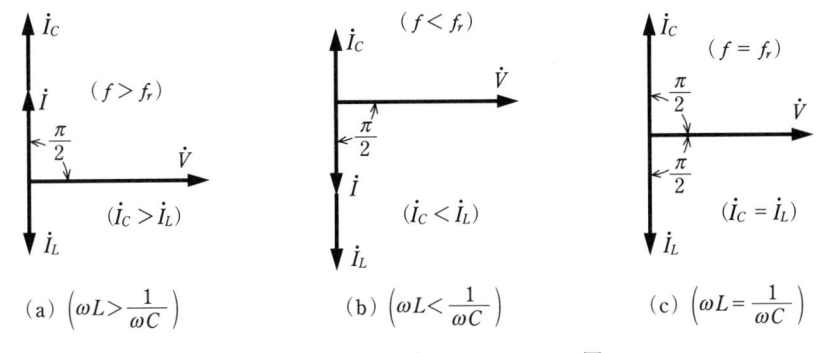

(a) $\left(\omega L > \dfrac{1}{\omega C}\right)$ (b) $\left(\omega L < \dfrac{1}{\omega C}\right)$ (c) $\left(\omega L = \dfrac{1}{\omega C}\right)$

図6・24 L-C並列のときのベクトル図

共振（parallel resonance）または $\dot{I}_L$ と $\dot{I}_C$ が共振を起こしたという意味から**電流共振**（current resonance），あるいは**反共振**（anti-resonance）ともいう．図6・24（c）は共振時のベクトル図である．

（1）共振周波数

並列共振を起こすときの共振周波数を f_r，角周波数を ω_r とすれば，

$$\left.\begin{array}{l}\omega_r L = \dfrac{1}{\omega_r C} \quad, \quad \omega_r^2 LC = 1 \\ \therefore \ \omega_r = \dfrac{1}{\sqrt{LC}} \\ f_r = \dfrac{1}{2\pi\sqrt{LC}} \ (\omega_r = 2\pi f_r)\end{array}\right\}$$

(6・47)

となるから，前に学んだ直列共振の共振周波数 f_r とまったく同じ式で表される．

図6・25は I_L，I_C，I の周波数 f に対する変化を表したものである．

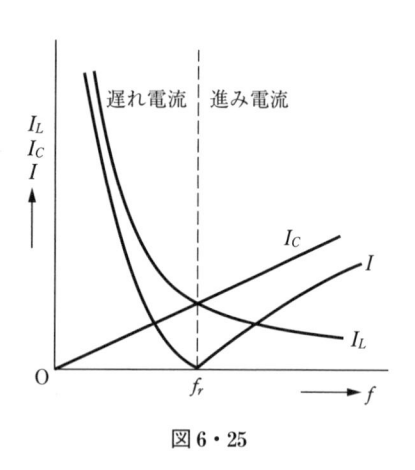

図6・25

（2）並列共振回路の条件

一般の並列共振回路ではコイルの抵抗が無視できない場合が多い．したがって，図6・26に示すような R-L 回路と C 回路とを並列に接続した共振回路を考えておくことがきわめて大切である．

図から，

$$\dot{I}_L = \frac{\dot{V}}{R + j\omega L} \quad, \quad \dot{I}_C = j\omega C \dot{V}$$

$$\dot{I}_r = \dot{I}_L + \dot{I}_C$$

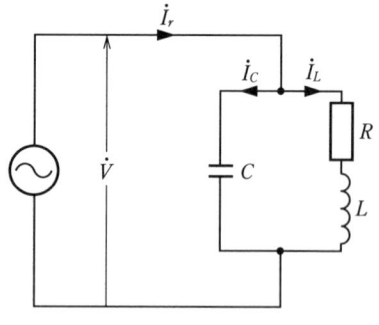

図6・26 一般の並列共振

$$=\left(\frac{1}{R+j\omega L}+j\omega C\right)\dot{V}$$

ゆえに，アドミタンス $\dot{Y}$ とすれば，

$$\dot{Y}=\frac{1}{R+j\omega L}+j\omega C=\frac{R}{R^2+(\omega L)^2}+j\left\{\omega C-\frac{\omega L}{R^2+(\omega L)^2}\right\}=g+jb$$

(6・48)

ただし，

$$g=\frac{R}{R^2+(\omega L)^2}, \quad b=\omega C-\frac{\omega L}{R^2+(\omega L)^2}$$

ゆえに，もし C を変化させて虚部の b が，

$$b=\omega C-\frac{\omega L}{R^2+(\omega L)^2}=0 \tag{6・49}$$

になれば，

$$\dot{Y}=g=\frac{R}{R^2+(\omega L)^2} \tag{6・50}$$

となって，この共振回路は単に $\dot{Z}=1/g$ の無誘導回路になる．したがって，このとき全電流 $\dot{I}$ は最小となる．この状態が一般の場合の並列共振である．

したがって，図6・26の回路の並列回路が共振を起こす条件は，式(6・49)から，

$$C=\frac{L}{R^2+(\omega L)^2} \tag{6・51}$$

また，この共振時の周波数 f_r，角周波数を ω_r とおけば，

$$C=\frac{L}{R^2+(\omega_r L)^2}$$

$$\therefore \quad \omega_r=\sqrt{\frac{1}{LC}-\frac{R^2}{L^2}} \tag{6・52}$$

$$f_r=\frac{1}{2\pi}\sqrt{\frac{1}{LC}-\frac{R^2}{L^2}} \tag{6・53}$$

そして，

$$\frac{1}{LC}>\frac{R^2}{L^2} \quad \therefore \quad \frac{L}{C}>R^2 \tag{6・54}$$

であることが必要である．

R^2 が L/C に比べて無視できるほど小さい場合 ($R^2 \ll L/C$) なら，式(6・53)は，

$$f_r = \frac{1}{2\pi\sqrt{LC}} \tag{6・55}$$

としても大差はない．

（3）共振時のインピーダンス

式(6・50)より，共振時のインピーダンス $\dot{Z}_r$ を求めると，

$$\dot{Z}_r = \frac{1}{\dot{Y}} = \frac{R^2 + (\omega_r L)^2}{R}$$

$$= R + \frac{(\omega_r L)^2}{R} \tag{6・56}$$

これに，式(6・52)の ω_r を代入すれば，

$$\dot{Z}_r = R + \left(\frac{1}{LC} - \frac{R^2}{L^2}\right)\frac{L^2}{R} = \frac{L}{CR} \tag{6・57}$$

となり，純抵抗として作用することがわかる．図6・27はこのような並列共振回路の共振曲線である．

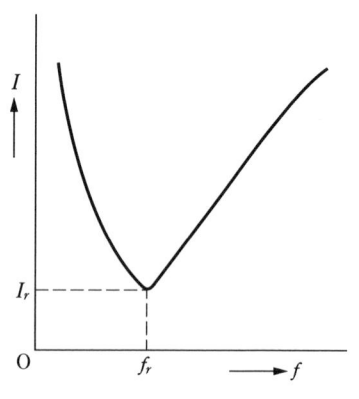

図6・27　インピーダンスの並列回路の共振曲線

（4）電流の拡大率

共振時の各電流 I_r, I_L, I_C を求めると，式(6・57)から $\dot{Z}_r = L/CR$ である．

$$\left.\begin{array}{l} I_r = \dfrac{V}{\dfrac{L}{CR}} = \dfrac{CR}{L}V \\[2ex] I_L = \dfrac{V}{\sqrt{R^2 + (\omega_r L)^2}} \fallingdotseq \dfrac{V}{\omega_r L} \quad (\omega_r L \gg R) \\[2ex] I_C = \omega_r CV \end{array}\right\} \tag{6・58}$$

したがって，電流 I_r に対する I_L の比，すなわち電流の拡大率を Q とおけば，

$$Q = \frac{I_L}{I_r} = \frac{\frac{1}{\omega_r L}}{\frac{CR}{L}} = \frac{1}{\omega_r CR} \fallingdotseq \frac{\omega_r L}{R} \tag{6・59}$$

という関係が生じてくる．したがって，この場合は直列共振の電圧拡大率 Q と同じ式の形である．

例題 6・8

図 6・28 の回路において，$L=25\,[\mathrm{mH}]$，$R=200\,[\Omega]$，$C=50\,[\mathrm{pF}]$ のとき，この回路の共振周波数 f_r，および共振時のインピーダンス Z_r，共振電流 I_r を求めなさい．

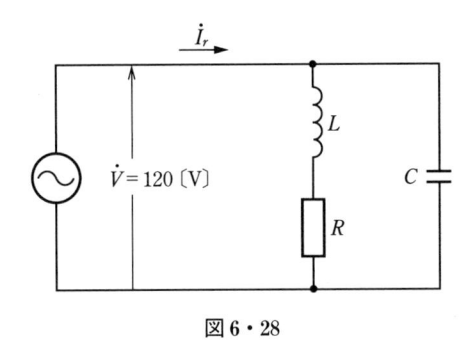

図 6・28

解答 共振周波数 f_r は式 (6・53) から，

$$f_r = \frac{1}{2\pi}\sqrt{\frac{1}{LC} - \frac{R^2}{L^2}}$$

$$= \frac{1}{2\pi}\sqrt{\frac{1}{25\times 10^{-3} \times 50 \times 10^{-12}} - \left(\frac{200}{25\times 10^{-3}}\right)^2} \fallingdotseq 142.4\,[\mathrm{kHz}]$$

共振時のインピーダンス Z_r は式 (6・57) から，

$$Z_r = \frac{L}{CR} = \frac{25\times 10^{-3}}{50\times 10^{-12}\times 200} = 2.5\times 10^6 = 2.5\,[\mathrm{M\Omega}]$$

共振時の電流 I_r はオームの法則から，

第6章 記号法による交流回路の計算

$$I_r = \frac{V}{Z_r} = \frac{120}{2.5 \times 10^6} = 48 \times 10^{-6} = 48 \, [\mu A]$$

問 6・12 図6・29に示す回路を7 MHzで共振させるためには，Cの容量をいくらにすればよいか．

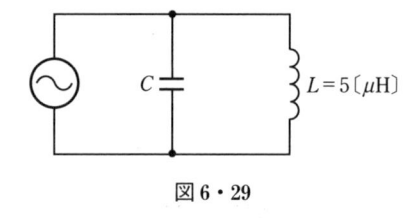

図6・29

6・12 記号法による電力の計算法

図6・30に示す電圧，電流のベクトル $\dot{V}, \dot{I}$ を記号法で表し，

$$\left. \begin{array}{l} \dot{V} = V \angle \varphi_1 = V_1 + jV_2 \\ \dot{I} = I \angle \varphi_2 = I_1 + jI_2 \end{array} \right\}$$

(6・60)

とすれば，その大きさおよび位相角は，

$$\left. \begin{array}{l} V = \sqrt{V_1^2 + V_2^2} \\ \varphi_1 = \tan^{-1} \dfrac{V_2}{V_1} \\ I = \sqrt{I_1^2 + I_2^2} \\ \varphi_2 = \tan^{-1} \dfrac{I_2}{I_1} \end{array} \right\}$$

(6・61)

$\theta = \varphi_1 - \varphi_2$ （遅れ電流として）

したがって，電力 P は，

$$P = VI \cos \theta = VI \cos (\varphi_1 - \varphi_2)$$
$$= VI(\cos \varphi_1 \cos \varphi_2 + \sin \varphi_1 \sin \varphi_2) \quad (6 \cdot 62)$$

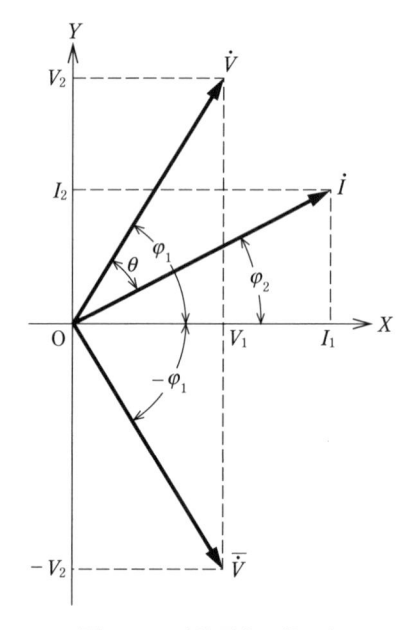

図6・30 交流電力の考え方

図より，

$$V_1 = V\cos\varphi_1, \quad V_2 = V\sin\varphi_1$$
$$I_1 = I\cos\varphi_2, \quad I_2 = I\sin\varphi_2$$

であるから,

$$P = V\cos\varphi_1 I\cos\varphi_2 + V\sin\varphi_1 I\sin\varphi_2 = V_1 I_1 + V_2 I_2 \quad (6\cdot63)$$

また,無効電力 Q は,電力 P と同様に考えると,

$$Q = VI\sin\theta = VI\sin(\varphi_1 - \varphi_2)$$
$$= VI(\sin\varphi_1\cos\varphi_2 - \cos\varphi_1\sin\varphi_2)$$
$$= V\sin\varphi_1 I\cos\varphi_2 - V\cos\varphi_1 I\sin\varphi_2 = V_2 I_1 - V_1 I_2 \quad (6\cdot64)$$

式(6・63), (6・64)の両式が成り立つことは,次のように考えれば当然のことである.すなわち,V_1 と I_1 および V_2 と I_2 とは同相である.また,V_1 と I_2(進み電流)および V_2 と I_1(遅れ電流)には $\pi/2$〔rad〕の位相差がある.したがって,互いに同相の電圧と電流の間には電力が発生し,互いに $\pi/2$〔rad〕の位相差がある電圧と電流には無効電力が発生するのである.

ここでもし,電圧 $\dot{V}$ の共役複素数 $\bar{V}$ を使って $\bar{V}\cdot\dot{I}$ を計算すると,次のようにして P および Q が直ちに複素数で求められる.

すなわち,図6・30より,

$$\left.\begin{array}{l}\dot{V} = V_1 + jV_2 \\ \bar{V} = V_1 - jV_2 \\ \dot{I} = I_1 + jI_2\end{array}\right\} \quad (6\cdot65)$$

とおけば,

$$\dot{P} = \bar{V}\dot{I} = (V_1 - jV_2)(I_1 + jI_2)$$
$$= V_1 I_1 + jV_1 I_2 - jV_2 I_1 + V_2 I_2$$
$$= (V_1 I_1 + V_2 I_2) - j(V_2 I_1 - V_1 I_2)$$
$$= P - jQ \quad (6\cdot66)$$

となる.図6・31はこの関係を示している.

図における $\dot{P} = \bar{V}\dot{I}$ を**ベクトル電力**(vector power)といい,複素数で表された皮相電力と考えることができる.

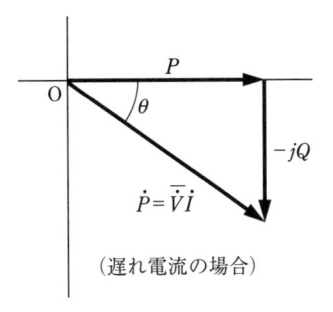

（遅れ電流の場合）

図6・31　ベクトル電力

式(6・66)において遅れ電流，すなわち，誘導性負荷ならば無効電力 Q は正となるが，進み電流，すなわち，容量性負荷ならば無効電力 Q が負となることがわかる．ゆえに，虚部の正，負によって，電流の進み遅れが判断できる．

例題 6・9

$\dot{V}=50+j86.6$ [V]，$\dot{I}=43.3+j25$ [A] とすれば，$\dot{V}$ と $\dot{I}$ との間の有効電力，無効電力および皮相電力を求めなさい．

解答 式(6・66)より

$$\dot{P}=\bar{V}\dot{I}=(50-j86.6)(43.3+j25)$$
$$=2\,165+j1\,250-j3\,749.78+2\,165$$
$$=4\,330-j2\,499.78$$
$$\therefore \quad P=4\,330\,[\text{W}]\,,\quad Q=2\,499.78\fallingdotseq 2\,500\,[\text{var}]$$

式(5・12)より

$$S=\sqrt{P^2+Q^2}=\sqrt{4\,330^2+2\,500^2}=5\,000\,[\text{VA}]$$

問 6・13 $\dot{V}=4+j6$ [V]，$\dot{I}=10+j14.14$ [A]，このときの回路のインピーダンス $\dot{Z}$ と回路の有効電力，無効電量および皮相電力を求めなさい．

章末問題

1. 次の複素数の絶対値（大きさ）と偏角を求めなさい．

    （1） $6+j8$ 　　（2） $(12-j10)-(4-j7)+(8+j15)$

    （3） $\dfrac{80+j60}{3+j4}$ 　　（4） $(5+j3)(6+j8)$

2. $\dot{A}=50\varepsilon^{j45°}$，$\dot{B}=5\varepsilon^{j60°}$ で表される複素数について，次の値を計算しなさい．

    （1） $\dot{A}\dot{B}$ 　　（2） $\dfrac{\dot{A}}{\dot{B}}$

3. $\dot{V}=100$ [V] より $\pi/3$ rad 遅れた大きさ 100 V のベクトル $\dot{V}_0$ を直交座標形

式と極座標形式で表しなさい．

4. 次に示す直列回路のインピーダンスを直交座標形式 $(a+jb)$ で表し，その大きさを求めなさい．

① R-L 直列回路で，$R=3$ 〔Ω〕，$X_L=4$ 〔Ω〕
② R-C 直列回路で，$R=6$ 〔Ω〕，$X_C=2$ 〔Ω〕
③ R-L-C 直列回路で，$R=1$ 〔kΩ〕，$X_L=6$ 〔kΩ〕，$X_C=3$ 〔kΩ〕

5. $\dot{Z}=80+j60$ 〔Ω〕で表されるインピーダンスに，$\dot{I}=4+j3$ 〔A〕の電流が流れたとき，$\dot{Z}$ の両端の電圧 $\dot{V}$，およびその大きさ V を求めなさい．

6. 抵抗 30 Ω とリアクタンス 40 Ω を図 6・32 のように並列に接続し，その両端に 120 V を加えたとき，回路のアドミタンス $\dot{Y}$，全電流 I および力率を求めなさい．

7. 図 6・33 のように R-L-C を並列に接続した回路において，L に 10 A，C に 2 A，R に 15 A の電流が流れるとき，端子 ab 間に流れる合成電流 $\dot{I}$ およびその大きさ I と回路の力率を求めなさい．

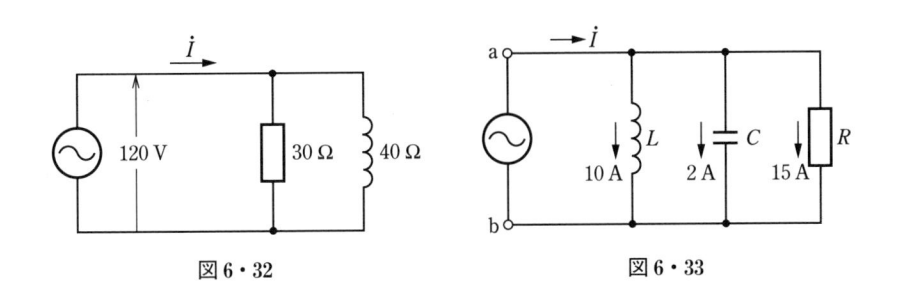

図 6・32

図 6・33

8. $\dot{Z}_1=2+j3$ 〔Ω〕，$\dot{Z}_2=2-j2$ 〔Ω〕，$\dot{Z}_3=3+j9$ 〔Ω〕の 3 つのインピーダンスを直列に接続したとき，合成インピーダンス $\dot{Z}$ とその大きさ Z を求めなさい．また，この直列回路に 5 A の電流を流したとき，$\dot{Z}_1$，$\dot{Z}_2$，$\dot{Z}_3$ の各端子電圧の大きさはいくらになるか．

9. 図 6・34 のような抵抗とリアクタンスの直並列回路に，ある電圧 V を加えたら，6 Ω の抵抗に 5 A の電流が流れたという．回路全体に流れる電流の大

きさ I を求めなさい．

10. 図 6・35 の回路において，スイッチ K を開いたときと，閉じたときの合成インピーダンス $\dot{Z}$（$a+jb$ 形式）を求めなさい．

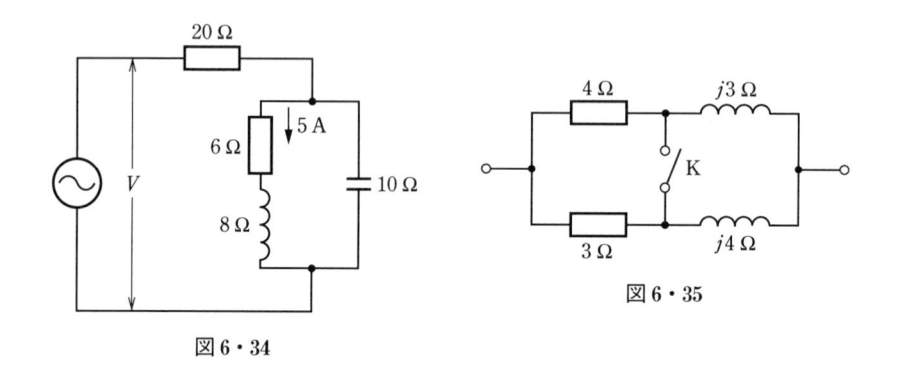

図 6・34

図 6・35

11. $L=40$ [mH]，$C=400$ [pF] の L-C 直列回路の共振周波数を求めなさい．

12. $R=400$ [Ω]，$L=10$ [H]，$C=150$ [pF] の R-L-C の直列回路の共振周波数と電圧拡大率 Q の値を計算しなさい．

13. 負荷の電圧，電流が $\dot{V}=173.2+j100$ [V]，$\dot{I}=25+j43.3$ [A] であるという．この負荷の有効電力，無効電力，皮相電力を求めなさい．また，この回路は誘導性か容量性か答えなさい．

14. $\dot{V}=100$ [V]，$\dot{Z}=60+j80$ [Ω] であるとき，この回路の有効電力，無効電力，皮相電力を求めなさい．

第7章

回路網の取り扱い方

　前章で，記号法を使用した交流回路の計算方法を一通り学んだ．また，第1章においても回路網を計算する方法として，キルヒホッフの法則を学んだ．

　ここでは，記号法を用いてさらに複雑な回路網を計算するときに便利なさまざまな定理・法則を学んでいく．もちろん，これから学ぶ定理・法則は直流回路でも利用できることはいうまでもない．

7・1　ブリッジ回路と平衡条件

(1) ホイートストンブリッジ

　図7・1のような回路を**ホイートストンブリッジ**（Wheatstone bridge）という．図の P, Q, R, S の抵抗を適当に加減し，b，d点の電位を等しくすれば，検流計Ⓖに流れる電流 i_g を0にすることができる．このときの状態をブリッジが**平衡**（balance）したという．

　このとき，流れる電流を図のように I_1, I_2 と定めると，P, S を通る電流は等しく I_1, Q と R を通る電流は等しく I_2 である．すると，第1章で学んだキルヒホッフの第2法則から，

閉路①から　　$PI_1 + G \times 0 - QI_2 = 0$

　　　　∴　$PI_1 = QI_2$　　　　　(7・1)

閉路②から　　$SI_1 - RI_2 - G \times 0 = 0$

　　　　∴　$SI_1 = RI_2$　　　　　(7・2)

ここで，Gは検流計の抵抗とする．

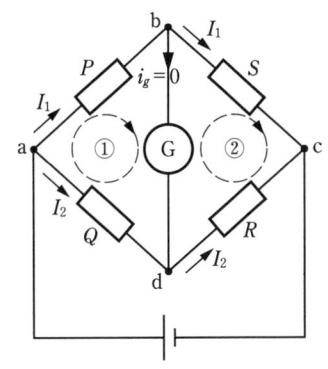

図7・1　ホイートストンブリッジ

また，式(7・1)，式(7・2)から $I_1/I_2 = Q/P = R/S$ であるから，

$$\frac{Q}{P} = \frac{R}{S} \quad \text{あるいは} \quad PR = QS \qquad (7・3)$$

の関係がある．これは，ブリッジの対辺の抵抗の積がそれぞれ等しいときブリッジが平衡することを意味している．これを**ブリッジの平衡条件**という．

この原理を応用して抵抗を測定することができる．すなわち，未知抵抗を S としたとき，可変抵抗 P, Q および R とでブリッジをつくる．そして P, Q, R を加減していき，検流計に流れる電流が 0 になれば，式(7・3)から，

$$S = \frac{P}{Q} R \qquad (7・4)$$

として未知抵抗を計算することができる．

(2) 交流ブリッジ

前節で学んだホイートストンブリッジの各辺の抵抗を図7・2のように，インピーダンス $\dot{Z}_1$, $\dot{Z}_2$, $\dot{Z}_3$, $\dot{Z}_4$ で置き換え，直流電源の代わりに交流電源を接続した回路を**交流ブリッジ**（a.c bridge）という．ホイートストンブリッジと同様に $\dot{Z}_1$, $\dot{Z}_2$, $\dot{Z}_3$ および $\dot{Z}_4$ を調整し電流計Ⓐに流れる電流を 0 にした状態のことをブリッジが平衡したという．

交流ブリッジが平衡した状態において，$\dot{Z}_1$, $\dot{Z}_3$ に流れる電流を $\dot{I}_1$, $\dot{Z}_2$, $\dot{Z}_4$ に流れる電流を $\dot{I}_2$ とすれば，$\dot{Z}_1$, $\dot{Z}_2$ における電圧降下が大きさにおいても，位相においても等しくなったことになる．

$$\left. \begin{array}{l} \dot{Z}_1 \dot{I}_1 = \dot{Z}_2 \dot{I}_2 \\ \dot{Z}_3 \dot{I}_1 = \dot{Z}_4 \dot{I}_2 \end{array} \right\} \qquad (7・5)$$

したがって，ブリッジの平衡条件は，

$$\frac{\dot{Z}_1}{\dot{Z}_2} = \frac{\dot{Z}_3}{\dot{Z}_4} \quad \text{あるいは} \quad \dot{Z}_1 \dot{Z}_4 = \dot{Z}_2 \dot{Z}_3$$

$$(7・6)$$

の関係がある．これは，ブリッジの対辺のイン

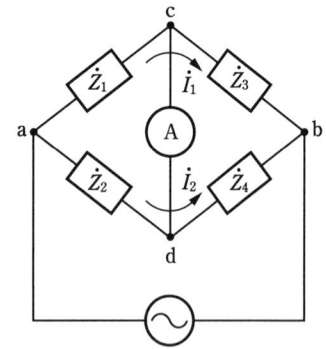

図7・2 交流ブリッジ

ピーダンスの積がそれぞれ等しいときブリッジが平衡することを意味している．交流ブリッジにはシェーリングブリッジ，共振ブリッジ，ウイーンブリッジと，いろいろな種類のものがあり，測定目的に合わせて用いられる．詳細な利用方法は電気計測の分野で学んでいただきたい．

例題 7・1

図 7・3 のホイートストンブリッジにおいて，抵抗 R_3 を調整して 955 Ω にしたとき，スイッチ S を閉じても検流計 Ⓖ に電流が流れなくなったという．未知抵抗 R_4 はいくらになるか．

解答 ブリッジの対辺の抵抗の積がそれぞれ等しいとき，ブリッジが平衡している（ブリッジの平衡条件）ので，

$$R_1 R_3 = R_2 R_4$$

$$R_4 = \frac{R_1}{R_2} R_3 = \frac{1 \times 10^3}{10} \times 955$$

$$= 95\,500 = 95.5 \times 10^3$$

$$= 95.5 \,[\text{k}\Omega]$$

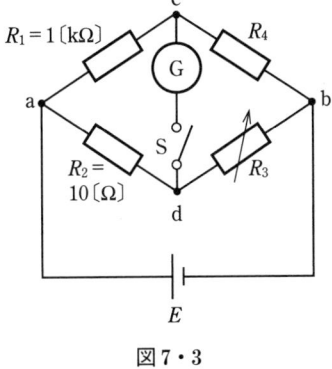

図 7・3

例題 7・2

図 7・4 に示す交流ブリッジの平衡条件を求めなさい．

解答 図 7・4 の各辺を図 7・2 と比較すれば，

$$\dot{Z}_1 = R_1, \quad \dot{Z}_2 = R_2$$

$$\dot{Z}_3 = R_3 + j\omega L_3$$

$$\dot{Z}_4 = R_4 + j\omega L_4$$

となる．交流ブリッジの平衡条件は，式 (7・6) から，

$$\dot{Z}_1 \dot{Z}_4 = \dot{Z}_2 \dot{Z}_3$$

$$R_1(R_4 + j\omega L_4) = R_2(R_3 + j\omega L_3)$$

$$R_1 R_4 + j\omega L_4 R_1 = R_2 R_3 + j\omega L_3 R_2$$

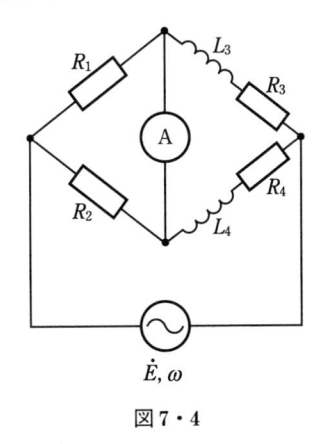

図 7・4

となる．この式の両辺の実部および虚部を，それぞれ等しいとおけば，

$$R_1R_4=R_2R_3$$

$$R_1L_4=R_2L_3$$

となる．これから以下の平衡条件の式が得られる．

$$\therefore \quad \frac{R_1}{R_2}=\frac{R_3}{R_4}=\frac{L_3}{L_4}$$

問 7・1 図7・5のブリッジの検流計Ⓖの振れが0になったとき，抵抗 X はいくらか．

問 7・2 図7・6において，電流計Ⓐに流れる電流が0になった．抵抗 R_0 と自己インダクタンス L_0 の値を求めなさい．ただし，電源の周波数は 500 Hz とする．

図7・5

図7・6

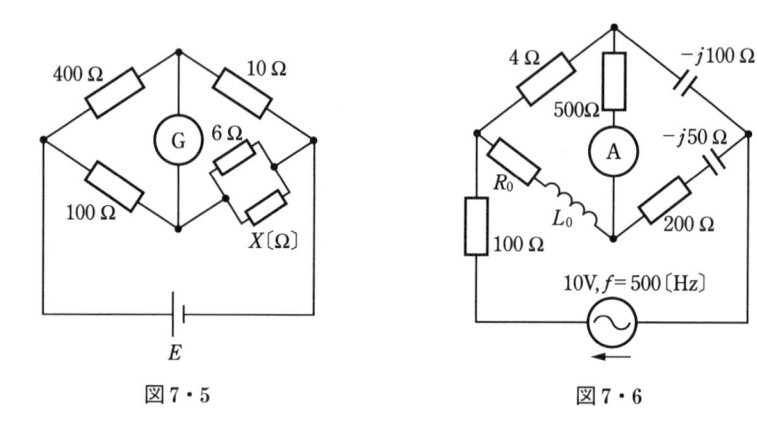

7・2 星型結線と三角結線の換算（Y-△変換）

図7・7(a)のような接続を**三角結線（△結線）**という．また，図(b)のような接続を**星形結線（Y結線）**という．いま，abc 3つの各端子間に，共に等しい電圧をかけたとき，両回路に流れ込む電流が共に等しい場合には，図(a)と図

(b)は互いに等価な回路であるという．では，このような等価な関係にするためには各インピーダンスをどのような関係にすればよいか考えてみよう．

（1）Δ結線→Y結線への換算方法

図7・7(a)と図(b)のab，bc，ca間のインピーダンス$\dot{Z}_{ab}$，$\dot{Z}_{bc}$，$\dot{Z}_{ca}$をそれぞれ求めて，両者を等しいとおけば，

(Y結線)＝(Δ結線)

$$\dot{Z}_{ab} = \dot{Z}_a + \dot{Z}_b = \frac{\dot{Z}_\alpha(\dot{Z}_\beta + \dot{Z}_\gamma)}{\dot{Z}_\alpha + \dot{Z}_\beta + \dot{Z}_\gamma} \tag{7・7}$$

$$\dot{Z}_{bc} = \dot{Z}_b + \dot{Z}_c = \frac{\dot{Z}_\beta(\dot{Z}_\alpha + \dot{Z}_\gamma)}{\dot{Z}_\alpha + \dot{Z}_\beta + \dot{Z}_\gamma} \tag{7・8}$$

$$\dot{Z}_{ca} = \dot{Z}_c + \dot{Z}_a = \frac{\dot{Z}_\gamma(\dot{Z}_\alpha + \dot{Z}_\beta)}{\dot{Z}_\alpha + \dot{Z}_\beta + \dot{Z}_\gamma} \tag{7・9}$$

となる．そこで，式(7・7)，(7・8)，(7・9)の両辺をそれぞれ加え合わせ2で割ると，

$$\frac{式(7・7) + 式(7・8) + 式(7・9)}{2} = \frac{\dot{Z}_{ab} + \dot{Z}_{bc} + \dot{Z}_{ca}}{2}$$

$$= \dot{Z}_a + \dot{Z}_b + \dot{Z}_c = \frac{\dot{Z}_\alpha \dot{Z}_\beta + \dot{Z}_\beta \dot{Z}_\gamma + \dot{Z}_\gamma \dot{Z}_\alpha}{\dot{Z}_\alpha + \dot{Z}_\beta + \dot{Z}_\gamma} \tag{7・10}$$

したがって，Δ結線→Y結線に換算したときのインピーダンス$\dot{Z}_a$，$\dot{Z}_b$，$\dot{Z}_c$は，

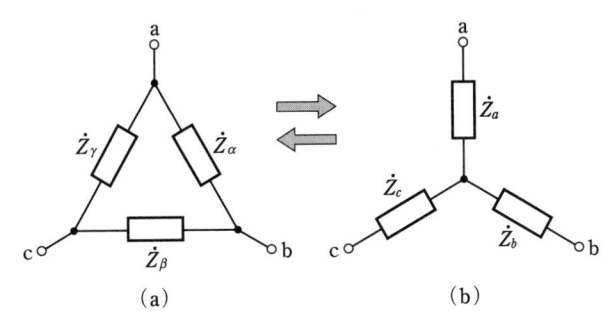

図7・7　Δ結線→Y結線の換算

式(7・10)−式(7・8)より $\dot{Z}_a = \dfrac{\dot{Z}_\gamma \dot{Z}_\alpha}{\dot{Z}_\alpha + \dot{Z}_\beta + \dot{Z}_\gamma}$

式(7・10)−式(7・9)より $\dot{Z}_b = \dfrac{\dot{Z}_\alpha \dot{Z}_\beta}{\dot{Z}_\alpha + \dot{Z}_\beta + \dot{Z}_\gamma}$ (7・11)

式(7・10)−式(7・7)より $\dot{Z}_c = \dfrac{\dot{Z}_\beta \dot{Z}_\gamma}{\dot{Z}_\alpha + \dot{Z}_\beta + \dot{Z}_\gamma}$

となり，Δ結線から等価なY結線に置き換えることができるのである．

特に，各インピーダンスが等しい場合には，$\dot{Z}_\Delta = \dot{Z}_\alpha = \dot{Z}_\beta = \dot{Z}_\gamma$ を式(7・11)に代入して，Y結線のときのインピーダンスを $\dot{Z}_Y$ とすると，

$$\dot{Z}_Y = \dot{Z}_a = \dot{Z}_b = \dot{Z}_c = \dfrac{\dot{Z}_\Delta}{3} \tag{7・12}$$

すなわち，各インピーダンスが等しい場合のΔ結線→Y結線の換算はインピーダンス $\dot{Z}_\Delta$ を1/3倍すればよいことになる．

(2) Y結線→Δ結線への換算方法

式(7・11)を変形して工夫すると，次のようにして，$\dot{Z}_\alpha, \dot{Z}_\beta, \dot{Z}_\gamma$ の換算式を導くことができる．

$$\dot{Z}_a = \dfrac{\dot{Z}_\alpha}{\dfrac{\dot{Z}_\alpha}{\dot{Z}_\gamma} + \dfrac{\dot{Z}_\beta}{\dot{Z}_\gamma} + 1} \tag{7・13}$$

また，

$$\dfrac{\dot{Z}_\alpha}{\dot{Z}_\gamma} = \dfrac{\dot{Z}_b}{\dot{Z}_c}, \quad \dfrac{\dot{Z}_\beta}{\dot{Z}_\gamma} = \dfrac{\dot{Z}_b}{\dot{Z}_a} \tag{7・14}$$

となるから，式(7・14)を式(7・13)に代入して，

$$\dot{Z}_a = \dfrac{\dot{Z}_\alpha}{\dfrac{\dot{Z}_\alpha}{\dot{Z}_\gamma} + \dfrac{\dot{Z}_\beta}{\dot{Z}_\gamma} + 1} = \dfrac{\dot{Z}_a(\dot{Z}_a \dot{Z}_c)}{\dot{Z}_a \dot{Z}_b + \dot{Z}_b \dot{Z}_c + \dot{Z}_c \dot{Z}_a}$$

同様に

7・2 星型結線と三角結線の換算（Y-Δ変換）

$$\left.\begin{aligned}\dot{Z}_\alpha &= \frac{\dot{Z}_a\dot{Z}_b+\dot{Z}_b\dot{Z}_c+\dot{Z}_c\dot{Z}_a}{\dot{Z}_c} \\ \dot{Z}_\beta &= \frac{\dot{Z}_a\dot{Z}_b+\dot{Z}_b\dot{Z}_c+\dot{Z}_c\dot{Z}_a}{\dot{Z}_a} \\ \dot{Z}_\gamma &= \frac{\dot{Z}_a\dot{Z}_b+\dot{Z}_b\dot{Z}_c+\dot{Z}_c\dot{Z}_a}{\dot{Z}_b}\end{aligned}\right\} \quad (7・15)$$

となり，Y結線から等価なΔ結線に置き換えることができるのである．

特に，各インピーダンスが等しい場合には，$\dot{Z}_Y=\dot{Z}_a=\dot{Z}_b=\dot{Z}_c$ を式(7・15)に代入して，Δ結線のときのインピーダンスを $\dot{Z}_\Delta$ とすると，

$$\dot{Z}_\Delta = \dot{Z}_\alpha = \dot{Z}_\beta = \dot{Z}_\gamma = 3\dot{Z}_Y \quad (7・16)$$

すなわち，各インピーダンスが等しい場合の Y結線→Δ結線の換算はインピーダンス $\dot{Z}_Y$ を3倍すればよいことになる．

例題 7・3

図7・8(a)のY結線より，等価なΔ結線の各抵抗を求めなさい．

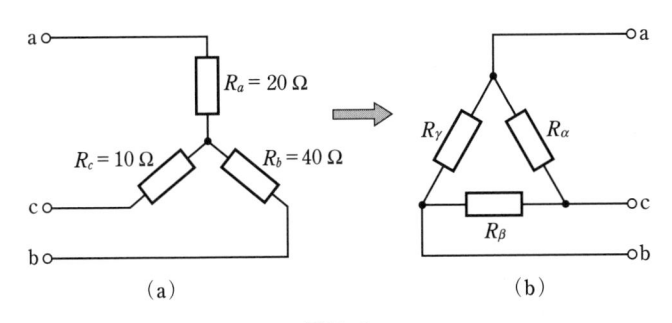

図7・8

解答 Y結線→Δ結線の換算をすればよい．よって式(7・15)を利用し Z を R に置きかえると，

$$R_\alpha = \frac{20\times40+40\times10+10\times20}{10} = \frac{1\,400}{10} = 140\ [\Omega]$$

$$R_\beta = \frac{1\,400}{20} = 70\ [\Omega]$$

$$R_\gamma = \frac{1\,400}{40} = 35\,[\Omega]$$

問 7・3 図 7・9 (a) のように，3 つの抵抗 30 Ω，100 Ω，200 Ω を Δ 結線した回路がある．この回路を図 (b) のような等価な Y 結線に変換するためには，R_a，R_b，R_c をそれぞれ何 Ω にすればよいか．

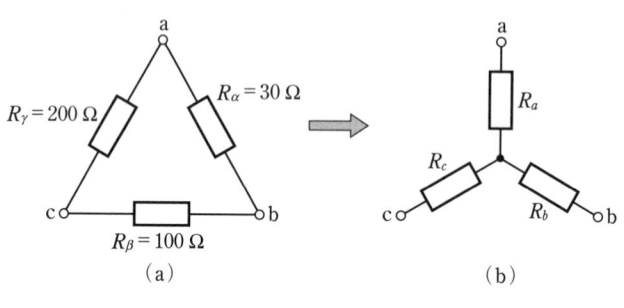

図 7・9

7・3 キルヒホッフの法則（交流編）

すでに第 1 章で学んだように，キルヒホッフの法則には 2 つの法則があることは理解しているはずである．ここであえて（交流編）として解説するのは，交流回路における記号法（複素数）を用いることでも直流回路と同じように，キルヒホッフの法則を活用することができ，回路が解けることを理解してほしいためである．

交流回路におけるキルヒホッフの法則は次のように表す．

① 第 1 法則

交流回路中の任意の接続点に流入する電流の総和は 0 である．図 7・10 (a) における接続点 O に流入する電流を $\dot{I}_1$，$\dot{I}_2$，$\dot{I}_3$ とすれば，

$$\dot{I}_1 + \dot{I}_2 + \dot{I}_3 = 0$$

7・4 網目電流による計算法

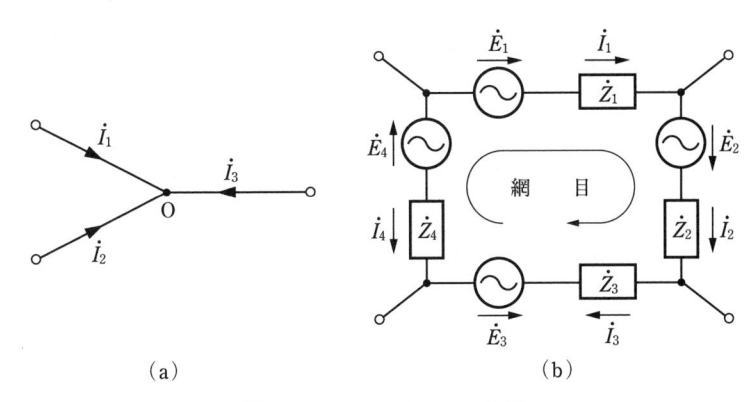

(a)   (b)

図7・10　キルヒホッフの法則

② 第2法則

交流回路中の1つの閉路において，この閉路を一定の方向に1周したときの起電力の総和は，電圧降下の総和と等しい．例えば，図7・10(b)において第2法則を適用して方程式を立てると，

$$\dot{E}_1+\dot{E}_2-\dot{E}_3+\dot{E}_4=\dot{Z}_1\dot{I}_1+\dot{Z}_2\dot{I}_2+\dot{Z}_3\dot{I}_3-\dot{Z}_4\dot{I}_4$$

となる．第1法則も第2法則も直流回路での方程式の立て方と変わらないことがわかり，方程式を解けば各枝に流れる電流の値を算出できることが理解できる．

7・4　網目電流による計算法

前節で学んだキルヒホッフの法則と考え方は同じであるが，これに網目電流による考え方を入れて回路を解く方法がある．図7・11(a)を例にとって説明しよう．図の $\dot{Z}_1$，$\dot{Z}_2$ の電流を $\dot{I}_1$，$\dot{I}_2$ とすれば，$\dot{Z}_3$ の電流 $\dot{I}_3$ は $(\dot{I}_1+\dot{I}_2)$ である．これらの電流を次のように図(b)のように各網目Ⅰ，Ⅱの内部にそれぞれ $\dot{I}_1$，$\dot{I}_2$ という単純な循環電流が流れているものとする．その循環する電流の方向は図(a)の $\dot{I}_1$，$\dot{I}_2$ と同じ方向をとる．したがって，$\dot{Z}_1$，$\dot{Z}_2$ の電流は $\dot{I}_1$，$\dot{I}_2$ が流れ，$\dot{Z}_3$ には隣り合わせの循環電流 $\dot{I}_1$，$\dot{I}_2$ が共通して流れているものとして取り扱うことができる（この場合は同方向）．このような循環電流を**網目電流**

第7章　回路網の取り扱い方

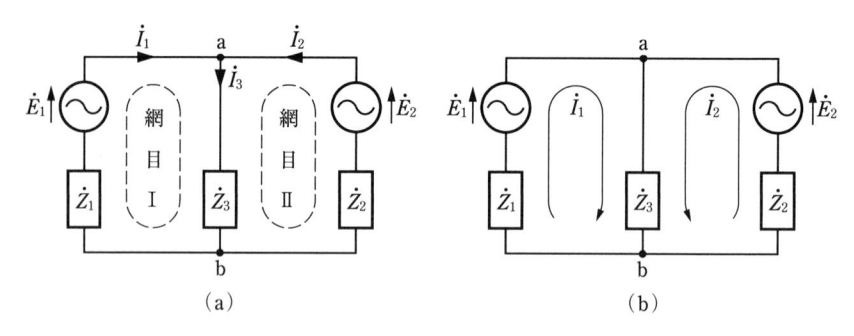

図7・11　網目電流の考え方

(mesh current) と呼んでいる．この網目電流の考え方によって方程式を立てると，次のようになる．

$$網目\text{I}：(\dot{Z}_1+\dot{Z}_3)\dot{I}_1+\dot{Z}_3\dot{I}_2=\dot{E}_1 \tag{7・17}$$

$$網目\text{II}：\dot{Z}_3\dot{I}_1+(\dot{Z}_2+\dot{Z}_3)\dot{I}_2=\dot{E}_2 \tag{7・18}$$

式(7・17)の左辺の第1項目は網目I内の網目電流 $\dot{I}_1$ のみによる網目Iに沿う全部の電圧降下，第2項目は網目II内の網目電流 $\dot{I}_2$ による $\dot{Z}_3$ の電圧降下であるから，網目I内の全電圧降下はこれらの和となる．

同様に網目IIの全電圧降下は式(7・18)の第2項目の網目II内の網目電流 $\dot{I}_2$ による電圧降下と第1項目の隣の網目電流 $\dot{I}_1$ による網目II内に生ずる電圧降下の和となる．このように，網目電流の考え方を活用すると，キルヒホッフの第2法則のみを使って整理された式が得られるため，計算がとても簡単になることがわかる．

例題 7・4

図7・12(a)におけるコンデンサ C に流れる電流を網目電流の考え方によって計算しなさい．

解答　図7・12(b)に示すように R-L 回路の網目電流を $\dot{I}_1$，R-C 回路の網目電流を $\dot{I}_2$ とし，これらがどちらも右回りに流れるものとすれば，次の式ができる．

　　網目電流 $\dot{I}_1$ から，

(a)　　　　　　　　　　　　　(b)

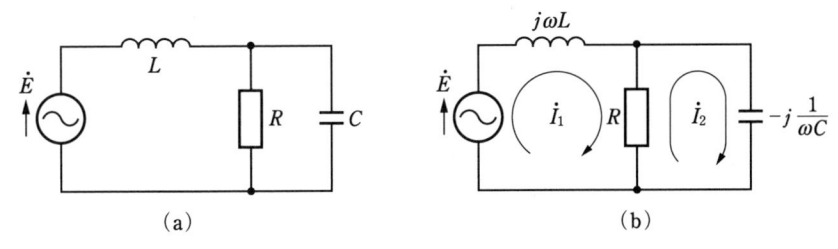

図 7・12

$$(R+j\omega L)\dot{I}_1 - R\dot{I}_2 = \dot{E} \qquad (7\cdot19)$$

網目電流 $\dot{I}_2$ から，

$$-R\dot{I}_1 + \left(R - j\frac{1}{\omega C}\right)\dot{I}_2 = 0 \qquad (7\cdot20)$$

式(7・20)より

$$\dot{I}_1 = \frac{R - j\dfrac{1}{\omega C}}{R}\dot{I}_2 \qquad (7\cdot21)$$

これを式(7・19)に代入すると，

$$\left\{(R+j\omega L)\frac{R - j\dfrac{1}{\omega C}}{R} - R\right\}\dot{I}_2 = \dot{E}$$

$$\therefore \quad \dot{I}_2 = \frac{R\dot{E}}{(R+j\omega L)\left(R - j\dfrac{1}{\omega C}\right) - R^2} = \frac{\dot{E}}{\dfrac{L}{CR} + j\left(\omega L - \dfrac{1}{\omega C}\right)}$$

式(7・19)，式(7・20)における R の前の符号が($-$)となったのは，R に流れる網目電流 $\dot{I}_1$，$\dot{I}_2$ の向きが互いに反対となるためである．

7・5　重ね合わせの理

　回路網中に多数の交流起電力（もちろん直流起電力でもよい）やインピーダンスが組み合わされている場合，キルヒホッフの法則で解くことも可能であるが，

第7章　回路網の取り扱い方

相当複雑な式となってしまう．このような場合は**重ね合わせの理**（principle of superposition），または**重ねの理**を利用すると簡単に計算ができる．

　重ね合わせの理というのは起電力とインピーダンスの組み合わせからなっている任意の回路網における各分路に流れる電流は，回路網中の各起電力がそれぞれ単独に全回路網中に流す電流分布の代数和である，という定理である．

　次に，図7・13(a)に示すような回路を使って考えていく．

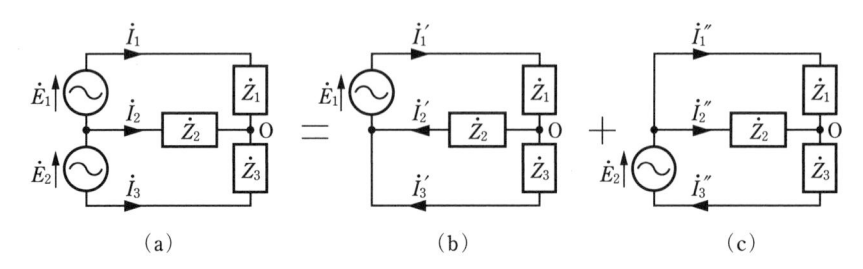

図7・13　重ね合わせの理

　まず，図7・13(a)の各電流 $\dot{I}_1$, $\dot{I}_2$, $\dot{I}_3$ をキルヒホッフの法則によって解くと（回路は右回りでたどる），

$$\dot{E}_1 = \dot{Z}_1 \dot{I}_1 - \dot{Z}_2 \dot{I}_2 \tag{7・22}$$

$$\dot{E}_2 = \dot{Z}_2 \dot{I}_2 - \dot{Z}_3 \dot{I}_3 \tag{7・23}$$

$$\dot{I}_1 + \dot{I}_2 + \dot{I}_3 = 0 \tag{7・24}$$

これを解くと，

$$\left. \begin{array}{l} \dot{I}_1 = \dfrac{(\dot{Z}_2 + \dot{Z}_3)\dot{E}_1 + \dot{Z}_2 \dot{E}_2}{\varDelta} \\[2mm] \dot{I}_2 = \dfrac{\dot{Z}_1 \dot{E}_2 - \dot{Z}_3 \dot{E}_1}{\varDelta} \\[2mm] \dot{I}_3 = \dfrac{-\{\dot{Z}_2 \dot{E}_1 + (\dot{Z}_1 + \dot{Z}_2)\dot{E}_2\}}{\varDelta} \end{array} \right\} \tag{7・25}$$

ここに，

$$\varDelta = \dot{Z}_1 \dot{Z}_2 + \dot{Z}_2 \dot{Z}_3 + \dot{Z}_3 \dot{Z}_1$$

が得られる．

次に，この問題を重ね合わせの理によって解いてみると，式(7・26)のようになる．すなわち，図7・13(a)の電流分布は，図7・13(b)，(c)の電流分布の代数和に等しいことがわかる．

$$\left.\begin{aligned}\dot{I}_1 &= \dot{I}_1' + \dot{I}_1'' \\ \dot{I}_2 &= -\dot{I}_2' + \dot{I}_2'' \\ \dot{I}_3 &= -\dot{I}_3' - \dot{I}_3''\end{aligned}\right\} \tag{7・26}$$

図7・13(b)より，$\dot{E}_1$ のみによる電流 $\dot{I}_1'$, $\dot{I}_2'$, $\dot{I}_3'$ を求めてみると，

$$\left.\begin{aligned}\dot{I}_1' &= \frac{\dot{E}_1}{\dot{Z}_1 + \dfrac{\dot{Z}_2 \dot{Z}_3}{\dot{Z}_2 + \dot{Z}_3}} = \frac{(\dot{Z}_2 + \dot{Z}_3)\dot{E}_1}{\varDelta} \\ \dot{I}_2' &= \frac{\dot{Z}_3}{\dot{Z}_2 + \dot{Z}_3} \dot{I}_1' = \frac{\dot{Z}_3 \dot{E}_1}{\varDelta} \\ \dot{I}_3' &= \frac{\dot{Z}_2}{\dot{Z}_2 + \dot{Z}_3} \dot{I}_1' = \frac{\dot{Z}_2 \dot{E}_1}{\varDelta}\end{aligned}\right\} \tag{7・27}$$

ただし，$\varDelta = \dot{Z}_1 \dot{Z}_2 + \dot{Z}_2 \dot{Z}_3 + \dot{Z}_3 \dot{Z}_1$ とする．

また，図7・13(c)より，$\dot{E}_2$ のみによる電流 $\dot{I}_1''$, $\dot{I}_2''$, $\dot{I}_3''$ を求めてみると，

$$\left.\begin{aligned}\dot{I}_3'' &= \frac{\dot{E}_2}{\dot{Z}_3 + \dfrac{\dot{Z}_1 \dot{Z}_2}{\dot{Z}_1 + \dot{Z}_2}} = \frac{(\dot{Z}_1 + \dot{Z}_2)\dot{E}_2}{\varDelta} \\ \dot{I}_1'' &= \frac{\dot{Z}_2}{\dot{Z}_1 + \dot{Z}_2} \dot{I}_3'' = \frac{\dot{Z}_2 \dot{E}_2}{\varDelta} \\ \dot{I}_2'' &= \frac{\dot{Z}_1}{\dot{Z}_1 + \dot{Z}_2} \dot{I}_3'' = \frac{\dot{Z}_1 \dot{E}_2}{\varDelta}\end{aligned}\right\} \tag{7・28}$$

したがって，式(7・27)と式(7・28)より，

$$\dot{I}_1 = \frac{(\dot{Z}_2 + \dot{Z}_3)\dot{E}_1 + \dot{Z}_2 \dot{E}_2}{\varDelta}$$

$$\dot{I}_2 = \frac{\dot{Z}_1 \dot{E}_2 - \dot{Z}_3 \dot{E}_1}{\varDelta}$$

$$\dot{I}_3 = \frac{-\{\dot{Z}_2 \dot{E}_1 + (\dot{Z}_1 + \dot{Z}_2)\dot{E}_2\}}{\varDelta}$$

となって，式(7・25)と完全に一致した結果が得られる．

例題 7・5

図 7・14 に示す回路において，抵抗 R_1 に流れる電流 $\dot{I}_1$ を重ね合わせの理を用いて求めなさい．

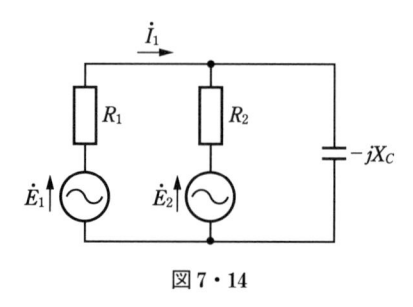

図 7・14

解答 まず，図 7・14 を図 7・15(a)，(b) の回路のように，単独の起電力に分ける．このとき R_1 に流れる電流 $\dot{I}_1'$, $\dot{I}_1''$ を求め，これらを加えあわせればよい．

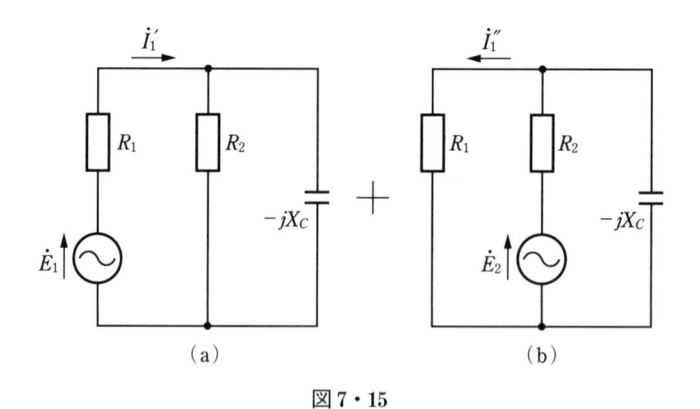

図 7・15(a) より，$\dot{I}_1'$ は，

$$\dot{I}_1' = \frac{\dot{E}_1}{R_1 + \dfrac{-jX_C R_2}{R_2 - jX_C}} = \frac{(R_2 - jX_C)\dot{E}_1}{R_1(R_2 - jX_C) - jX_C R_2}$$

$$= \frac{(R_2 - jX_C)\dot{E}_1}{R_1 R_2 - jX_C(R_1 + R_2)} \tag{7・29}$$

図 7・15

図7・15(b)より，$\dot{I}_1''$ は，

$$\dot{I}_1'' = \frac{\dot{E}_2}{R_2 + \dfrac{-jX_cR_1}{R_1-jX_c}} \cdot \frac{-jX_c}{R_1-jX_c} = \frac{-jX_c\dot{E}_2}{R_2(R_1-jX_c)-jX_cR_1}$$

$$= \frac{-jX_c\dot{E}_2}{R_1R_2-jX_c(R_1+R_2)} \tag{7・30}$$

したがって，抵抗 R_1 に流れる電流 $\dot{I}_1$ は，次式となる．

$$\dot{I}_1 = \dot{I}_1' - \dot{I}_1'' = \frac{(R_2-jX_c)\dot{E}_1}{R_1R_2-jX_c(R_1+R_2)} - \left(\frac{-jX_c\dot{E}_2}{R_1R_2-jX_c(R_1+R_2)}\right)$$

$$= \frac{R_2\dot{E}_1-jX_c(\dot{E}_1-\dot{E}_2)}{R_1R_2-jX_c(R_1+R_2)}$$

7・6　テブナンの定理

図7・16(a)に示すように，任意の回路網に2つの端子1, 2の間に任意のインピーダンス $\dot{Z}_R$ をつないだとき，そこに流れる電流 $\dot{I}$ は図(b)のように $\dot{Z}_R$ を取り除いたときの2つの端子1, 2の間に現れる開放電圧 $\dot{E}_0$ とし，その端子1,

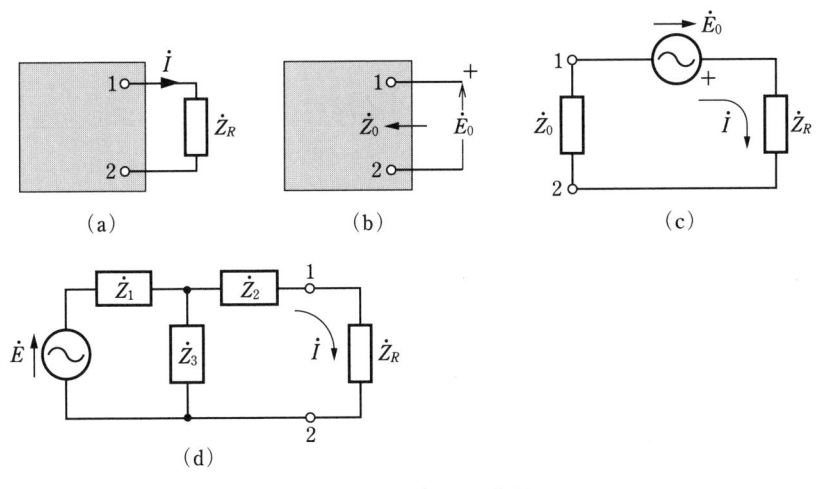

図7・16　テブナンの定理

2から見た回路網のインピーダンスを$\dot{Z}_0$とすれば,

$$\dot{I} = \frac{\dot{E}_0}{\dot{Z}_0 + \dot{Z}_R} \tag{7・31}$$

となる.言い換えれば,図(c)のような等価回路の電流に等しい.これを**テブナンの定理**(Thevenin's theorem)という.次に図7・16(d)の回路を例にとって,この定理を解説していく.

図7・16(d)において,

$\dot{E}_0$:端子1,2間の開放電圧

$\dot{Z}_0$:端子1,2間からみた回路網のインピーダンス

(回路網中の電圧源は短絡,電流源は開放してインピーダンスを計算する)

とすれば,

$$\dot{E}_0 = \frac{\dot{Z}_3 \dot{E}}{\dot{Z}_1 + \dot{Z}_3} \quad , \quad \dot{Z}_0 = \dot{Z}_2 + \frac{\dot{Z}_1 \dot{Z}_3}{\dot{Z}_1 + \dot{Z}_3}$$

であるから,式(7・31)より,

$\dot{Z}_R$に流れる電流は,

$$\dot{I} = \frac{\dot{E}_0}{\dot{Z}_0 + \dot{Z}_R} = \frac{\dfrac{\dot{Z}_3 \dot{E}}{\dot{Z}_1 + \dot{Z}_3}}{\left(\dot{Z}_2 + \dfrac{\dot{Z}_1 \dot{Z}_3}{\dot{Z}_1 + \dot{Z}_3}\right) + \dot{Z}_R}$$

$$= \frac{\dot{Z}_3 \dot{E}}{\dot{Z}_1 \dot{Z}_2 + \dot{Z}_2 \dot{Z}_3 + \dot{Z}_3 \dot{Z}_1 + (\dot{Z}_1 + \dot{Z}_3) \dot{Z}_R} \tag{7・32}$$

となる.

もしテブナンの定理によらないで計算すれば,図(d)より,

$$\dot{I} = \frac{\dot{E}}{\dot{Z}_1 + \dfrac{(\dot{Z}_2 + \dot{Z}_R) \dot{Z}_3}{\dot{Z}_2 + \dot{Z}_3 + \dot{Z}_R}} \times \frac{\dot{Z}_3}{\dot{Z}_2 + \dot{Z}_3 + \dot{Z}_R}$$

$$= \frac{\dot{Z}_3 \dot{E}}{\dot{Z}_1 \dot{Z}_2 + \dot{Z}_2 \dot{Z}_3 + \dot{Z}_3 \dot{Z}_1 + (\dot{Z}_1 + \dot{Z}_3) \dot{Z}_R} \tag{7・33}$$

式(7・32)と式(7・33)とは一致することがわかる.

例題 7・6

図 7・17 に示す回路で，コイル L に流れる電流 $\dot{I}$ を，テブナンの定理を用いて求めなさい．

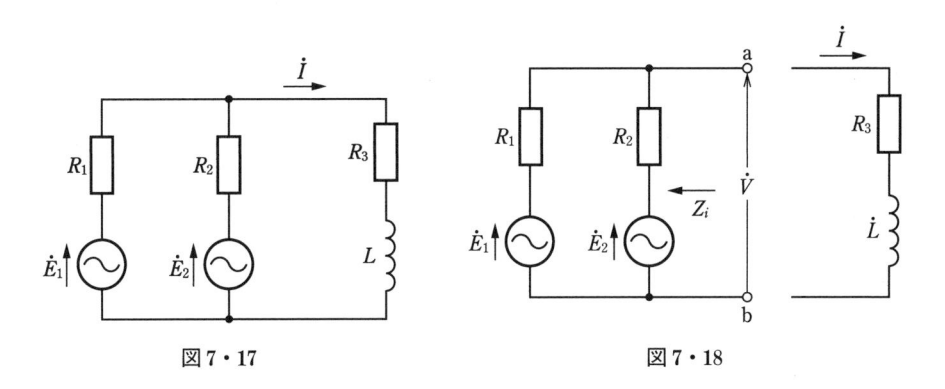

図 7・17

図 7・18

解答 図 7・17 を図 7・18 のように，端子 ab で切り離す．このとき端子 ab 間の電圧を $\dot{V}$，起電力 $\dot{E}_1$，$\dot{E}_2$ を取り除いて短絡し，ab 間より回路側をみたインピーダンスを $\dot{Z}_i$ とすれば，$\dot{V}$ および $\dot{Z}_i$ は次式となる．

$$\dot{V} = \frac{\dot{E}_1 - \dot{E}_2}{R_1 + R_2} \cdot R_2 + \dot{E}_2 = \frac{R_2 \dot{E}_1 + R_1 \dot{E}_2}{R_1 + R_2}$$

$$\dot{Z}_i = \frac{R_1 R_2}{R_1 + R_2}$$

したがって，テブナンの定理より電流 $\dot{I}$ は，次式となる．

$$\dot{I} = \frac{\dot{V}}{\dot{Z}_i + (R_3 + j\omega L)} = \frac{\dfrac{R_2 \dot{E}_1 + R_1 \dot{E}_2}{R_1 + R_2}}{\dfrac{R_1 R_2}{R_1 + R_2} + (R_3 + j\omega L)}$$

$$= \frac{R_2 \dot{E}_1 + R_1 \dot{E}_2}{R_1 R_2 + (R_3 + j\omega L)(R_1 + R_2)}$$

$$= \frac{R_2 \dot{E}_1 + R_1 \dot{E}_2}{R_1 R_2 + R_2 R_3 + R_3 R_1 + j\omega L(R_1 + R_2)}$$

第7章　回路網の取り扱い方

7・7　最大電力の条件

図7・19に示すように，起電力$\dot{E}$，内部インピーダンス$\dot{Z}_i = r + jx$の電源に，インピーダンス$\dot{Z}_l = R + jX$の負荷が接続してある場合，$\dot{Z}_l$が$\dot{Z}_i$に対してどのような条件のときに，負荷の電力が最大になるか考えてみよう．図7・19における電流$\dot{I}$を求めてみると，

$$\dot{I} = \frac{\dot{E}}{r + jx + R + jX}$$

$$= \frac{\dot{E}}{(r+R) + j(x+X)}$$

$$\therefore \quad I = \frac{E}{\sqrt{(r+R)^2 + (x+X)^2}}$$

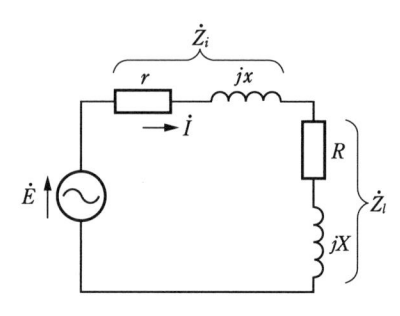

図7・19　電力の最大の条件

負荷電力

$$\therefore \quad P = I^2 R = \frac{E^2 R}{(r+R)^2 + (x+X)^2}$$

これを変形すると，

$$P = \frac{E^2}{\frac{(r+R)^2}{R} + \frac{(x+X)^2}{R}} = \frac{E^2}{\left(\frac{r}{\sqrt{R}} + \sqrt{R}\right)^2 + \left(\frac{x+X}{\sqrt{R}}\right)^2} \quad (7・34)$$

となる．

この電力Pを最大にするためには分母が最小になればよい．そのためには，分母の第1項が最小になり，第2項の分子のリアクタンス分が0になればよい．すなわち，分母の第1項で，

$$\frac{r}{\sqrt{R}} \times \sqrt{R} = 一定$$

である．そして，「2つの正の数の積が一定のとき，その2数の和は，2数が等しいとき最小となる」という定理から，

$$\frac{r}{\sqrt{R}}=\sqrt{R}$$

$$\therefore\quad R=r \tag{7・35}$$

のとき分母の第1項は最小になる．また，第2項の分子はリアクタンス分であるから，X のとり方によって0にすることができるので，

$$x+X=0$$

$$\therefore\quad X=-x \tag{7・36}$$

のとき，第2項は0になる．したがって，電源側のインピーダンスが $r+jx$ のときに，負荷側にこれと共役である $\dot{Z}_l=r-jx$ のインピーダンスを接続すれば最大電力となる．したがって，

$$\dot{Z}_l=\bar{\dot{Z}}_i=r-jx \tag{7・37}$$

が負荷電力最大になる条件である．この場合には回路の全リアクタンス分は0となってしまうため，全インピーダンスは抵抗分だけとなってしまう．このときの負荷に供給できる最大電力は，

$$P=\frac{E^2}{4r}\,[\mathrm{W}] \tag{7・38}$$

になる．この電力は抵抗 $r\,[\Omega]$ の電源が供給できる最大電力であるので，これを電源の**固有電力**（available power）という．

7・8　四端子網

図7・20のような任意の回路網の1対の入力端子1，1′と出力端子2，2′との間の関係のみを取り扱う回路網のことを**四端子網**（four-terminal network）という．

図7・20　四端子網

この回路網の構成要素の内部に電源が含まれている場合には，これを**能動四端子網**（active four-terminal network）といい，まったく電源が含まれていない場合には**受動四端子網**（passive four-termi-

第7章　回路網の取り扱い方

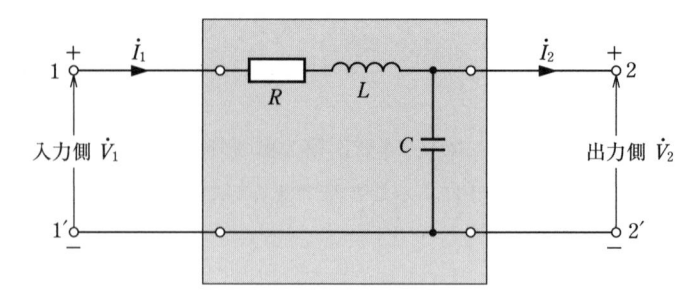

図7・21　受動四端子網

nal network）という．

　ここで学ぶのは，このうちの受動四端子網の場合で，回路網を構成している3定数（R, L, C）は，電圧，電流の大きさ，または周波数の変化などによって，その値が変化しない性質のものとして取り扱うことにする．

　四端子網の理論は，通信の分野における伝送回路などを理解するのに最も基本となるものである．

　いま，図7・21のようなR〔Ω〕，L〔H〕，C〔F〕の回路で，入力側の電圧$\dot{V_1}$〔V〕，電流$\dot{I_1}$〔A〕，出力側の電圧$\dot{V_2}$〔V〕，電流$\dot{I_2}$〔A〕のとき入力側と出力側の関係を調べてみると，

$$\dot{V_1}=\dot{V_2}+\dot{I_1}(R+j\omega L)=\dot{V_2}+(\dot{I_2}+j\omega C\dot{V_2})(R+j\omega L)$$

$$\therefore \begin{cases} \dot{V_1}=(1-\omega^2 CL+j\omega CR)\dot{V_2}+(R+j\omega L)\dot{I_2} & (7\cdot 39) \\ \dot{I_1}=j\omega C\dot{V_2}+\dot{I_2} & (7\cdot 40) \end{cases}$$

の関係がある．したがって，いまこれを，

$$\dot{A}=1-\omega^2 CL+j\omega CR$$
$$\dot{B}=R+j\omega L$$
$$\dot{C}=j\omega C$$
$$\dot{D}=1$$

とおけば，式(7・39)，(7・40)は，

$$\left.\begin{array}{l}\dot{V_1}=\dot{A}\dot{V_2}+\dot{B}\dot{I_2}\\ \dot{I_1}=\dot{C}\dot{V_2}+\dot{D}\dot{I_2}\end{array}\right\} \quad (7\cdot 41)$$

で表され，

$$\dot{A}\dot{D}-\dot{B}\dot{C}=(1-\omega^2 CL+j\omega CR)\times 1-(R+j\omega L)\times j\omega C=1$$

$$\therefore \quad \dot{A}\dot{D}-\dot{B}\dot{C}=1 \tag{7・42}$$

という関係がある．

以上は1つの例であるが，一般に入力端子1，1′と出力端子2，2′を考えたとき，入力端子と出力端子間がどのような形でインピーダンスが接続されていても式(7・41)の形で表され，また，式(7・42)の関係があるものである．このとき $\dot{A}$, $\dot{B}$, $\dot{C}$, $\dot{D}$ を**四端子定数**といい，図7・22のような形で表している．

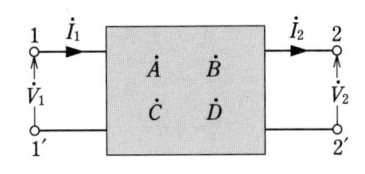

図7・22 四端子定数

7・9 $A\cdot B\cdot C\cdot D$ の求め方

四端子網における四端子定数 $\dot{A}$, $\dot{B}$, $\dot{C}$, $\dot{D}$ の求め方と，その物理的意味を調べてみよう．

（1）出力端子を開放したとき

いま図7・22の2，2′端子を開放して $\dot{I}_2=0$ とすれば，式(7・41)より，

$$\dot{V}_1=\dot{A}\dot{V}_2 \tag{7・43}$$

$$\dot{A}=\left(\frac{\dot{V}_1}{\dot{V}_2}\right)_{\dot{I}_2=0} \tag{7・44}$$

また，

$$\dot{I}_1=\dot{C}\dot{V}_2 \tag{7・45}$$

$$\dot{C}=\left(\frac{\dot{I}_1}{\dot{V}_2}\right)_{\dot{I}_2=0} \tag{7・46}$$

として $\dot{A}$, $\dot{C}$ を知ることができる．$\dot{A}$ は出力端子2，2′を開放したときの両端子間の電圧比であり，$\dot{C}$ は入力端子の電流と2，2′を開放したときの出力端子電圧との比で，これを**開放伝達アドミタンス** (open-circuit transfer admittance）という．

（2）出力端子を短絡したとき

次に，図7・22の出力端子を短絡して $\dot{V}_2=0$ とおけば，式(7・41)より，

$$\dot{V}_1=\dot{B}\dot{I}_2 \tag{7・47}$$

$$\dot{B}=\left(\frac{\dot{V}_1}{\dot{I}_2}\right)_{\dot{V}_2=0} \tag{7・48}$$

また，

$$\dot{I}_1=\dot{D}\dot{I}_2 \tag{7・49}$$

$$\dot{D}=\left(\frac{\dot{I}_1}{\dot{I}_2}\right)_{\dot{V}_2=0} \tag{7・50}$$

として $\dot{B}$，$\dot{D}$ を知ることができる．

$\dot{B}$ は出力端子2，2′を短絡しておいて，入力端子1，1′に加えた電圧 $\dot{V}_1$ と，これによる出力側の短絡電流 $\dot{I}_2$ との比で，これを**短絡伝達インピーダンス**（short-circuit transfer impedance）という．また，$\dot{D}$ はこのときの両端子間の電流比を表している．

四端子網に関して詳しいことは通信の分野の伝送回路で学ぶこととして，参考までに一般的に取り扱われると思われる代表的な四端子定数を表7・1にまとめておく．

━━━━━━━━━━━━━━━━━━━ **章末問題** ━━━━━━━━━━━━━━━━━━━

1. 図7・23について以下の問題に答えなさい．
$\dot{E}_1=5$ [V]，$\dot{E}_2=2$ [V]，$r=2$ [Ω]，$R=3$ [Ω] とする．

① キルヒホッフの法則を用いて電流 $\dot{I}_1$ を求めなさい．

② 網目電流による計算法を用いて電流 $\dot{I}_1$ を求めなさい．

③ 重ね合わせの理を用いて電流 $\dot{I}$ を求めなさい．

表 7・1 四端子網の 4 定数

回 路 網	$\dot{A}$	$\dot{B}$	$\dot{C}$	$\dot{D}$
直列インピーダンス回路	1	$\dot{Z}_a$	0	1
並列インピーダンス回路	1	0	$1/\dot{Z}_b$	1
L 形回路	$1+\dfrac{\dot{Z}_a}{\dot{Z}_b}$	$\dot{Z}_a$	$1/\dot{Z}_b$	1
逆 L 形回路	1	$\dot{Z}_a$	$1/\dot{Z}_b$	$1+\dfrac{\dot{Z}_a}{\dot{Z}_b}$
T 形回路	$1+\dfrac{\dot{Z}_a}{\dot{Z}_b}$	$\dfrac{\dot{Z}_a\dot{Z}_b+\dot{Z}_b\dot{Z}_c+\dot{Z}_c\dot{Z}_a}{\dot{Z}_b}$	$1/\dot{Z}_b$	$1+\dfrac{\dot{Z}_c}{\dot{Z}_b}$
π 形回路	$1+\dfrac{\dot{Z}_a}{\dot{Z}_c}$	$\dot{Z}_a$	$\dfrac{\dot{Z}_a+\dot{Z}_b+\dot{Z}_c}{\dot{Z}_b\dot{Z}_c}$	$1+\dfrac{\dot{Z}_a}{\dot{Z}_b}$
ブリッジ T 形回路	$1+\dfrac{\dot{Z}_a\dot{Z}_d}{\varDelta}$*	$\dfrac{\dot{Z}_a\dot{Z}_b\dot{Z}_c\dot{Z}_d}{\varDelta}\times\left(\dfrac{1}{\dot{Z}_a}+\dfrac{1}{\dot{Z}_b}+\dfrac{1}{\dot{Z}_c}\right)$	$\dfrac{\dot{Z}_a+\dot{Z}_c+\dot{Z}_d}{\varDelta}$	$1+\dfrac{\dot{Z}_c\dot{Z}_d}{\varDelta}$
対称はしご形回路	$\dfrac{\dot{Z}_a+\dot{Z}_b}{\dot{Z}_b-\dot{Z}_a}$	$\dfrac{2\dot{Z}_a\dot{Z}_b}{\dot{Z}_b-\dot{Z}_a}$	$\dfrac{2}{\dot{Z}_b-\dot{Z}_a}$	$\dfrac{\dot{Z}_a+\dot{Z}_b}{\dot{Z}_b-\dot{Z}_a}$
相互インダクタンス回路	$\dfrac{\dot{Z}_p}{\dot{Z}_m}$	$\dfrac{\dot{Z}_p\dot{Z}_s-\dot{Z}_m^{\ 2}}{\dot{Z}_m}$	$\dfrac{1}{\dot{Z}_m}$	$\dfrac{\dot{Z}_s}{\dot{Z}_m}$

* $\varDelta=\dot{Z}_b(\dot{Z}_a+\dot{Z}_c+\dot{Z}_d)+\dot{Z}_a\dot{Z}_c$

④ テブナンの定理を用いて電流 $\dot{I}$ を求めなさい．

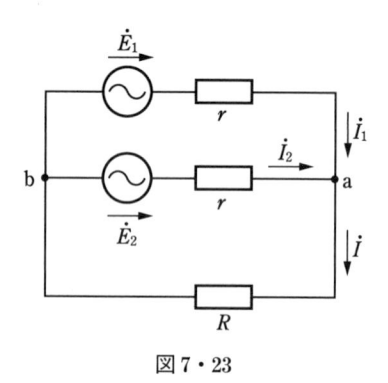

図7・23

2. 図7・24の Δ 結線と等価な Y 結線をつくりなさい．

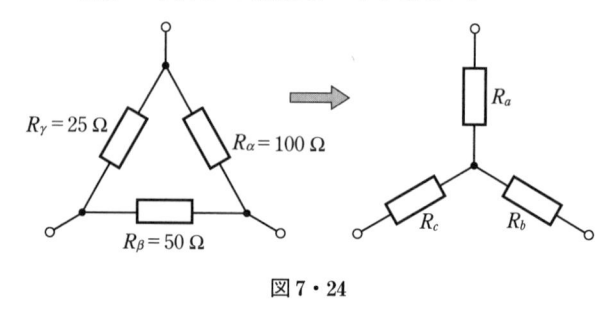

図7・24

3. 図7・25(a)，(b)のような四端子網の四端子定数を表7・1を利用して求めなさい．

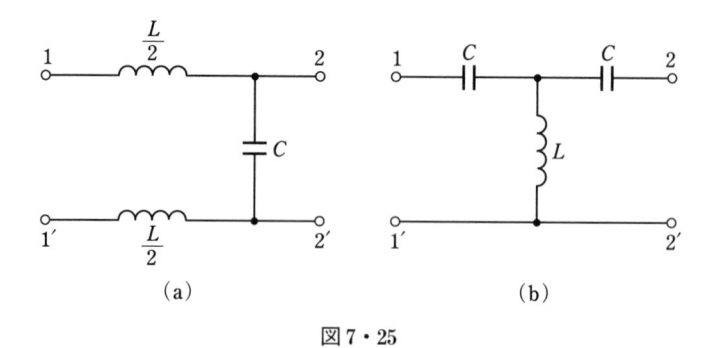

図7・25

第8章

相互インダクタンスを含む回路

　自己インダクタンス L を含む回路についてはすでに学んでいる．ここでは相互インダクタンス M を含んだ回路についてその考え方を学んでいく．

8・1　相互インダクタンス M の扱い方

　電磁気学では自己インダクタンス L や相互インダクタンス M による起電力を電流の変化率から考えたが，ここでは，いままで学んできたリアクタンスという観点から考えていく．

　図8・1に示すように，それぞれ L_1〔H〕，L_2〔H〕の自己インダクタンスをもった2つのコイル（1），（2）を近づけておき，図(a)のように，コイル（1）に交流電流 $\dot{I}_1$ を流すと，コイル（1）に $\dot{I}_1$ と同相の磁束 $\dot{\phi}_1$ が発生して，その一部 $\dot{\phi}_{12}$ は相互磁束としてコイル（2）を貫く．このとき，コイルの起電力 $\dot{E}_1$ および $\dot{E}_{12}$ は，いままで学んだ自己インダクタンスの電圧と同じ考えから，

$$\left.\begin{array}{l}\dot{E}_1 = j\omega L_1 \dot{I}_1 \\ \dot{E}_{12} = j\omega M_{12} \dot{I}_1\end{array}\right\} \quad (8\cdot1)$$

となる．ただし，起電力，電流および磁束の正の方向は図(a)のように定めてある．

　式(8・1)の M_{12} をコイル（1）と（2）の間の**相互インダクタンス**（mutual inductance）といい，単位にヘンリー（単位記号：H）を用いる．

　また，図(b)のように，コイル（2）のほうへ交流電流 $\dot{I}_2$ を流すと，$\dot{I}_2$ と同相の磁束 $\dot{\phi}_2$ を発生して，その一部 $\dot{\phi}_{21}$ がコイル（1）を貫くから，

第 8 章 相互インダクタンスを含む回路

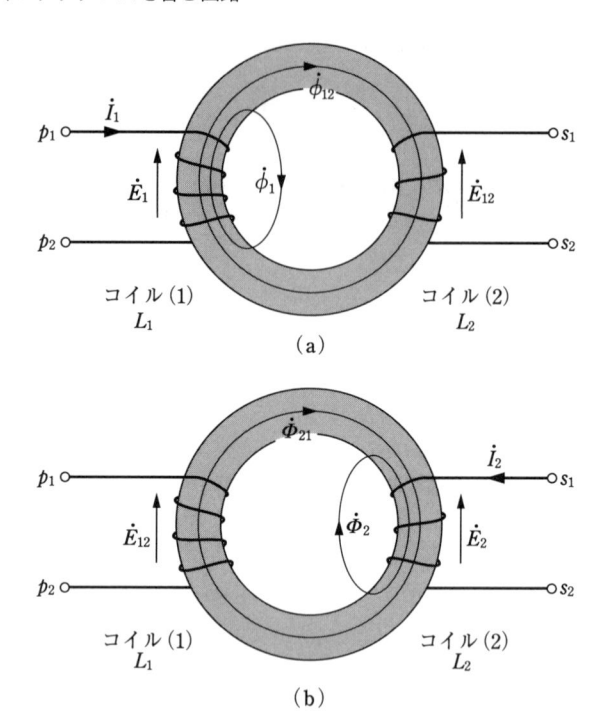

図 8・1 相互インダクタンスを含む回路

$$\left.\begin{array}{l}\dot{E}_2 = j\omega L_2 \dot{I}_2 \\ \dot{E}_{21} = j\omega M_{21} \dot{I}_2\end{array}\right\} \tag{8・2}$$

という起電力がコイルに発生する．式(8・2)の中の M_{21} は，やはりコイル(1)と(2)との間の相互インダクタンスで M_{12} と等しく，

$$M_{12} = M_{21} = M \tag{8・3}$$

とおける．

それでは，両コイルに電流 $\dot{I}_1$，$\dot{I}_2$ が同時に流れている場合はどうなるであろうか．これには図 8・2(a)，(b)に示すような二通りの場合がある．

（1）和動結合

図 8・2(a)の場合は，両コイルの電流によってできる磁束 $\dot{\phi}_{12}$ と $\dot{\phi}_{21}$ がお互い

8・1 相互インダクタンス M の扱い方

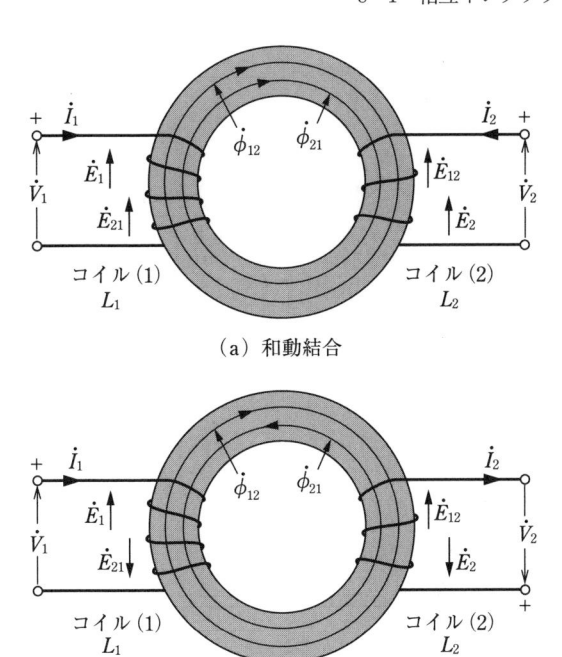

（a）和動結合

（a）差動結合

図8・2

に加え合わさって働くようになっているので，

コイル(1)の合成起電力
$$\dot{E}_1 + \dot{E}_{21} = j\omega L_1 \dot{I}_1 + j\omega M \dot{I}_2$$
コイル(2)の合成起電力
$$\dot{E}_2 + \dot{E}_{12} = j\omega L_2 \dot{I}_2 + j\omega M \dot{I}_1$$

(8・4)

（2）差動結合

図8・2(b)の場合には，両コイルの磁束 $\dot{\phi}_{12}$ と $\dot{\phi}_{21}$ がお互いに打ち消しあうように働くから，

コイル(1)の合成起電力
$$\dot{E}_1 - \dot{E}_{21} = j\omega L_1 \dot{I}_1 - j\omega M \dot{I}_2$$

第8章　相互インダクタンスを含む回路

コイル（2）の合成起電力

$$\dot{E}_2 - \dot{E}_{12} = j\omega L_2 \dot{I}_2 - j\omega M \dot{I}_1$$

したがって，M の前の符号が正（＋）になるか負（－）になるかによって，両コイルの起電力どうしが和動的に働いているか，差動的に働いているかがわかる．

以上は，いずれの場合も各コイルの内部に誘導している起電力の相互関係であるが，このとき各コイルの端子間に加わっている電圧の関係を考えてみると，いま，

$\dot{V}_1$：コイル（1）の電圧

$\dot{V}_2$：コイル（2）の電圧

とすれば，図 8・2(a) の和動結合に対しては，

$$\left.\begin{array}{l} \dot{V}_1 = \dot{E}_1 + \dot{E}_{21} = j\omega L_1 \dot{I}_1 + j\omega M \dot{I}_2 \\ \dot{V}_2 = \dot{E}_2 + \dot{E}_{12} = j\omega L_2 \dot{I}_2 + j\omega M \dot{I}_1 \end{array}\right\} \quad (8・5)$$

となり，図 8・2(b) の差動結合では，

$$\left.\begin{array}{l} \dot{V}_1 = \dot{E}_1 - \dot{E}_{21} = j\omega L_1 \dot{I}_1 - j\omega M \dot{I}_2 \\ \dot{V}_2 = \dot{E}_2 - \dot{E}_{12} = j\omega L_2 \dot{I}_2 - j\omega M \dot{I}_1 \end{array}\right\} \quad (8・5)'$$

となる．ただし，電圧 $\dot{V}_1$，$\dot{V}_2$ の正の方向は，電流 $\dot{I}_1$，$\dot{I}_2$ の正の方向と一致させて定めてある．

これが相互インダクタンスが交流回路にあるときの基本的な考え方である．

8・2　コイルを直列にしたときの合成インダクタンス

図 8・3 のように結合された 2 つのコイルを直列にしたときの合成インダクタンスはどうなるであろうか．

いま，ab 間に電圧 $\dot{V}_{ab}$ を加えて，電流 $\dot{I}$ が流れるとき，コイル（1）の電圧を $\dot{V}_1$，コイル（2）の電圧 $\dot{V}_2$ とすれば，

$$\left.\begin{array}{l} \dot{V}_1 = j\omega L_1 \dot{I} \pm j\omega M \dot{I} \\ \dot{V}_2 = j\omega L_2 \dot{I} \pm j\omega M \dot{I} \end{array}\right\} \quad (8・6)$$

となるから，ac 間の電圧 $\dot{V}_{ac}$ と cb 間の電圧 $\dot{V}_{cb}$ はそれぞれ，

8・2 コイルを直列にしたときの合成インダクタンス

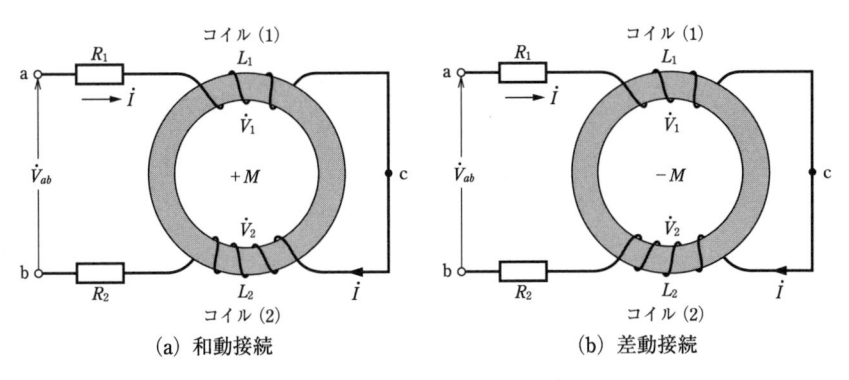

(a) 和動接続　　　　　　　　　(b) 差動接続

図 8・3　M を含むコイルの合成インダクタンス

$$\left.\begin{array}{l}\dot{V}_{ac}=(R_1+j\omega L_1\pm j\omega M)\dot{I}=\{R_1+j\omega(L_1\pm M)\}\dot{I} \\ \dot{V}_{cb}=(R_2+j\omega L_2\pm j\omega M)\dot{I}=\{R_2+j\omega(L_2\pm M)\}\dot{I}\end{array}\right\} \quad (8\cdot7)$$

式中の M の前の符号が正(＋)のときは和動的結合，負(－)のときは差動的結合の場合である．したがって，$\dot{V}_{ab}$ は，

$$\dot{V}_{ab}=\dot{V}_{ac}+\dot{V}_{cb}=\{(R_1+R_2)+j\omega(L_1+L_2\pm2M)\}\dot{I} \quad (8\cdot8)$$

となる．

したがって，上式より両コイルを直列にしたときの合成インダクタンス L は，

$$L=L_1+L_2\pm2M \quad (8\cdot9)$$

で表されることになる．

例題 8・1

$L_1=0.5$ 〔H〕，$L_2=0.012$ 〔H〕のコイルを直列に接続にしたとき，合成インダクタンスが $L=0.4$ 〔H〕となった．このとき，この 2 つのコイルは和動結合，差動結合のどちらか．

解答　式 (8・9) $L=L_1+L_2\pm2M$ より，

$$0.4=0.5+0.012\pm2M=0.512\pm2M$$

ということになる．このとき，上式の右辺の $2M$ の符号は負(－)でなければ式は成立しない．したがって，このときのコイルの結合は差動結合と

第8章 相互インダクタンスを含む回路

なる．

問 8・1 $L_1=0.4$〔H〕，$L_2=0.225$〔H〕のコイルを直列に接続したとき，合成インダクタンスが $L=0.985$〔H〕となった．このときの相互インダクタンス M はいくらか．

8・3 結合回路のインピーダンス

図 8・4 のように，2 つの回路が相互インダクタンス M で結合されている回路の電源側から見たインピーダンスを計算してみよう．

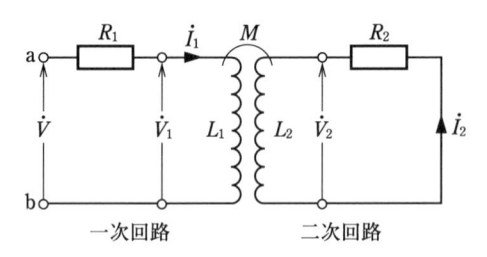

図 8・4 結合回路

一次回路，二次回路の抵抗を R_1，R_2，自己インダクタンスを L_1，L_2，相互インダクタンスを M とし，電圧と電流を図のように定めたとき，次の式が成り立つ．

$$\left.\begin{array}{l} \dot{V}=R_1\dot{I}_1+\dot{V}_1 \\ 0=R_2\dot{I}_2+\dot{V}_2 \end{array}\right\} \quad (8\cdot10)$$

$$\left.\begin{array}{l} \dot{V}_1=j\omega L_1\dot{I}_1\pm j\omega M\dot{I}_2 \\ \dot{V}_2=j\omega L_2\dot{I}_2\pm j\omega M\dot{I}_1 \end{array}\right\} \quad (8\cdot11)$$

であるから，式(8・10)に式(8・11)を代入すれば，

$$\left.\begin{array}{l} 一次回路： \dot{V}=(R_1+j\omega L_1)\dot{I}_1\pm j\omega M\dot{I}_2 \\ 二次回路： 0=(R_2+j\omega L_2)\dot{I}_2\pm j\omega M\dot{I}_1 \end{array}\right\} \quad (8\cdot12)$$

いま，

$$\dot{Z}_1 = R_1 + j\omega L_1 \quad , \quad \dot{Z}_2 = R_2 + j\omega L_2 \quad , \quad \dot{Z}_m = \pm j\omega M \qquad (8\cdot 13)$$

とおけば，式(8・12)は，

$$\dot{V} = \dot{Z}_1 \dot{I}_1 + \dot{Z}_m \dot{I}_2 \qquad (8\cdot 14)$$

$$0 = \dot{Z}_2 \dot{I}_2 + \dot{Z}_m \dot{I}_1 \qquad (8\cdot 15)$$

式(8・15)より $\dot{I}_2 = \dfrac{-\dot{Z}_m \dot{I}_1}{\dot{Z}_2}$，この関係式を式(8・14)に代入して，

$$\dot{V} = \left(\dot{Z}_1 - \dfrac{\dot{Z}_m^2}{\dot{Z}_2}\right)\dot{I}_1$$

$$\left.\begin{array}{l} \dot{I}_1 = \dfrac{\dot{Z}_2}{\dot{Z}_1 \dot{Z}_2 - \dot{Z}_m^2} \dot{V} \\[2ex] \dot{I}_2 = \dfrac{-\dot{Z}_m}{\dot{Z}_1 \dot{Z}_2 - \dot{Z}_m^2} \dot{V} \end{array}\right\} \qquad (8\cdot 16)$$

したがって，ab 間のインピーダンスを $\dot{Z}_{ab}$ とおけば，

$$\dot{Z}_{ab} = \dfrac{\dot{V}}{\dot{I}_1} = \dfrac{\dot{Z}_1 \dot{Z}_2 - \dot{Z}_m^2}{\dot{Z}_2} = \dot{Z}_1 - \dfrac{\dot{Z}_m^2}{\dot{Z}_2} \qquad (8\cdot 17)$$

となり，式(8・17)に式(8・13)を代入すれば，

$$\begin{aligned} \dot{Z}_{ab} &= (R_1 + j\omega L_1) - \dfrac{(\pm j\omega M)^2}{R_2 + j\omega L_2} \\ &= (R_1 + j\omega L_1) + \dfrac{\omega^2 M^2}{R_2 + j\omega L_2} = (R_1 + j\omega L_1) + \dfrac{\omega^2 M^2 (R_2 - j\omega L_2)}{R_2^2 + (\omega L_2)^2} \\ &= \left(R_1 + \dfrac{\omega^2 M^2 R_2}{R_2^2 + (\omega L_2)^2}\right) + j\omega\left(L_1 - \dfrac{\omega^2 M^2 L_2}{R_2^2 + (\omega L_2)^2}\right) \\ &= (R_1 + R_1') + j\omega(L_1 - L_1') \qquad (8\cdot 18) \end{aligned}$$

ここに，

$$R_1' = \dfrac{\omega^2 M^2 R_2}{R_2^2 + (\omega L_2)^2} \quad , \quad L_1' = \dfrac{\omega^2 M^2 L_2}{R_2^2 + (\omega L_2)^2} \qquad (8\cdot 19)$$

したがって，図8・4の結合回路を一次回路の ab 端子より見たときは，

$$\left.\begin{array}{ll} 実効抵抗 & R_0 = R_1 + R_1' \\ 実効インダクタンス & L_0 = L_1 - L_1' \end{array}\right\} \qquad (8\cdot 20)$$

となるから，二次回路が一次回路に結合されているために，一次コイルの実効抵抗が R_1' だけ増加し，実効インダクタンスが L_1' だけ減少したことになる．この

第8章 相互インダクタンスを含む回路

ことは式(8・19)からわかるように，相互インダクタンス M の働きが和動的であっても差動的であっても結果は同じである．

8・4 結合回路の等価回路

相互インダクタンス M で結合された回路を自己インダクタンス L のみで形成されている等価回路に変換すると，取り扱いが簡単になるので，ここで扱い方を考えていこう．

いま，図8・5(a)のように，一次・二次両回路の自己インダクタンスがそれぞれ L_1, L_2 で，相互インダクタンスが M とする．電圧 $\dot{V}_1$, $\dot{V}_2$ および電流 $\dot{I}_1$, $\dot{I}_2$ の正の方向を図のように定めたとき，**和動結合**であると仮定して式を立てると，次のようになる．

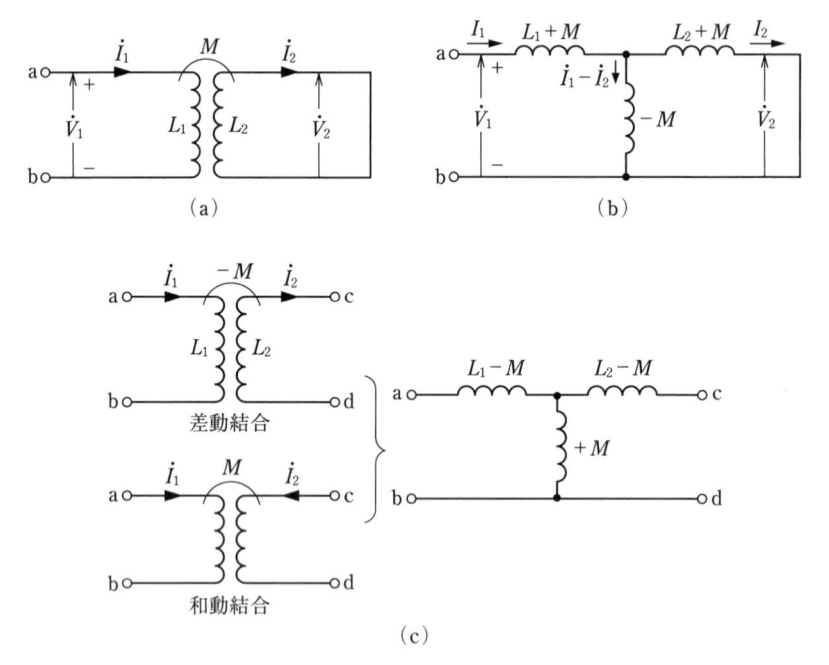

図8・5 結合回路の等価回路

$$jωL_1\dot{I}_1+jωM\dot{I}_2=\dot{V}_1$$
$$jωL_2\dot{I}_2+jωM\dot{I}_1=0 \quad\quad\quad (8・21)$$

また，図（b）のような自己インダクタンスよりなる T 形回路でも上式の関係が成り立つ．なぜならば図（b）より，

$$jω(L_1+M)\dot{I}_1+jω(-M)(\dot{I}_1-\dot{I}_2)=\dot{V}_1$$
$$jω(L_2+M)\dot{I}_2-jω(-M)(\dot{I}_1-\dot{I}_2)=0 \quad\quad (8・22)$$

上式を整理すれば，式(8・21)となるからである．

したがって，図（b）は図（a）の等価回路と考えることができる．また，結合が差動的の場合，および $\dot{I}_1$ と $\dot{I}_2$ いずれかの正の方向を図（a）の方向と逆にとったとき和動的の場合には図（c）に示すように，相互インダクタンス M の前の符号を反対にすればよい．

例題 8・2

図 8・6 のような並列回路の合成インピーダンスを求めなさい．ただし，電流が図 8・6 のように流れるとき結合は和動結合とする．

[解答] これは，図 8・5(c)のときの和動結合であるから，等価回路をつくると図 8・7 のようになる．したがって，

$$\dot{Z}_1=R_1+jω(L_1-M)$$
$$\dot{Z}_2=R_2+jω(L_2-M)$$
$$\dot{Z}_3=jωM$$

図 8・6

図 8・7

とおけば，

合成インピーダンス

$$\dot{Z}=\frac{\dot{Z}_1\dot{Z}_2}{\dot{Z}_1+\dot{Z}_2}+\dot{Z}_3$$

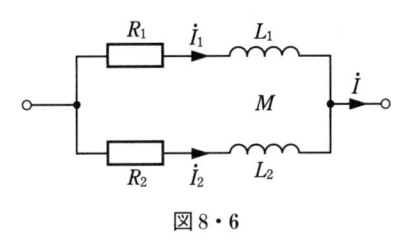

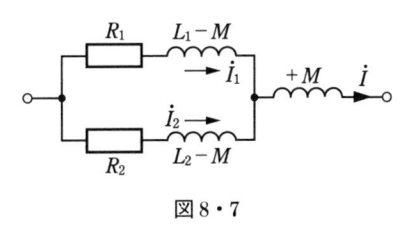

8・5 M を含むブリッジ回路

すでに第7章において，交流ブリッジの平衡条件については学んだ．ここでは図8・8のような相互インダクタンス M を含んだブリッジ回路の平衡条件を考えてみよう．

平衡状態においては，cd間の電位差が0になるから，電流計Ⓐに流れる電流が0になる．このときの電流を図のように，$\dot{I}_1$, $\dot{I}_2$, $\dot{I}$ とすれば，次の式が成り立つ．

$$P\dot{I}_1 = \left(Q - j\frac{1}{\omega C}\right)\dot{I}_2 \qquad (8・23)$$

$$(R + j\omega L)\dot{I}_2 \pm j\omega M\dot{I} = 0 \qquad (8・24)$$

$$\dot{I}_1 + \dot{I}_2 = \dot{I} \qquad (8・25)$$

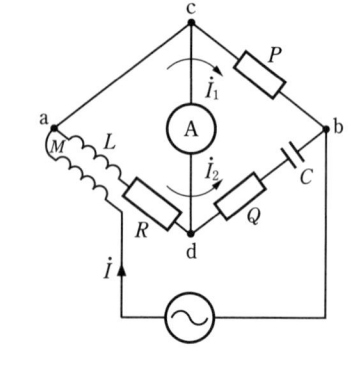

図8・8 ブリッジ回路

式(8・24)に式(8・25)を代入すれば，

$$\mp j\omega M\dot{I}_1 = \{R + j\omega(L \pm M)\}\dot{I}_2 \qquad (8・26)$$

ゆえに，式(8・23)と式(8・26)より，

$$\frac{P}{\mp j\omega M} = \frac{Q - j\dfrac{1}{\omega C}}{R + j\omega(L \pm M)} \qquad (8・27)$$

$$P\{R + j\omega(L \pm M)\} = \mp \frac{M}{C} \mp j\omega MQ \qquad (8・27)'$$

この式(8・27)′が成り立つための条件は実部，虚部どうしがそれぞれ等しいときとなるので，

$$\therefore \quad PR = \mp \frac{M}{C}, \quad P(L \pm M) = \mp MQ \qquad (8・28)$$

この結果より，相互インダクタンス M が和動的の場合は不成立となってしまう．ゆえに，差動的結合にして平衡条件を求めると，

$$PR = \frac{M}{C}, \quad P(L - M) = MQ \qquad (8・29)$$

これより，
$$C = \frac{M}{PR}, \quad Q = \frac{P(L-M)}{M} = P\left(\frac{L}{M} - 1\right) \tag{8・30}$$
が平衡条件となる．

章末問題

1. 図8・9の回路において，ab間の合成リアクタンスを求めなさい．ただし，抵抗分は無視する．
2. 図8・10において，$L_1 = 0.8$〔H〕，$L_2 = 0.45$〔H〕，$M = 0.36$〔H〕とすれば，合成インダクタンス L_a および L_b を求めなさい．

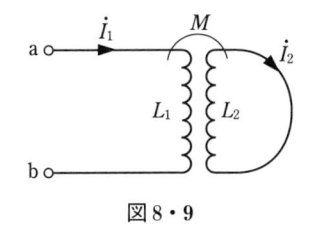

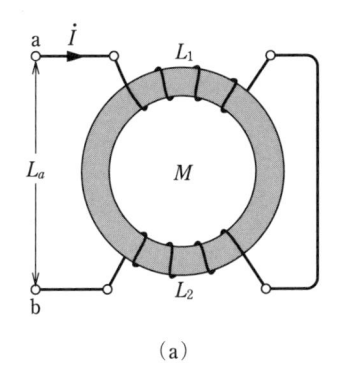

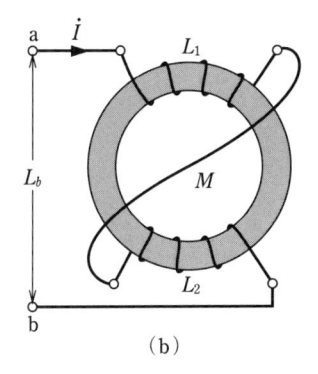

図8・9

(a)　(b)

図8・10

3. 図8・11の回路を等価回路に書きかえなさい．（結合は和動的とする）
4. 図8・12のマクスウェルブリッジにおいて，電流計Ⓐに流れる電流が最小になる条件（平衡条件）を求めなさい．

第 8 章 相互インダクタンスを含む回路

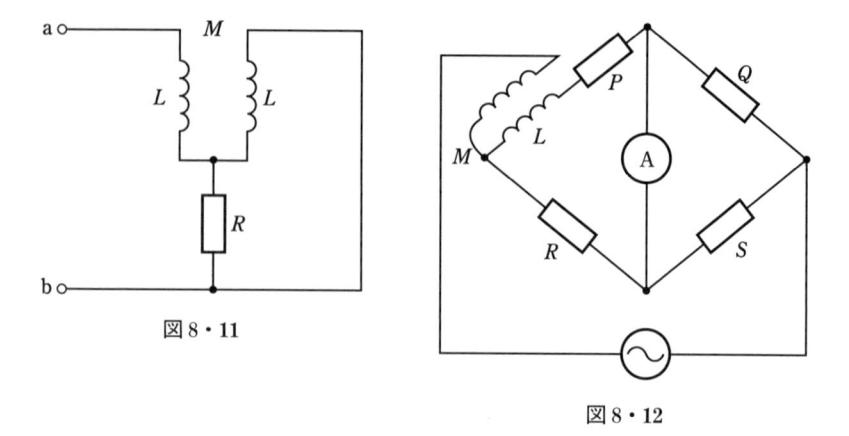

図 8・11

図 8・12

第 9 章

三相交流回路

　前章までで単相交流回路について一通り学んできた．これからは三相交流回路について学ぶこととする．単相交流回路とは1種類の起電力をもった電源と負荷をつないだ回路であるが，三相交流回路とは3種類の起電力を一括した電源から負荷に電力を送る回路であり，単相交流回路よりもきわめて経済的に電力の輸送ができるといった特徴をもっている．

　本章では，三相交流回路の基本的な理論から不平衡三相回路，電気機器で広く利用されている回転磁界の理論を学んでいく．

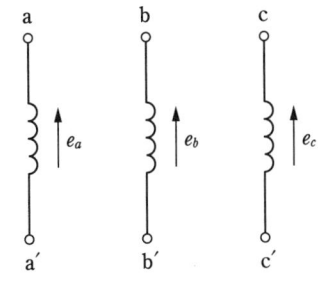

9・1　三相起電力とベクトル

　三相起電力というのは，3種類の起電力があって，それらの大きさがお互いに等しく，お互いに $2\pi/3$ rad，つまり $120°$ の位相差をもつものを一括していうときの名称である．すなわち図 9・1 に示すように，3 組のお互いに等しいコイル aa'，bb'，cc' に起電力 e_a，e_b，e_c があって，これらの正の方向を図のようにある方向に定めたとき，三相起電力は次の式で表される．

$$\left.\begin{array}{l} e_a = E_{ma} \sin \omega t \\ e_b = E_{mb} \sin \left(\omega t - \dfrac{2}{3}\pi\right) \\ e_c = E_{mc} \sin \left(\omega t - \dfrac{4}{3}\pi\right) \end{array}\right\} \quad (9 \cdot 1)$$

このような三相起電力を発生させる原理として

図 9・1　三相起電力

は，図9・2のように，お互いに$2\pi/3$ rad の間隔に配置した3本の導体a，b，cを磁石の極の間でω [rad/s] の角速度で回転させればよい．

式(9・1)より，e_a，e_b，e_c の位相はそれぞれωt，$(\omega t - 2\pi/3)$，$(\omega t - 4\pi/3)$ であるから，位相の遅れている順序は $e_a \to e_b \to e_c$ である．このとき，三相起電力 e_a，e_b，e_c の**相順**（phase sequence）または**相回転**（phase rotation）は abc であるという．

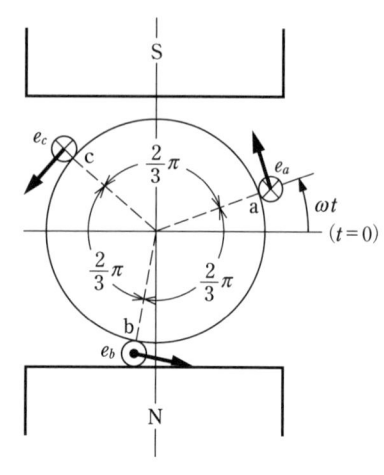

図9・2 三相交流の発生

（1）波形とベクトル

三相起電力の波形と最大値の回転ベクトルとの関係は図9・3(a)，(b)のようになり，$\dot{E}_a = \dot{E}_{ma}/\sqrt{2}$，$\dot{E}_b = \dot{E}_{mb}/\sqrt{2}$，$\dot{E}_c = \dot{E}_{mc}/\sqrt{2}$ の実効値で表した静止ベクトルは図(c)あるいは図(d)のようになる．

（2）三相起電力の記号式

相順が abc の三相起電力 $\dot{E}_a$，$\dot{E}_b$，$\dot{E}_c$ を複素数で表すと，

$$\dot{E}_a = E$$

$$\dot{E}_b = E\angle -\frac{2}{3}\pi = E\left(\cos\frac{2}{3}\pi - j\sin\frac{2}{3}\pi\right) = E\left(-\frac{1}{2} - j\frac{\sqrt{3}}{2}\right)$$

$$\dot{E}_c = E\angle -\frac{4}{3}\pi = E\angle \frac{2}{3}\pi = E\left(\cos\frac{2}{3}\pi + j\sin\frac{2}{3}\pi\right) = E\left(-\frac{1}{2} + j\frac{\sqrt{3}}{2}\right)$$

(9・2)

あるいは，

$$\dot{E}_a = E \quad , \quad \dot{E}_b = E\varepsilon^{-j\frac{2}{3}\pi} \quad , \quad \dot{E}_c = E\varepsilon^{+j\frac{2}{3}\pi} \tag{9・3}$$

上式の $\varepsilon^{+j\frac{2}{3}\pi}$ を a で表すことがある．これはベクトルに a を乗ずることによ

9・1 三相起電力とベクトル

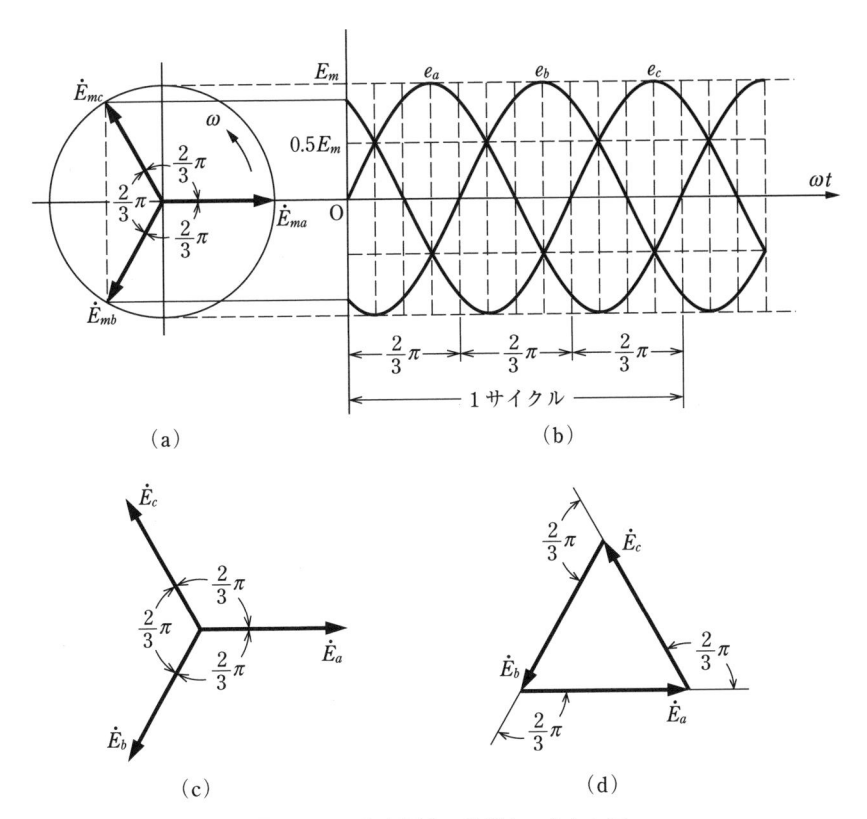

図9・3 三相起電力の波形とベクトル図

って $2\pi/3$ rad 位相を進ませることを意味する．したがって，式(9・3)は次のように表すこともできる．

$$\left.\begin{array}{l}\dot{E}_a = E \\ \dot{E}_b = a^2 E \\ \dot{E}_c = aE\end{array}\right\} \quad (9・4)$$

式(9・4)をベクトルで示すと図9・4のようになる．このような三相起電力が誘導している三相発電機の巻線の結線方法には，

① 星形結線（Y 結線）

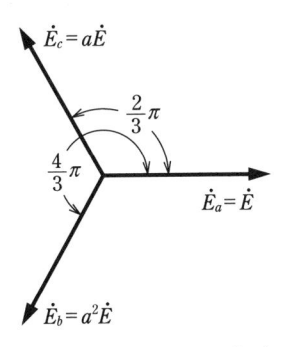

図9・4 a を用いた三相交流の表し方

② 三角結線（Δ 結線）

とがある．次節でこれらの結線方法について説明していく．

例題 9・1

実効値 200 V の三相起電力を，次の各方法によって表示しなさい．ただし，相順は abc とする．

　（1）　瞬時値を表す式　　（2）　記号式（a+jb の形式）

解答　瞬時値の基本式は，$e = E\sqrt{2}\sin(\omega t + \theta)$ で表すことができ，三相起電力とはお互いに $2\pi/3$ rad の位相差をもつ起電力であるから．

$$e_a = 200\sqrt{2}\sin\omega t \, [\text{V}]$$

（1）　$e_b = 200\sqrt{2}\sin\left(\omega t - \dfrac{2}{3}\pi\right)[\text{V}]$

$$e_c = 200\sqrt{2}\sin\left(\omega t - \dfrac{4}{3}\pi\right)[\text{V}]$$

（1）の結果と式(9・2)より記号式で表すと，

$$\dot{E}_a = 200(\cos 0 + j\sin 0) = 200 \, [\text{V}]$$

（2）　$\dot{E}_b = 200\left(\cos\dfrac{2}{3}\pi - j\sin\dfrac{2}{3}\pi\right) = -100 - j100\sqrt{3} \, [\text{V}]$

$$\dot{E}_c = 200\left(\cos\dfrac{2}{3}\pi + j\sin\dfrac{2}{3}\pi\right) = -100 + j100\sqrt{3} \, [\text{V}]$$

問 9・1　三相起電力 $\dot{E}_a, \dot{E}_b, \dot{E}_c$ を記号式（a+jb 形式）で表しなさい．ただし，各相の起電力の大きさ（実効値）は共に 50 V とし，その相順は abc とする．

9・2　星形結線

三相回路の結線法として広く用いられている星形結線について考えてみよう．いま，図 9・5(a) に示すように，三相電源の各相に $\dot{Z} = Z\angle\theta$ のインピーダンス負荷を接続すれば，各相に流れる電流 $\dot{I}_a, \dot{I}_b, \dot{I}_c$ は，

9・2 星形結線

(a)

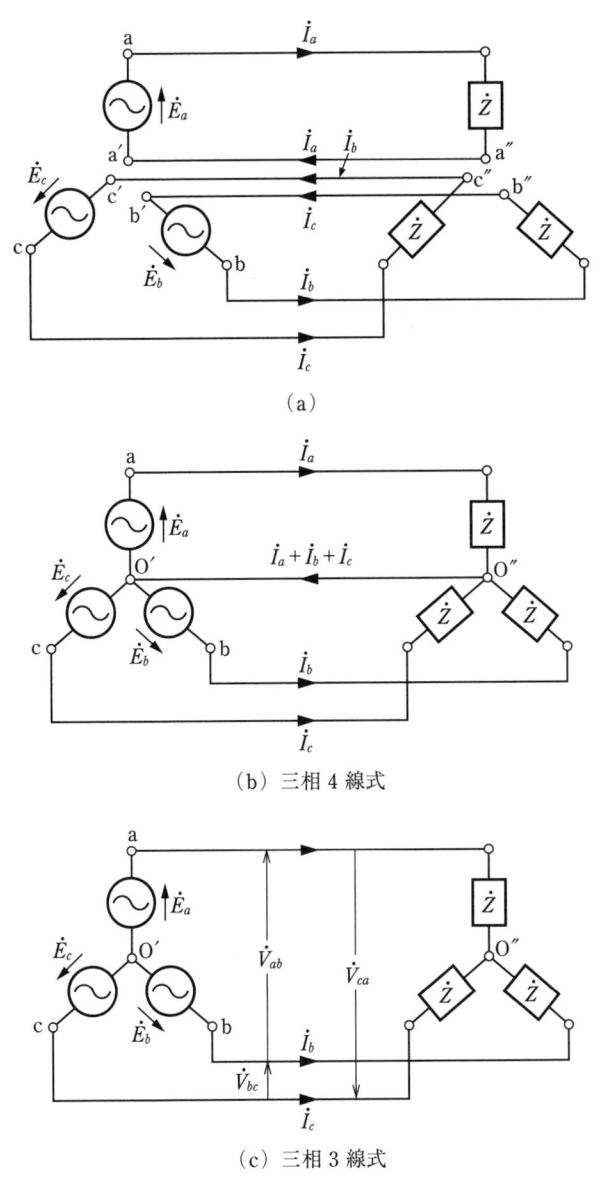

(b) 三相 4 線式

(c) 三相 3 線式

図 9・5　星形結線の考え方

$$\left.\begin{array}{l}\dot{I}_a=\dfrac{\dot{E}_a}{\dot{Z}} \\[4pt] \dot{I}_b=\dfrac{\dot{E}_b}{\dot{Z}} \\[4pt] \dot{I}_c=\dfrac{\dot{E}_c}{\dot{Z}}\end{array}\right\} \qquad (9・5)$$

となる．$\dot{I}_a$，$\dot{I}_b$，$\dot{I}_c$ がそれぞれ同じ大きさでお互いに $2\pi/3$ rad の位相差をもつ電流で，各相起電力よりそれぞれ θ だけ遅れた位相となる．このような電流を**対称三相電流**（symmetrical three phase current）という．

この結線で電源の a′，b′，c′，負荷側の a″，b″，c″ の各端子をそれぞれ一括して，図(b)に示すように，$\dot{I}_a+\dot{I}_b+\dot{I}_c$ という合成電流の流れる1本の電線にしてしまっても差し支えない．このような結線法を**三相4線式**という．しかし，これらの電流 $\dot{I}_a$，$\dot{I}_b$，$\dot{I}_c$ がそれぞれ同じ大きさでお互いに $2\pi/3$ rad の位相差のある電流である場合には，

$$\dot{I}_a+\dot{I}_b+\dot{I}_c=0 \qquad (9・6)$$

となる．したがって，電源の O′ 点と負荷の O″ 点を結んでいる共同線は取り除いても全体の回路の電流分布には何ら変化をきたすことはない．

こうしてできた図(c)に示すような結線法を一般に**星形結線**（star connection），または **Y 結線**（Y connection）という．

図(c)において，電源の端子電圧や負荷の各インピーダンスの端子電圧のことを**相電圧**（phase voltage）といい，3本の電線間の電圧，つまり $\dot{V}_{ab}$，$\dot{V}_{bc}$，$\dot{V}_{ca}$ を**線間電圧**（line voltage）という．また，各線に流れる電流のことを**線電流**（line current），各相に流れる電流を**相電流**（phase current）という．また，Y 結線の共同点 O′，O″ を**中性点**（neutral point）といい，図(b)のように両中性点をつないである共同線を**中性線**（neutral line）という．

（1）相電圧と線間電圧の関係

図 9・6 において，はじめに ab 間の電圧 $\dot{V}_{ab}$ を考えてみよう．ab 端子間，す

9・2 星形結線

なわち aOb の間ではお互いに正方向が反対に定めてある2つの起電力 $\dot{E}_a$ と $\dot{E}_b$ が存在しているので，これら $\dot{E}_a$ と $\dot{E}_b$ のベクトル差が線間電圧 $\dot{V}_{ab}$ となる．

b端子から a端子に向かって生じている合成起電力は $\dot{E}_a - \dot{E}_b$ であるから，同様に，

$$\left.\begin{array}{l} \dot{V}_{ab} = \dot{E}_a - \dot{E}_b \\ \dot{V}_{bc} = \dot{E}_b - \dot{E}_c \\ \dot{V}_{ca} = \dot{E}_c - \dot{E}_a \end{array}\right\} \quad (9 \cdot 7)$$

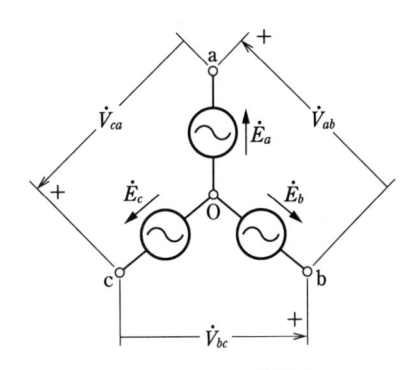

図 9・6 相電圧と線間電圧

という関係になっている．この関係のベクトル図は，図 9・7(a)あるいは図(b)のようになる．したがって，$\dot{V}_{ab}$, $\dot{V}_{bc}$, $\dot{V}_{ca}$ はそれぞれ，$\dot{E}_a$, $\dot{E}_b$, $\dot{E}_c$ より，$\pi/6$ rad だけ進んだ位相となる．その結果として，線間電圧を ab, bc, ca の順に並べると，やはりお互いに $2\pi/3$ rad ずつ位相差ができる．

また，線間電圧と相電圧との大きさの関係は図 9・8 より，

$$V_{ab} = E_a \cos \frac{\pi}{6} \times 2 = E_a \times \frac{\sqrt{3}}{2} \times 2 = \sqrt{3}\, E_a \tag{9・8}$$

(a)

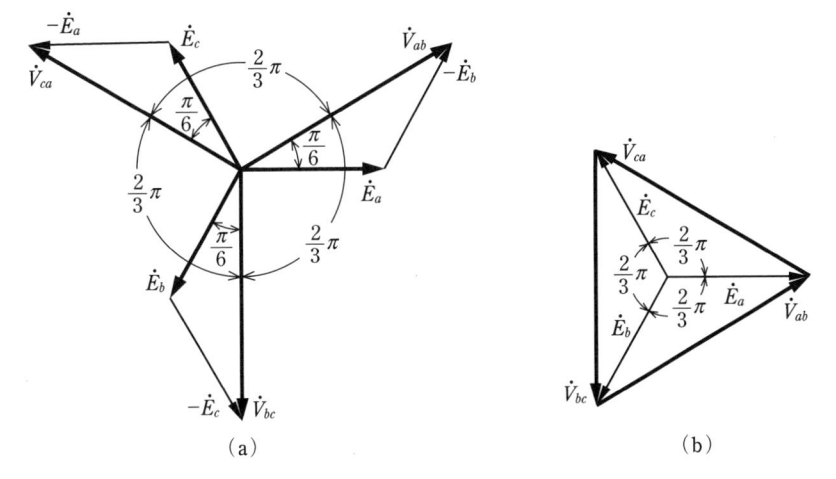

(b)

図 9・7 相電圧と線間電圧のベクトル図

181

第9章　三相交流回路

したがって，一般に

$$\text{線間電圧} = \sqrt{3} \times \text{相電圧} \quad (9 \cdot 9)$$

このような三相電圧を**対称三相電圧** (symmetrical three phase voltage) という．

（2）相電流と線電流の関係

図9・5からわかるように，線電流と相電流は等しい．すなわち，

$$\text{相電流} = \text{線電流} \quad (9 \cdot 10)$$

となる．この場合，各相に流れる電流 $\dot{I}_a$, $\dot{I}_b$, $\dot{I}_c$ が，それぞれの相電圧より等しく θ [rad] 遅れて流れるものとすれば，図9・7(a)の電圧ベクトルの各相の起電力から各電流を θ だけ遅らせて描けば，図9・9のように三相の電圧，電流の関係を知ることができる．

負荷について考えても，Y結線なら電源とまったく同様になる．

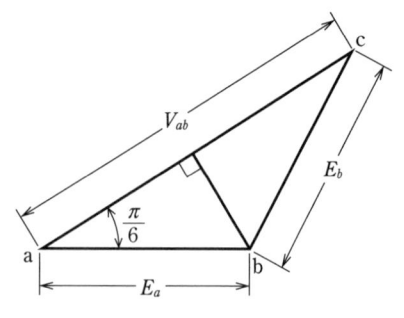

図9・8　線間電圧と相電圧の関係

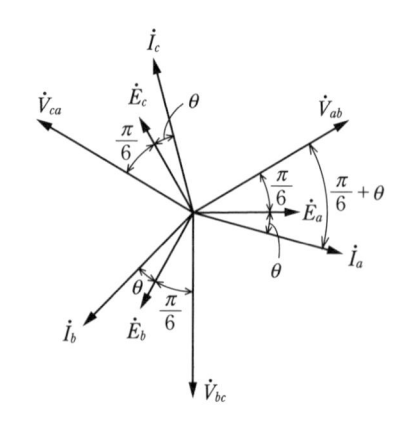

図9・9　星形結線の電圧と電流

例題9・2

図9・6のような三相発電機がある．各相の起電力が200Vとすれば，線間電圧 V はいくらか．

解答　図9・6の三相起電力の結線方法は星形結線（Y結線）となっている．したがって，相電圧と線間電圧の関係は式(9・9)より，

$$\text{線間電圧} = \sqrt{3} \times \text{相電圧}$$
$$V = \sqrt{3} \times 200 \fallingdotseq 346.41 \,[\text{V}]$$

問9・2　例題9・2において線間電圧 V が173.2Vとしたとき，相電圧は

いくらか．

9・3 三角結線

次に星形結線（Y結線）と並んでよく用いられる三角結線（Δ結線）について考えてみよう．まず，図9・10(a)のように電源の各相の端子間にそれぞれ $\dot{Z} = Z\angle\theta$ のインピーダンス負荷を接続すれば，負荷の電流 $\dot{I}_a{}'$, $\dot{I}_b{}'$, $\dot{I}_c{}'$ は，

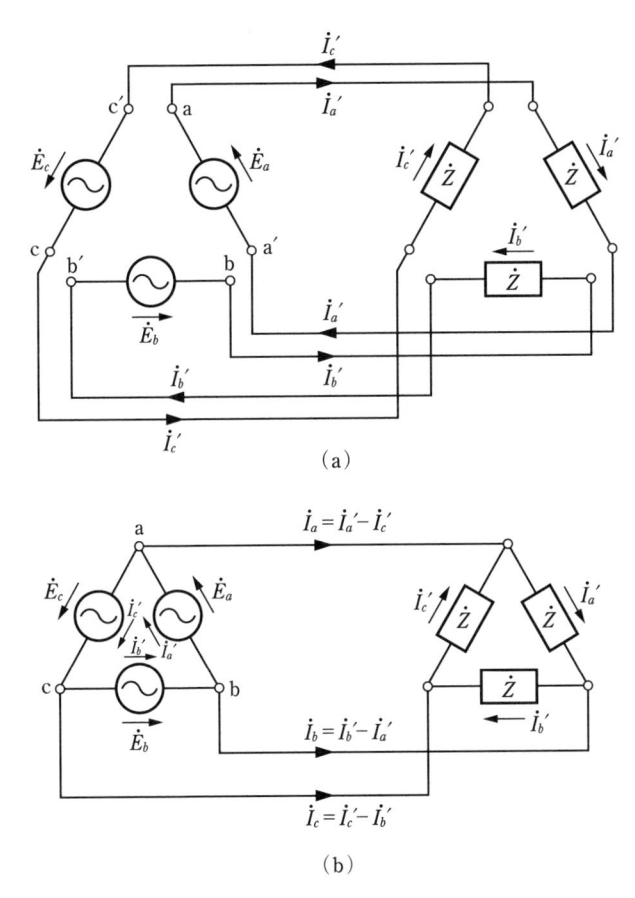

図9・10 三角結線の考え方

第9章 三相交流回路

$$\dot{I}_a' = \frac{\dot{E}_a}{\dot{Z}}, \quad \dot{I}_b' = \frac{\dot{E}_b}{\dot{Z}}, \quad \dot{I}_c' = \frac{\dot{E}_c}{\dot{Z}} \qquad (9・11)$$

であり，これらの電流 $\dot{I}_a'$, $\dot{I}_b'$, $\dot{I}_c'$ はそれぞれ起電力 $\dot{E}_a$, $\dot{E}_b$, $\dot{E}_c$ より位相が θ 遅れた電流である．いま，電源と負荷の間に使用している電線を節約するために，図9・10(b)のように電源も負荷も閉回路に結線して，両者間を3本の電線で接続しても，電源や負荷に流れる電流に変化はない．その代わり，各線電流 $\dot{I}_a$, $\dot{I}_b$, $\dot{I}_c$ はそれぞれ，

$$\left. \begin{array}{l} \dot{I}_a = \dot{I}_a' - \dot{I}_c' \\ \dot{I}_b = \dot{I}_b' - \dot{I}_a' \\ \dot{I}_c = \dot{I}_c' - \dot{I}_b' \end{array} \right\} \qquad (9・12)$$

になる．

この図(b)のように閉回路に結線することを**三角結線**（delta connection），あるいは **Δ 結線**（Δ connection）という．

図(b)に示すように，電源側の3つの起電力 $\dot{E}_a$, $\dot{E}_b$, $\dot{E}_c$ が全部加え合わさるように環状に接続すると，負荷をかけるどころか各電源内で短絡を起こしそうであるが，その心配はない．なぜなら，3つの起電力 $\dot{E}_a$, $\dot{E}_b$, $\dot{E}_c$ の間にはお互いに大きさが等しくて，$2\pi/3$ rad ずつの位相差があるから $\dot{E}_a$, $\dot{E}_b$, $\dot{E}_c$ のベクトル和は図9・11(b)のように0となるからである．

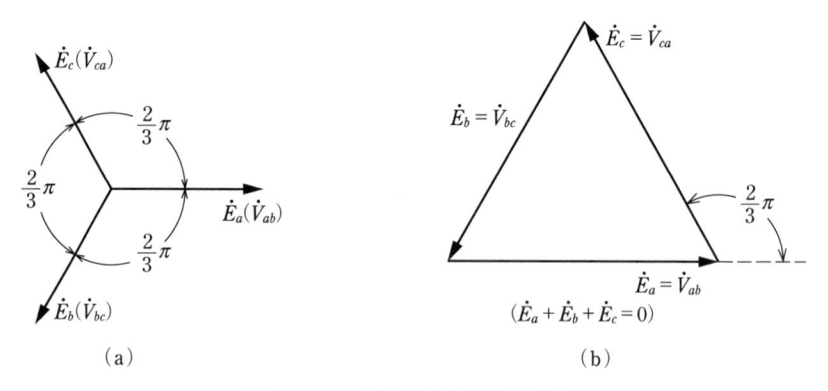

(a)　　　　　　　　　　(b)

図9・11　Δ結線の相電圧と線間電圧

9・3 三角結線

(1) 相電圧と線間電圧の関係

　三角結線では，各相の端子間には各相起電力がそのまま，端子電圧となって現れる．すなわち，図9・12のような三角結線の場合の各相起電力 $\dot{E}_a$，$\dot{E}_b$，$\dot{E}_c$ と線間電圧 $\dot{V}_{ab}$，$\dot{V}_{bc}$，$\dot{V}_{ca}$ の関係は起電力 $\dot{E}_a$ が端子電圧 $\dot{V}_{ab}$，$\dot{E}_b$ が $\dot{V}_{bc}$，$\dot{E}_c$ が $\dot{V}_{ca}$ となって現れるので，

$$\dot{V}_{ab}=\dot{E}_a \quad \dot{V}_{bc}=\dot{E}_b \quad \dot{V}_{ca}=\dot{E}_c$$

となる．したがって，図9・11(a)，(b)のようなベクトル図となる．ゆえに，三角結線では次の関係がある．

　　　　線間電圧＝相電圧　　　　(9・13)

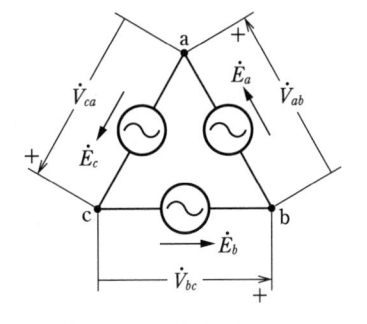

図9・12　相電圧と線間電圧

(2) 相電流と線電流の関係

　図9・13に三角結線の電源で，$\dot{I}_a$，$\dot{I}_b$，$\dot{I}_c$ を各線の電流，$\dot{I}_a{}'$，$\dot{I}_b{}'$，$\dot{I}_c{}'$ を各相の電流として，これらの電流の正の方向を図のように定めれば，各端子についてキルヒホッフの第1法則により，次のような関係が成り立つ．

$$\left.\begin{array}{l}\dot{I}_a=\dot{I}_a{}'-\dot{I}_c{}' \\ \dot{I}_b=\dot{I}_b{}'-\dot{I}_a{}' \\ \dot{I}_c=\dot{I}_c{}'-\dot{I}_b{}'\end{array}\right\} \quad (9・14)$$

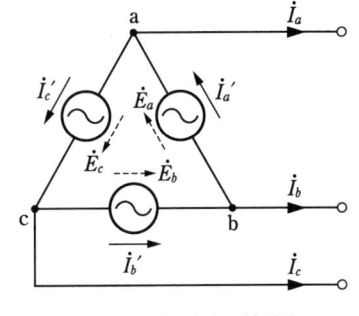

図9・13　相電流と線電流

　いま，線電流を $\dot{I}_a$，$\dot{I}_b$，$\dot{I}_c$ が同じ大きさで，お互いに $2\pi/3\,\mathrm{rad}$ の位相差のある対称三相電流とすれば，電源の各相電流もまた対称三相電流となり，そのベクトル図は図9・14(a)，(b)のようになることがわかる．したがって，大きさの関係は，

$$I_a=I_b=I_c=\sqrt{3}\,I_a{}'$$

　　　　線電流＝$\sqrt{3}$×相電流　　　　　　　　　　　　　(9・15)

となる．すなわち，各線電流 $\dot{I}_a$，$\dot{I}_b$，$\dot{I}_c$ は大きさが相電流の $\sqrt{3}$ 倍で，その位

第 9 章　三相交流回路

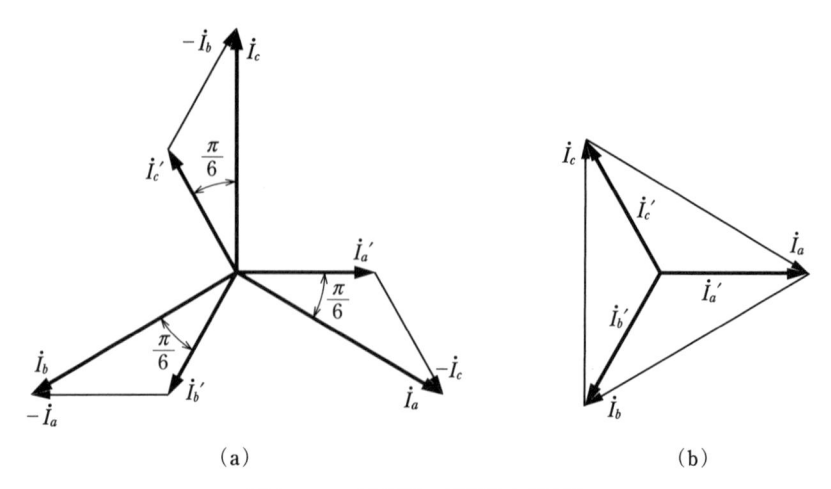

（a）　　　　　　　　　　　　　　　（b）

図 9・14　三角結線の相電流と線電流

相は各相電流 $\dot{I}_a{}'$, $\dot{I}_b{}'$, $\dot{I}_c{}'$ よりそれぞれ $\pi/6$ rad 遅れた電流となる．

　以上は電源において考えたが，負荷側で考えても，同じ三角結線だからまったく同じ関係となる．

　次に各相に流れる電流 $\dot{I}_a{}'$, $\dot{I}_b{}'$, $\dot{I}_c{}'$ が，それぞれの相電圧 $\dot{E}_a$, $\dot{E}_b$, $\dot{E}_c$ より等しく θ 〔rad〕遅れて流れるものとすれば図 9・11（a）と図 9・14（a）を組み合わせる

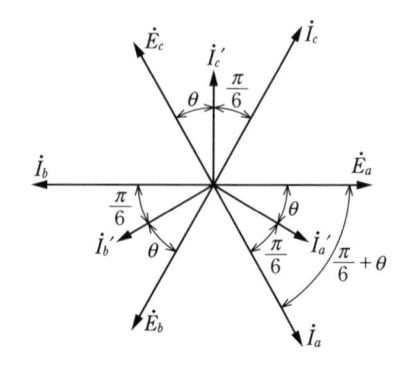

図 9・15　三角結線の電圧と電流の関係

ことによって，図 9・15 のベクトル図を描くことができる．

例題 9・3

星形結線の電源に 10 Ω のインピーダンスを三角結線にした誘導負荷が接続されている．線間電圧が 200 V であるとき，負荷の相電流および各線電流の大きさを求めなさい．

解答　負荷にかかる端子電圧（＝相電圧）は負荷が Δ 結線であるから，式（9・13）より，線間電圧 V＝相電圧 E となり相電圧は 200 V である．

186

よって，相電流 I' は，

$$I' = \frac{E}{Z} = \frac{200}{10} = 20 \text{[A]}$$

また，線電流 I は式(9・15)より，線電流＝$\sqrt{3}$×相電流となり

$$I = \sqrt{3}\,I' = \sqrt{3} \times 20 \fallingdotseq 34.6 \text{[A]}$$

(電源の結線法は特に問題を解くときに関係はない．)

問 9・3 線間電圧 200 V の対称三相起電力に，$Z = 20\ \Omega$ のインピーダンスを星形結線および三角結線にしたとき，負荷に流れる相電流と線電流を求めなさい．

9・4 三相の電力

三相交流回路の電力は，その結線方法に関係なく 3 つの相の電力の和になっている．したがって，いま

相電圧：E_a, E_b, E_c
相電流：I_a', I_b', I_c'
各相の力率角：θ_a, θ_b, θ_c
各相の電力：P_a, P_b, P_c
総電力：P

とすれば，

$$P = P_a + P_b + P_c$$
$$= E_a I_a' \cos\theta_a + E_b I_b' \cos\theta_b + E_c I_c' \cos\theta_c \qquad (9 \cdot 16)$$

となる．したがって，対称三相電源で各相の負荷が等しい**平衡三相負荷**（balanced three phase load）であれば，

$$E_a = E_b = E_c = E$$
$$I_a' = I_b' = I_c' = I'$$
$$\theta_a = \theta_b = \theta_c = \theta$$

となる．このような回路を一般に**平衡三相回路**（balanced three phase circuit）という．したがって，この場合式(9・16)は，

$$P = 3EI' \cos\theta \tag{9・17}$$

となる．また，この式を線間電圧 V と線電流 I で考えてみると，図9・16に示すように，

　　　星形結線：$E = V/\sqrt{3}$　,　　$I' = I$
　　　三角結線：$E = V$　　　　,　　$I' = I/\sqrt{3}$

であるから，星形結線でも三角結線でも総電力 P は次のようになる．

$$P = \sqrt{3}\, VI \cos\theta \tag{9・18}$$

しかし，ここで注意を要する点は，式中の θ は負荷の力率角，すなわち E と I' との間の位相差であって，線間電圧 V と線電流 I との間での位相差ではないということである．

式(9・18)のもっている意味はきわめて重要である．なぜなら，電源あるいは負荷が星形結線でも三角結線であっても，そのいずれであるかということを考える必要なしに，単に線間電圧 V と線電流 I との負荷の力率 $\cos\theta$ のみから総電力 P が算出できるからである．

また，三相回路全体としての皮相電力と無効電力は次のように計算すればよい．すなわち，

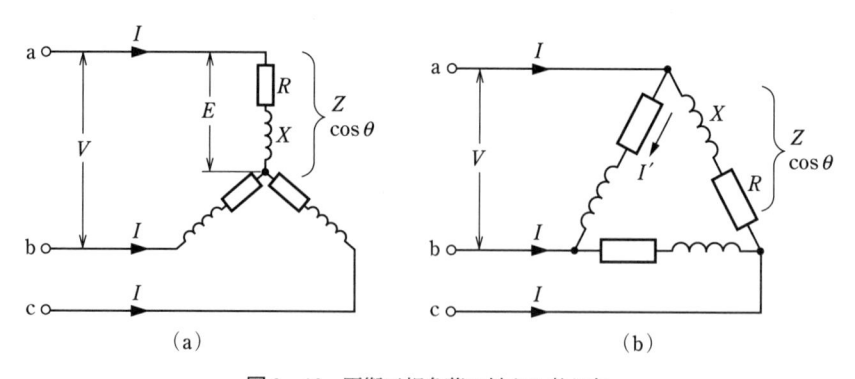

図9・16　平衡三相負荷に対する考え方

皮相電力 $S=\sqrt{3}\,VI$ 〔VA〕
無効電力 $Q=\sqrt{3}\,VI\sin\theta$ 〔var〕 $\Biggr\}$ (9・19)

例題 9・4

抵抗 $R=6$〔Ω〕，リアクタンス $X=8$〔Ω〕の負荷を 3 組三角結線にした平衡三相負荷に，200 V の対称三相電圧を加えたとき全電力 P を求めなさい．

[解答] この問題の場合は式(9・17)を使って求めるほうが効率的である．なぜなら，負荷が三角結線で 200 V を加えられているからである（相電圧＝線間電圧）．

まず，負荷のインピーダンスの大きさを計算する．

$$Z=\sqrt{R^2+X^2}=\sqrt{6^2+8^2}=\sqrt{100}=10\,〔Ω〕\quad（1相分）$$

負荷の力率角は，

$$\cos\theta=\frac{R}{Z}=\frac{6}{10}=0.6$$

次に，負荷に流れる電流（相電流）の大きさを求める．

$$I'=\frac{E}{Z}=\frac{200}{10}=20\,〔A〕$$

したがって，全電力 P は式(9・17)より，

$$P=3EI'\cos\theta=3\times200\times20\times0.6=7\,200\,〔W〕=7.2\,〔kW〕$$

例題 9・5

平衡三相負荷に 200 V の対称三相電圧（線間電圧）を加えたら，全電力は 2.4 kW，全無効電力は 3.2 kvar であったという．負荷電流および力率を求めなさい．

[解答] まず，全電力 P と全無効電力 Q から全皮相電力 S を求める．

$$S=\sqrt{P^2+Q^2}=\sqrt{(2.4\times10^3)^2+(3.2\times10^3)^2}=4\,000\,〔VA〕$$
$$=4\,〔kVA〕$$

次に式(9・19)から負荷電流（線電流）を求める．

$$I=\frac{S}{\sqrt{3}\,V}=\frac{4\,000}{\sqrt{3}\times200}=\frac{20}{\sqrt{3}}\fallingdotseq11.55\,〔A〕$$

力率は求めた負荷電流（線電流）と式(9・18)を利用して，

$$\cos\theta = \frac{P}{\sqrt{3}\,VI} = \frac{2\,400}{\sqrt{3}\times 200\times 11.55} \fallingdotseq 0.6$$

問 9・4 対称三相電源があって，1 000 kW の三相電力を供給している．もし線間電圧が 3 000 V で，負荷の力率が 80％（＝0.8）ならば，線電流はいくらになるか．

問 9・5 線間電圧が 200 V，線電流が 20 A，負荷の力率が 80％（＝0.8）の平衡三相負荷の全電力 P を求めなさい．

9・5　三相三角結線と星形結線の換算

　平衡三相回路でも複雑な回路を取り扱う場合には，三角結線を星形結線に，あるいは星形結線を三角結線に置き換えることによって簡単に計算ができる場合が多い．この換算は簡単に証明できるが，ここでは，平衡三相回路の記号法の演習をかねて学習をさらに進めていく．

　次に図9・17(a)のような三角結線の負荷があった場合，これに等価な図(b)のような星形結線に置き換える場合について考えてみよう．

　図9・17のようにa，b，c端子間の電圧は，対称三相電圧

$$\dot{V}_{ab}\ ,\quad \dot{V}_{bc}=a^2\dot{V}_{ab}\ ,\quad \dot{V}_{ca}=a\dot{V}_{ab} \tag{9・20}$$

ただし，

$$a^2=-\frac{1}{2}-j\frac{\sqrt{3}}{2}\ ,\quad a=-\frac{1}{2}+j\frac{\sqrt{3}}{2}$$

とし，図(a)の1相のインピーダンスを $\dot{Z}_d=r_d+jx_d$，相電流を $\dot{I}_1,\ \dot{I}_2,\ \dot{I}_3$，線電流を $\dot{I}_a,\ \dot{I}_b,\ \dot{I}_c$ とする．そして，これを図(b)のように等価な星形結線に置き換えた場合，相電圧が $\dot{E}_a,\ \dot{E}_b,\ \dot{E}_c$，1相のインピーダンスが $\dot{Z}_s=r_s+jx_s$ になり，線電流が $\dot{I}_a',\ \dot{I}_b',\ \dot{I}_c'$ になったとする．この場合，図(a)，(b)が等価であるためには，

9・5 三相三角結線と星形結線の換算

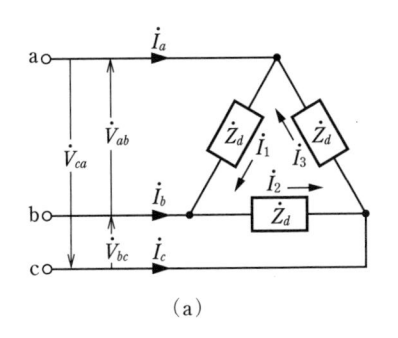

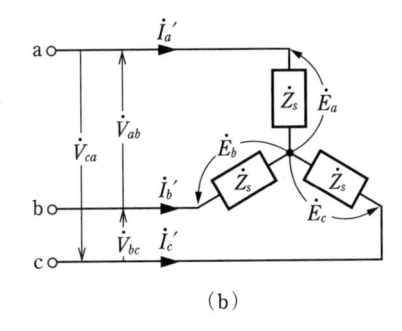

図9・17 三角結線と星形結線の比較

$$\dot{I}_a = \dot{I}_a' , \quad \dot{I}_b = \dot{I}_b' , \quad \dot{I}_c = \dot{I}_c' \tag{9・21}$$

でなければならない．平衡三相回路であるから $\dot{I}_a = \dot{I}_a'$ が満足すれば，他も満足するので $\dot{I}_a$ に注目して考えていく．図(a)から，

$$\dot{I}_a = \dot{I}_1 - \dot{I}_3 = \frac{\dot{V}_{ab}}{\dot{Z}_d} - \frac{\dot{V}_{ca}}{\dot{Z}_d} = \frac{\dot{V}_{ab}}{\dot{Z}_d} - \frac{a\dot{V}_{ab}}{\dot{Z}_d}$$

$$\therefore \dot{I}_a = \frac{\dot{V}_{ab}}{\dot{Z}_d}(1-a) \tag{9・22}$$

また，図(b)では，

$$\dot{V}_{ab} = \dot{E}_a - \dot{E}_b = \dot{I}_a' \dot{Z}_s - \dot{I}_b' \dot{Z}_s = \dot{I}_a' \dot{Z}_s - a^2 \dot{I}_a' \dot{Z}_s = \dot{I}_a' \dot{Z}_s(1-a^2)$$

$$\therefore \dot{I}_a' = \frac{\dot{V}_{ab}}{\dot{Z}_s(1-a^2)} \tag{9・23}$$

したがって，式(9・22)＝式(9・23)から $\dot{I}_a = \dot{I}_a'$ の条件を求めると，

$$\dot{Z}_s = \frac{\dot{Z}_d}{(1-a)(1-a^2)} = \frac{\dot{Z}_d}{3} = \frac{r_d}{3} + j\frac{x_d}{3} \tag{9・24}$$

このことから，平衡三相回路では三角結線のインピーダンスを星形結線に換算するには，ベクトルインピーダンスを1/3倍すればよい．このことは第7章で学んだ Δ 結線→Y 結線のインピーダンスの換算とまったく一致することがわかる．

次に，電圧の換算はどうなるであろうか．これはすでにこの章で学んだ星形結線の線間電圧と相電圧の関係になる．これを記号法で計算してみよう．

星形結線の $\dot{E}_a$ は図9・17(b)から $\dot{E}_a = \dot{I}_a' \dot{Z}_s$ ($\dot{I}_a = \dot{I}_a'$) であるから，これに

式(9・22),式(9・24)および a の値を入れて整理すると,

$$\dot{E}_a = \dot{I}_a' \dot{Z}_s = \frac{\dot{V}_{ab}}{\dot{Z}_d}(1-a)\frac{\dot{Z}_d}{3} = \frac{\dot{V}_{ab}}{3}(1-a) = \frac{\dot{V}_{ab}}{\sqrt{3}}\left(\frac{\sqrt{3}}{2} - j\frac{1}{2}\right) \quad (9・25)$$

$$\dot{E}_a = \frac{\dot{V}_{ab}}{\sqrt{3}}\left(\cos\frac{\pi}{6} - j\sin\frac{\pi}{6}\right) = \frac{\dot{V}_{ab}}{\sqrt{3}} \angle -\frac{\pi}{6} \quad (9・26)$$

同様な計算を $\dot{V}_b$,$\dot{V}_c$ について行えば

$$\dot{E}_b = \frac{\dot{V}_{bc}}{\sqrt{3}} \angle -\frac{\pi}{6}, \qquad \dot{E}_c = \frac{\dot{V}_{ca}}{\sqrt{3}} \angle -\frac{\pi}{6} \quad (9・27)$$

になる.この結果,星形結線に換算したときの相電圧は,三角結線の相電圧(線間電圧)の $1/\sqrt{3}$ 倍になり,位相は $\pi/6$ rad 遅れることがわかる.この電圧だけの関係は図9・18のようなベクトル図で表せる.以上を要するに,三角結線の三相回路を星形結線に置き換える場合大きさだけについていえば,抵抗とリアクタンスをそれぞれ1/3倍し,相電圧は $1/\sqrt{3}$ 倍すればよい.

この例では三角結線を星形結線に置き換えたのであるが,星形結線を三角結線に置き換えるには当然この逆の計算を行えばよいのである.

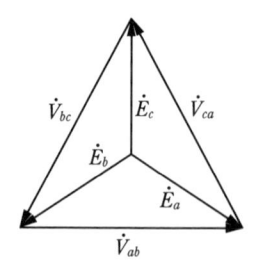

図9・18 三角結線→星形結線の電圧の換算

例題 9・6

図9・19(a)のY結線に等価な,図(b)のΔ結線回路の各値を求めなさい.ただし,$R_a=5 [\Omega]$,$X_{La}=10 [\Omega]$ とする.

解答 Y結線→Δ結線の場合,抵抗とリアクタンスの換算は,抵抗,リアクタンス共に3倍すればよい.したがって,

$$R_1 = 3R_a = 3 \times 5 = 15 [\Omega]$$
$$X_{L1} = 3X_{La} = 3 \times 10 = 30 [\Omega]$$

問 9・6 図9・20(a)に示す π 形回路に等価な,図(b)のT形回路定数の R_a を求めなさい.

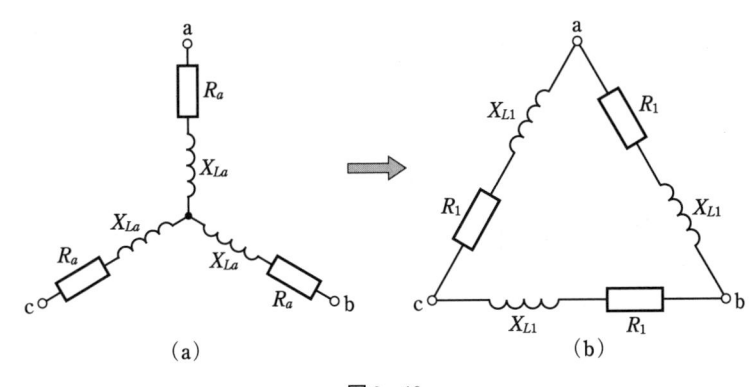

図 9・19

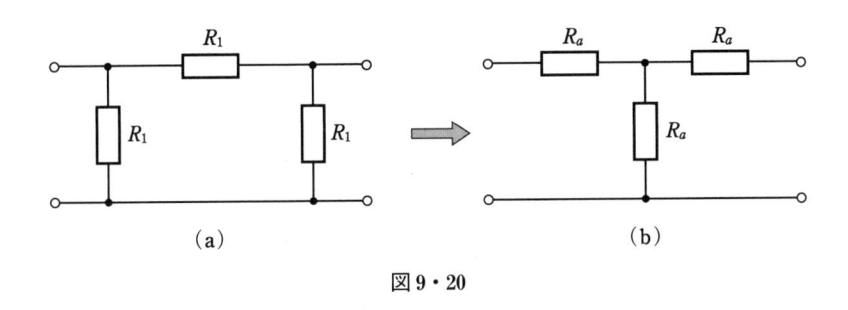

図 9・20

9・6　等価単相回路

前節で学んだように，三角結線は星形結線に置き換えることができるので，一般の平衡三相回路は結局，図 9・21(a) に示すように電源も負荷も共に星形結線に換算して考えることができる．したがって，電源と負荷の中性点 O_1 と O_2 を破線のように結んで考えると，図(b)のような独立した単相回路が 3 組集まったものと考えられる．

この 1 相分の回路を**等価単相回路**という．平衡三相回路の問題はこのような等価単相回路で考えると簡単に取り扱うことができる場合が多い．

第 9 章　三相交流回路

(a) 一般の平衡三相回路

(b) 等価単相回路

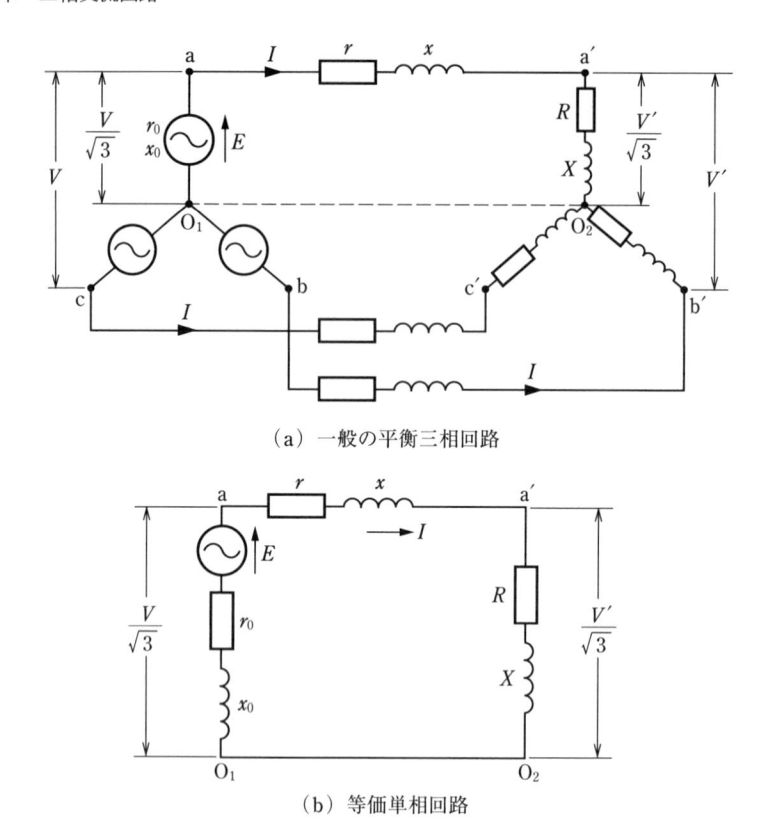

図 9・21　等価単相回路

例題 9・7

図 9・22 (a) のような三相回路の線電流 I および負荷の相電流 I' を計算せよ．ただし，電源の起電力を E，各相の抵抗 r_0，リアクタンス x_0 とし，負荷は抵抗 R，リアクタンス X とする．

解答　負荷を星形結線に置き換えると，

$$1 \text{相分の抵抗とリアクタンス} = \frac{R}{3} \text{ と } \frac{X}{3}$$

となる．したがって，図 (b) のような等価単相回路となるので，合成インピーダンス Z は，

9・6 等価単相回路

(a)

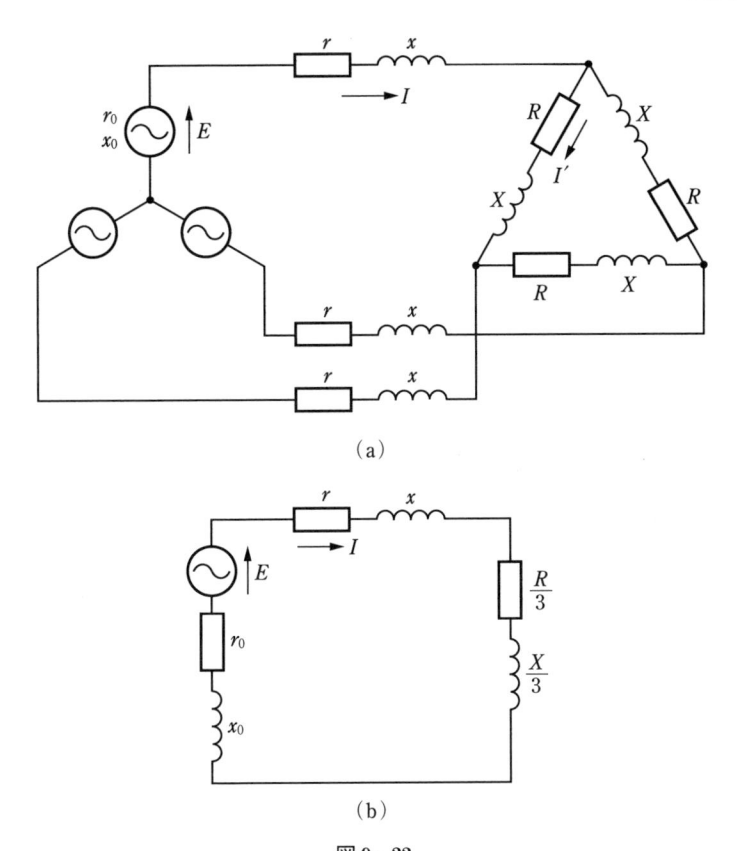

(b)

図 9・22

$$Z = \sqrt{\left(r_0 + r + \frac{R}{3}\right)^2 + \left(x_0 + x + \frac{X}{3}\right)^2}$$

となる．ゆえに，

$$I = \frac{E}{Z}$$

したがって，

$$I' = \frac{I}{\sqrt{3}} = \frac{E}{\sqrt{3}\,Z}$$

となる．

問 9・7 例題 9・7 において各値が以下のような場合のとき，線電流 I および負荷の相電流 I' を計算せよ．

電源の起電力　$E = 200 \,[\mathrm{V}]$

抵抗　$r_0 = 0.01 \,[\Omega]$　$r = 100 \,[\Omega]$　$R = 3 \,[\Omega]$

リアクタンス　$x_0 = 0.05 \,[\Omega]$　$x = 50 \,[\Omega]$　$X = 6 \,[\Omega]$

9・7　V 結線のベクトル図と電力

　三相電源の接続方法には，三角結線や星形結線があることはすでに学んだことであるが，変圧器などで三相の変圧を行うのに，**V 結線**（V connection）という結線方法が比較的多く用いられているので，これについて一通り調べておくことにしよう．

　V 結線というのは三角結線の電源の 3 つの相のうち，1 つの相を取り除いたときにできる結線をいう．

（1）無負荷の場合

　図 9・23 はすでに学んだ三相三角結線の電源の c 相を取り外して V 結線にした場合である．図において，無負荷のときの線間電圧 $\dot{V}_{ab}$，$\dot{V}_{bc}$，$\dot{V}_{ca}$ は，

$$\dot{V}_{ab} = \dot{E}_a \,, \qquad \dot{V}_{bc} = \dot{E}_b$$

であることは，三角結線の場合とまったく同じである．

　ca 間の電圧 $\dot{V}_{ca}$ は，$-\dot{E}_a$ と $-\dot{E}_b$ のベクトル和によってできているので，

$$\dot{V}_{ca} = (-\dot{E}_a) + (-\dot{E}_b)$$
$$= -(\dot{E}_a + \dot{E}_b) \qquad (9・28)$$

となる．これらの関係をベクトル図で示すと図 9・24(a)，(b) のようになる．

　以上の結果をみると，線間電圧に関する

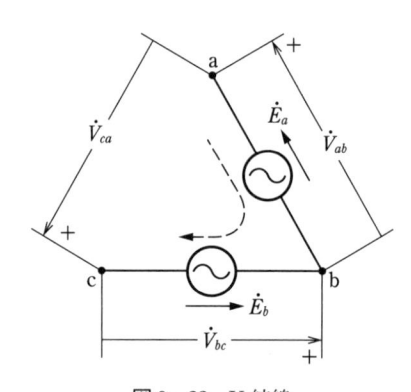

図 9・23　V 結線

9・7 V結線のベクトル図と電力

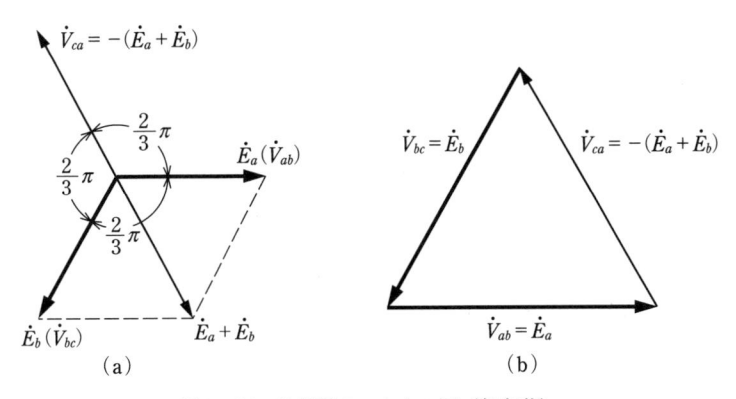

図9・24 V結線のベクトル図(無負荷)

限り三角結線でもV結線でもまったく同じになる．

(2) 負荷をかけた場合

図9・25(a)に示すように，平衡三相負荷（遅れ力率$\cos\theta$)をかけた場合を考えてみよう．負荷電流$\dot{I}_a$, $\dot{I}_b$, $\dot{I}_c$は線電流である．この電流は各線間電圧$\dot{V}_{ab}$, $\dot{V}_{bc}$, $\dot{V}_{ca}$より，それぞれ$(\pi/6+\theta)$遅れていることはすでに図9・14, 図9・15で学んだとおりである．

したがって，このベクトル関係は図9・25(b)のようになる．ベクトル図からわかることは，電源a相においては$\dot{E}_a$と$\dot{I}_a$の正の方向が一致していて，その間の位相差は$(\pi/6+\theta)$である．これに対して電源b相では，$\dot{E}_b$と$\dot{I}_c$の正の方向が反対で，その間の位相差は$(5\pi/6+\theta)$となっている．電源においては，a相のように起電力と電流の正の方向を一致させて考えたように，b相の起電力の正の方向を$\dot{I}_c$の正の方向と一致させた起電力を考えてみると，図(b)のようにこの起電力は$(-\dot{E}_b)$となり，この場合の$(-\dot{E}_b)$と$\dot{I}_c$との位相差は$(\pi/6-\theta)$である．したがって，a相とb相が発生している電力P_A, P_Bは，

$$P_A = |\dot{E}_a| \times |\dot{I}_a| \times \cos\left(\frac{\pi}{6}+\theta\right)$$

第9章 三相交流回路

(a)

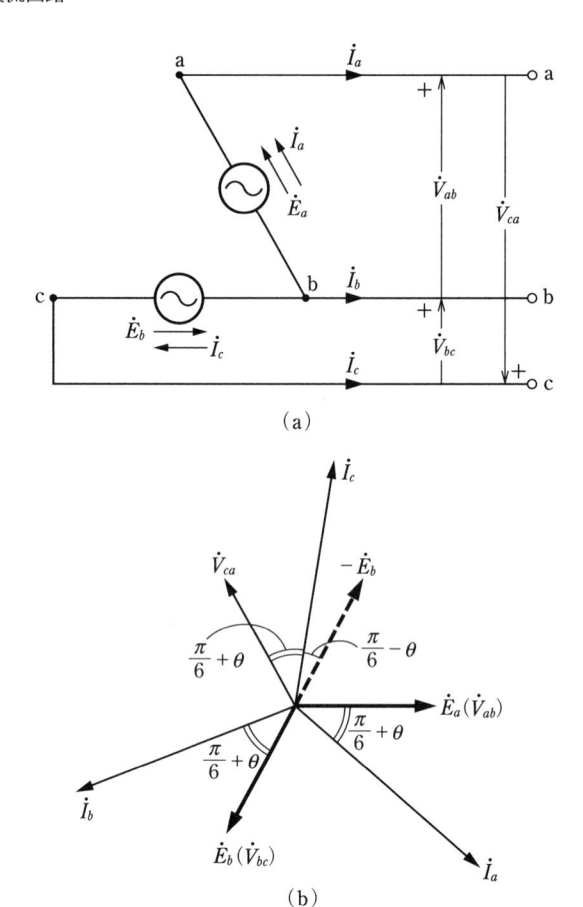

(b)

図9・25　V結線のベクトル図（負荷をかけたとき）

$$P_B = |-\dot{E}_b| \times |\dot{I}_c| \times \cos\left(\frac{\pi}{6} - \theta\right)$$

いま，$|\dot{E}_a| = |-\dot{E}_b| = V$，$|\dot{I}_a| = |\dot{I}_c| = I$ とおけば，

$$\left.\begin{aligned} P_A &= VI \cos\left(\frac{\pi}{6} + \theta\right) \\ P_B &= VI \cos\left(\frac{\pi}{6} - \theta\right) \end{aligned}\right\} \quad (9 \cdot 29)$$

したがって，電源の全電力 P は，

$$P = P_A + P_B = VI \cos\left(\frac{\pi}{6} + \theta\right) + VI \cos\left(\frac{\pi}{6} - \theta\right)$$
$$= VI\left\{\cos\left(\frac{\pi}{6} + \theta\right) + \cos\left(\frac{\pi}{6} - \theta\right)\right\} = VI \times 2\cos\frac{\pi}{6} \times \cos\theta$$
$$= \sqrt{3}\, VI \cos\theta \tag{9・30}$$

この値は，負荷の消費電力であることはいうまでもない．

9・8　不平衡三相交流回路の計算

いままで平衡三相回路について学んできたが，ここで対称三相起電力，すなわち各端子電圧が平衡している電源に，星形結線あるいは三角結線などの不平衡負荷が接続された場合の計算方法を学ぶ．

(1) 星形結線負荷の場合

起電力 $\dot{E}_a$, $\dot{E}_b$, $\dot{E}_c$ を発生する星形結線の電源に，インピーダンス $\dot{Z}_a$, $\dot{Z}_b$, $\dot{Z}_c$ の星形結線の負荷を接続した三相回路の各線電流を求めてみよう．

① 計算法1

まず図9・26に示すように，起電力と線電流の正の方向を定め，電源の内部インピーダンスを無視すれば，キルヒホッフの法則より次の式が成り立つ．

$$\dot{I}_a + \dot{I}_b + \dot{I}_c = 0 \tag{9・31}$$
$$\dot{E}_a - \dot{E}_b = \dot{Z}_a \dot{I}_a - \dot{Z}_b \dot{I}_b \tag{9・32}$$
$$\dot{E}_b - \dot{E}_c = \dot{Z}_b \dot{I}_b - \dot{Z}_c \dot{I}_c = \dot{Z}_b \dot{I}_b + \dot{Z}_c(\dot{I}_a + \dot{I}_b)$$
$$= \dot{Z}_c \dot{I}_a + (\dot{Z}_b + \dot{Z}_c)\dot{I}_b \tag{9・33}$$

式(9・32)×$\dot{Z}_c$ − 式(9・33)×$\dot{Z}_a$ から，

$$(\dot{E}_a - \dot{E}_b)\dot{Z}_c - (\dot{E}_b - \dot{E}_c)\dot{Z}_a = -(\dot{Z}_a\dot{Z}_b + \dot{Z}_b\dot{Z}_c + \dot{Z}_c\dot{Z}_a)\dot{I}_b \tag{9・34}$$

$$\therefore\quad \dot{I}_b = \frac{\dot{Z}_a(\dot{E}_b - \dot{E}_c) - \dot{Z}_c(\dot{E}_a - \dot{E}_b)}{\Delta} \tag{9・35}$$

同様にして，

第9章 三相交流回路

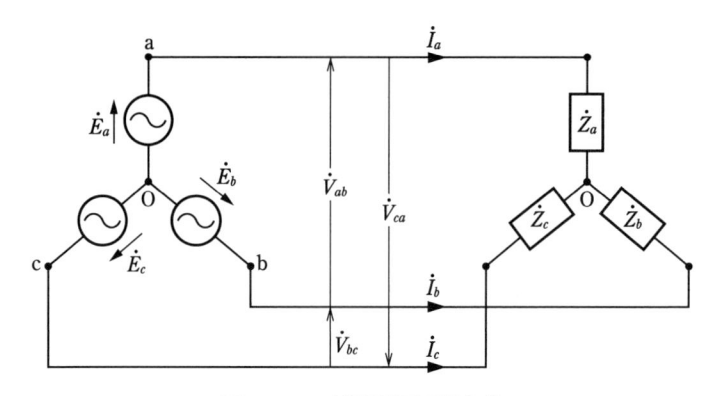

図9・26　三相星形不平衡負荷

$$\dot{I}_a = \frac{\dot{Z}_c(\dot{E}_a - \dot{E}_b) - \dot{Z}_b(\dot{E}_c - \dot{E}_a)}{\varDelta}$$

$$\dot{I}_c = \frac{\dot{Z}_b(\dot{E}_c - \dot{E}_a) - \dot{Z}_a(\dot{E}_b - \dot{E}_c)}{\varDelta}$$

(9・35)′

ここに，$\varDelta = \dot{Z}_a\dot{Z}_b + \dot{Z}_b\dot{Z}_c + \dot{Z}_c\dot{Z}_a$

また，各端子の線間電圧を $\dot{V}_{ab}$, $\dot{V}_{bc}$, $\dot{V}_{ca}$ とすれば，式(9・35)，(9・35)′ は次のように表すことができる．

$$\dot{I}_a = \frac{\dot{Z}_c\dot{V}_{ab} - \dot{Z}_b\dot{V}_{ca}}{\varDelta}$$

$$\dot{I}_b = \frac{\dot{Z}_a\dot{V}_{bc} - \dot{Z}_c\dot{V}_{ab}}{\varDelta}$$

$$\dot{I}_c = \frac{\dot{Z}_b\dot{V}_{ca} - \dot{Z}_a\dot{V}_{bc}}{\varDelta}$$

(9・36)

② 計算法2

不平衡負荷の場合 O′O の中性点の間に電位差を生ずるものである．次にこの中性点間の電圧を考えてこの問題を解いてみよう．

図9・27に示すように，$\dot{V}_{o'o}$ を電源の中性点との間の電圧とすれば，

9・8 不平衡三相交流回路の計算

$$\left.\begin{array}{l}\dot{I}_a=\dfrac{\dot{E}_a-\dot{V}_{o'o}}{\dot{Z}_a}\\[2mm]\dot{I}_b=\dfrac{\dot{E}_b-\dot{V}_{o'o}}{\dot{Z}_b}\\[2mm]\dot{I}_c=\dfrac{\dot{E}_c-\dot{V}_{o'o}}{\dot{Z}_c}\end{array}\right\} \quad (9\cdot 37)$$

また,

$$\dot{I}_a+\dot{I}_b+\dot{I}_c=0 \quad (9\cdot 38)$$

したがって,

$$\frac{\dot{E}_a-\dot{V}_{o'o}}{\dot{Z}_a}+\frac{\dot{E}_b-\dot{V}_{o'o}}{\dot{Z}_b}+\frac{\dot{E}_c-\dot{V}_{o'o}}{\dot{Z}_c}=0 \quad (9\cdot 39)$$

$$\therefore \quad \frac{\dot{E}_a}{\dot{Z}_a}+\frac{\dot{E}_b}{\dot{Z}_b}+\frac{\dot{E}_c}{\dot{Z}_c}=\dot{V}_{o'o}\left(\frac{1}{\dot{Z}_a}+\frac{1}{\dot{Z}_b}+\frac{1}{\dot{Z}_c}\right)$$

$$\therefore \quad \dot{V}_{o'o}=\frac{\dfrac{\dot{E}_a}{\dot{Z}_a}+\dfrac{\dot{E}_b}{\dot{Z}_b}+\dfrac{\dot{E}_c}{\dot{Z}_c}}{\dfrac{1}{\dot{Z}_a}+\dfrac{1}{\dot{Z}_b}+\dfrac{1}{\dot{Z}_c}}=\frac{\Sigma\left(\dfrac{\dot{E}}{\dot{Z}}\right)}{\Sigma\left(\dfrac{1}{\dot{Z}}\right)} \quad (9\cdot 40)$$

したがって,

$$\dot{I}_a=\frac{\dot{E}_a-\Sigma\left(\dfrac{\dot{E}}{\dot{Z}}\right)\Big/\Sigma\left(\dfrac{1}{\dot{Z}}\right)}{\dot{Z}_a}$$

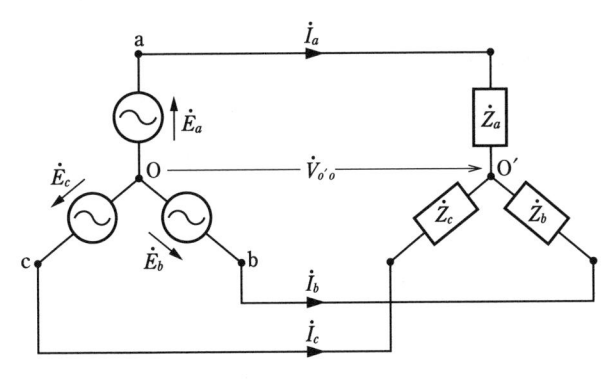

図 9・27 三相星形不平衡負荷

第9章 三相交流回路

$$\dot{I}_b = \frac{\dot{E}_b - \Sigma\left(\dfrac{\dot{E}}{\dot{Z}}\right)\Big/\Sigma\left(\dfrac{1}{\dot{Z}}\right)}{\dot{Z}_b} \tag{9・41}$$

$$\dot{I}_c = \frac{\dot{E}_c - \Sigma\left(\dfrac{\dot{E}}{\dot{Z}}\right)\Big/\Sigma\left(\dfrac{1}{\dot{Z}}\right)}{\dot{Z}_c}$$

となる．

③ 計算法3

いままでは，星形結線をそのまま計算したのであるが，まず与えられた星形結線の負荷 $\dot{Z}_a$, $\dot{Z}_b$, $\dot{Z}_c$ を星形結線から三角結線に換算して，図9・28に示すように等価の三角結線の負荷に換算して計算することもできる．したがって，（3）三角結線の負荷の場合の計算法によって解くことができる．

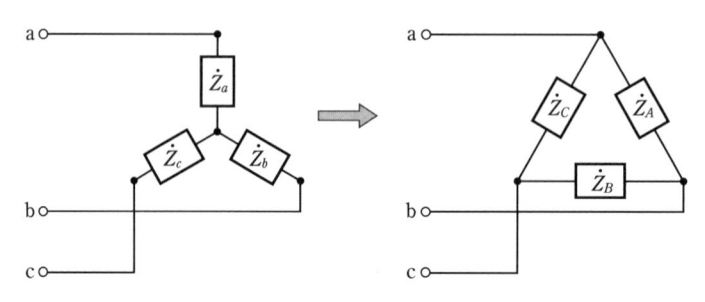

図9・28 負荷の Y-Δ 変換

（2）中性線のある星形結線の負荷

これは三相4線式の場合である．図9・29に示すように，電源の負荷の中性点 O と O' 間をインピーダンス $\dot{Z}_0$ の線で接続してある回路について考えてみよう．この場合も簡単にするために電源のインピーダンスは無視する．

いま，電圧と電流の正の方向を図のように定めれば，

9・8 不平衡三相交流回路の計算

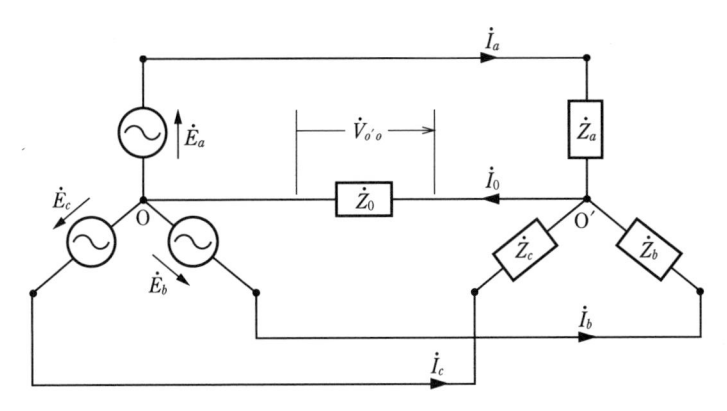

図9・29 三相4線式不平衡負荷

$$\left.\begin{array}{l}\dot{E}_a-\dot{V}_{o'o}=\dot{Z}_a\dot{I}_a \quad , \quad \dot{E}_b-\dot{V}_{o'o}=\dot{Z}_b\dot{I}_b \\ \dot{E}_c-\dot{V}_{o'o}=\dot{Z}_c\dot{I}_c \\ \dot{V}_{o'o}=\dot{I}_0\dot{Z}_0 \\ \dot{I}_a+\dot{I}_b+\dot{I}_c=\dot{I}_0 \end{array}\right\} \quad (9\cdot42)$$

という式が成り立つ.

$$\left.\begin{array}{l}\dot{I}_a=\dfrac{\dot{E}_a-\dot{V}_{o'o}}{\dot{Z}_a}=\dfrac{\dot{E}_a}{\dot{Z}_a}-\dfrac{\dot{Z}_0}{\dot{Z}_a}\dot{I}_0 \\ \dot{I}_b=\dfrac{\dot{E}_b-\dot{V}_{o'o}}{\dot{Z}_b}=\dfrac{\dot{E}_b}{\dot{Z}_b}-\dfrac{\dot{Z}_0}{\dot{Z}_b}\dot{I}_0 \\ \dot{I}_c=\dfrac{\dot{E}_c-\dot{V}_{o'o}}{\dot{Z}_c}=\dfrac{\dot{E}_c}{\dot{Z}_c}-\dfrac{\dot{Z}_0}{\dot{Z}_c}\dot{I}_0 \end{array}\right\} \quad (9\cdot43)$$

$$\dot{I}_0=\dot{I}_a+\dot{I}_b+\dot{I}_c=\left(\dfrac{\dot{E}_a}{\dot{Z}_a}+\dfrac{\dot{E}_b}{\dot{Z}_b}+\dfrac{\dot{E}_c}{\dot{Z}_c}\right)-\dot{Z}_0\dot{I}_0\left(\dfrac{1}{\dot{Z}_a}+\dfrac{1}{\dot{Z}_b}+\dfrac{1}{\dot{Z}_c}\right)$$

$$=\Sigma\left(\dfrac{\dot{E}}{\dot{Z}}\right)-\dot{Z}_0\dot{I}_0\Sigma\left(\dfrac{1}{\dot{Z}}\right)$$

$$\therefore \quad \dot{I}_0=\dfrac{\Sigma\left(\dfrac{\dot{E}}{\dot{Z}}\right)}{1+\dot{Z}_0\Sigma\left(\dfrac{1}{\dot{Z}}\right)}=\dfrac{\dfrac{\dot{E}_a}{\dot{Z}_a}+\dfrac{\dot{E}_b}{\dot{Z}_b}+\dfrac{\dot{E}_a}{\dot{Z}_c}}{1+\dot{Z}_0\left(\dfrac{1}{\dot{Z}_a}+\dfrac{1}{\dot{Z}_b}+\dfrac{1}{\dot{Z}_c}\right)} \quad (9\cdot44)$$

第9章 三相交流回路

式(9・44)を式(9・43)に代入すれば，$\dot{I}_a, \dot{I}_b, \dot{I}_c$ が求められる．なお，もし $\dot{Z}_0=0$ ならば，電源のインピーダンスを無視しているから，abc線と中性線間の電圧は対称三相電圧になり，

$$\left.\begin{array}{l} \dot{I}_a = \dfrac{\dot{E}_a}{\dot{Z}_a}, \quad \dot{I}_b = \dfrac{\dot{E}_b}{\dot{Z}_b}, \quad \dot{I}_c = \dfrac{\dot{E}_c}{\dot{Z}_c} \\ \dot{I}_0 = \dot{I}_a + \dot{I}_b + \dot{I}_c = \Sigma\left(\dfrac{\dot{E}}{\dot{Z}}\right) \end{array}\right\} \quad (9\cdot 45)$$

となる．

（3）三角結線負荷の場合

図9・30のようなインピーダンス $\dot{Z}_A, \dot{Z}_B, \dot{Z}_C$ の三角結線負荷に三相交流電圧を加えたときの線電流を計算してみよう．

図において，

$$\left.\begin{array}{l} \dot{V}_{ab} = \dot{Z}_A \dot{I}_a' \\ \dot{V}_{bc} = \dot{Z}_B \dot{I}_b' \\ \dot{V}_{ca} = \dot{Z}_C \dot{I}_c' \end{array}\right\} \quad (9\cdot 46)$$

$$\dot{I}_a' = \dfrac{\dot{V}_{ab}}{\dot{Z}_A}, \quad \dot{I}_b' = \dfrac{\dot{V}_{bc}}{\dot{Z}_B}, \quad \dot{I}_c' = \dfrac{\dot{V}_{ca}}{\dot{Z}_C} \quad (9\cdot 47)$$

したがって，各線電流 $\dot{I}_a, \dot{I}_b, \dot{I}_c$ は，

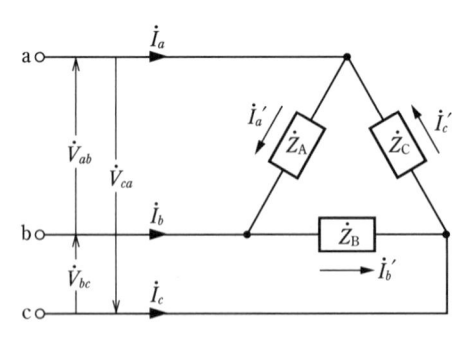

図9・30 三相三角結線の不平衡負荷

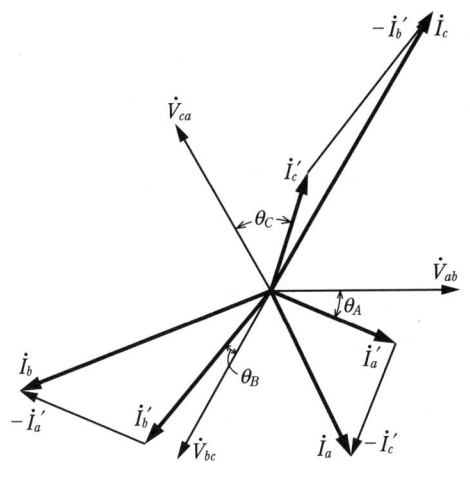

図 9・31

$$\left. \begin{array}{l} \dot{I}_a = \dot{I}_a' - \dot{I}_c' = \dfrac{\dot{V}_{ab}}{\dot{Z}_A} - \dfrac{\dot{V}_{ca}}{\dot{Z}_C} \\[6pt] \dot{I}_b = \dot{I}_b' - \dot{I}_a' = \dfrac{\dot{V}_{bc}}{\dot{Z}_B} - \dfrac{\dot{V}_{ab}}{\dot{Z}_A} \\[6pt] \dot{I}_c = \dot{I}_c' - \dot{I}_b' = \dfrac{\dot{V}_{ca}}{\dot{Z}_C} - \dfrac{\dot{V}_{bc}}{\dot{Z}_B} \end{array} \right\} \quad (9\cdot 48)$$

これらをベクトル図で表せば図 9・31 のようになる．

ここで，相電流の和 $\dot{I}_a' + \dot{I}_b' + \dot{I}_c'$ は不平衡負荷の場合であるから，必ずしも 0 にはならないが，線電流の和 $\dot{I}_a + \dot{I}_b + \dot{I}_c$ が 0 になることはキルヒホッフの第 1 法則から考えれば理解できるであろう．

例題 9・8

図 9・32 のような三相 4 線式回路において，中性線電流を計算せよ．ただし，負荷は無誘導で，

$$R_a = 3\,[\Omega]\ ,\quad R_b = 6\,[\Omega]\ ,\quad R_c = 15\,[\Omega]$$

とし，電源の相電圧は 120 V とし，中性線の抵抗は 0，相回転は abc とする．

解答 各線電流 $\dot{I}_a,\ \dot{I}_b,\ \dot{I}_c$ の大きさは，中性線の抵抗が 0 であるから，

$$I_a = \frac{120}{3} = 40 \text{ [A]}$$

$$I_b = \frac{120}{6} = 20 \text{ [A]}$$

$$I_c = \frac{120}{15} = 8 \text{ [A]}$$

これらの $\dot{I}_a$, $\dot{I}_b$, $\dot{I}_c$ は各相電圧と同相になるから，互いに $2\pi/3$ rad の位相差となる．したがって，$\dot{I}_a$ を基準にとれば，中性線に流れる電流は次のようになる．

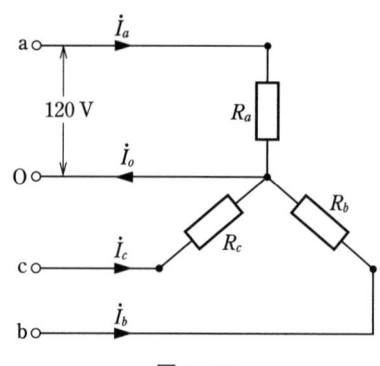

図 9・32

$$\dot{I}_0 = \dot{I}_a + I_b \angle -\frac{2}{3}\pi + I_c \angle -\frac{4}{3}\pi$$

$$= 40 + 20\left(-\frac{1}{2} - j\frac{\sqrt{3}}{2}\right) + 8\left(-\frac{1}{2} + j\frac{\sqrt{3}}{2}\right)$$

$$= (40 - 10 - 4) - j(10\sqrt{3} - 4\sqrt{3}) = 26 - j6\sqrt{3}$$

$\dot{I}_0$ の大きさは，

$$I_0 = |\dot{I}_0| = \sqrt{26^2 + (6\sqrt{3})^2} = \sqrt{784} = 28 \text{ [A]}$$

問 9・8 図 9・33 のような三相結線負荷の各相が，

$$\dot{Z}_a = R_a = 10 \text{ [Ω]} \quad \dot{Z}_b = R_b = 20 \text{ [Ω]} \quad \dot{Z}_c = R_c = 40 \text{ [Ω]}$$

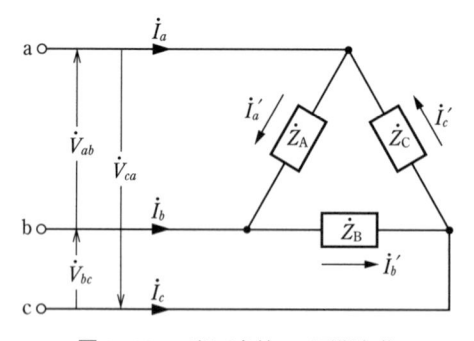

図 9・33 三相三角線の不平衡負荷

で，線間電圧（$V_{ab}=V_{bc}=V_{ca}$）が 200 V のときの各線電流の大きさを求めなさい．ただし，相回転は abc とする．

9・9　回転磁界

（1）三相交流による回転磁界

単相交流をコイルに流しても，単にそのコイルの軸上で変化する交番磁界をつくるにすぎない．しかし，空間角が互いに $2\pi/3$ rad になるように配置された 3 個の等しいコイルに対称三相交流を流すと，その中心に一定の大きさの回転磁界をつくることができる．ここでは，その原理について考えてみよう．

いま，図 9・34 に示すように，3 個の等しいコイル I，II，III を順次 $2\pi/3$ rad の空間角となるように配置して，これらを星形結線または三角結線にし，これに最大値が I_m の i_1，i_2，i_3 となる対称三相電流を流したとしよう．

i_1, i_2, i_3 を

$$\left.\begin{array}{l} i_1 = I_m \sin \omega t \\ i_2 = I_m \sin \left(\omega t - \dfrac{2}{3}\pi\right) \\ i_3 = I_m \sin \left(\omega t - \dfrac{4}{3}\pi\right) \end{array}\right\} \tag{9・49}$$

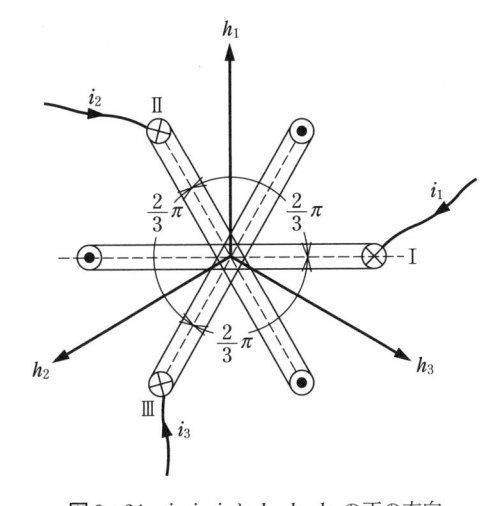

図 9・34　i_1, i_2, i_3 と h_1, h_2, h_3 の正の方向

とすれば，それぞれのコイルがその中心につくる磁界の強さ h_1，h_2，h_3 は，それぞれに流れる電流の瞬時値に比例するから，

第9章　三相交流回路

$$h_1 = ki_1 = kI_m \sin \omega t \\ h_2 = ki_2 = kI_m \sin \left(\omega t - \frac{2}{3}\pi\right) \\ h_3 = ki_3 = kI_m \sin \left(\omega t - \frac{4}{3}\pi\right)$$
(9・50)

で表され，それらの磁界の方向はそれぞれのコイルの面に垂直で，電流と磁界の方向との関係は右ねじの法則に従うことはいうまでもない．

したがって，h_1, h_2, h_3 は図9・34に示すように，空間において $2\pi/3$ rad ずつずれている．

いま，図9・35に示すように，任意の位置にある1つのコイルを考えて，このコイルのつくる任意の方向（X軸から θ 進んだ位置にある）にできる磁界 h を X 軸，Y 軸上の成分に分けると，

$$X 軸上の磁界 \quad h_x = h \cos \theta \\ Y 軸上の磁界 \quad h_y = h \sin \theta$$
(9・51)

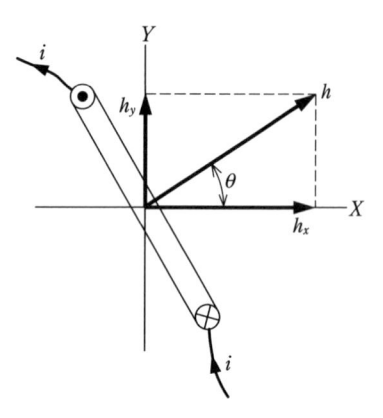

で表される．したがって，三相コイルのそれぞれのコイルのつくる磁界 h_1, h_2, h_3 を X, Y 両軸上の成分に分けると，図9・34より，コイル I は $\theta = \pi/2$ rad に相当するから，

$$h_{1x} = 0, \quad h_{1y} = h_1$$
(9・52)

図9・35　コイルのつくる磁界分解

コイル II は $\theta = (\pi + \pi/6)$ rad であるから，

$$h_{2x} = h_2 \cos \left(\frac{7}{6}\pi\right) = \left(-\frac{\sqrt{3}}{2}\right) h_2 \\ h_{2y} = h_2 \sin \left(\frac{7}{6}\pi\right) = \left(-\frac{1}{2}\right) h_2$$
(9・53)

コイル III は $\theta = -\pi/6$ rad であるから，

$$h_{3x} = h_3 \cos\left(-\frac{\pi}{6}\right) = \left(\frac{\sqrt{3}}{2}\right)h_3$$
$$h_{3y} = h_3 \sin\left(-\frac{\pi}{6}\right) = \left(-\frac{1}{2}\right)h_3$$
(9・54)

となる．ゆえに，X, Y 両軸上の成分の和 H_x, H_y は，

$$H_x = h_{1x} + h_{2x} + h_{3x} = 0 + \left(-\frac{\sqrt{3}}{2}h_2\right) + \left(\frac{\sqrt{3}}{2}h_3\right)$$
$$= \frac{\sqrt{3}}{2}(h_3 - h_2) = \frac{\sqrt{3}}{2}kI_m\left\{\sin\left(\omega t - \frac{4}{3}\pi\right) - \sin\left(\omega t - \frac{2}{3}\pi\right)\right\}$$
(9・55)

ここで，$\sin\alpha \pm \sin\beta = 2\sin\frac{\alpha\pm\beta}{2}\cos\frac{\alpha\mp\beta}{2}$ の公式より式(9・55)は，

$$\text{式}(9 \cdot 55) = \frac{\sqrt{3}}{2}kI_m 2\sin\left(-\frac{\pi}{3}\right)\cos(\omega t - \pi)$$
$$= \frac{\sqrt{3}}{2}kI_m 2\left(-\frac{\sqrt{3}}{2}\right)(-\cos\omega t)$$
$$= \frac{3}{2}kI_m \cos\omega t$$

$$\therefore\ H_x = \frac{3}{2}kI_m \cos\omega t \tag{9・56}$$

また，

$$H_y = h_{1y} + h_{2y} + h_{3y} = h_1 + \left(-\frac{h_2}{2}\right) + \left(-\frac{h_3}{2}\right)$$
$$= kI_m\left[\sin\omega t - \frac{1}{2}\left\{\sin\left(\omega t - \frac{2\pi}{3}\right) + \sin\left(\omega t - \frac{4\pi}{3}\right)\right\}\right]$$
$$= kI_m\left[\sin\omega t - \sin(\omega t - \pi)\cos\frac{\pi}{3}\right]$$
$$= kI_m\left[\sin\omega t + \frac{1}{2}\sin\omega t\right]$$
$$= \frac{3}{2}kI_m \sin\omega t$$

$$\therefore\ H_y = \frac{3}{2}kI_m \sin\omega t \tag{9・57}$$

3つのコイルの中心点にできる合成磁界を H_0 とすれば，これは H_x と H_y とを合成したものである．これは図9・36から，

$$H_0 = \sqrt{H_x{}^2 + H_y{}^2} = \frac{3}{2}kI_m\sqrt{\cos^2\omega t + \sin^2\omega t}$$

$$= \frac{3}{2}kI_m = \frac{3}{2}H_m \tag{9・58}$$

ここで $kI_m = H_m$ は各コイルにつくる磁界の最大値である．この H_0 の式中には，時間(t)に関する項が含まれていない．これより，中心磁界はどの時間においても，各コイルがつくる交番磁界の最大値 H_m の3/2倍に等しい一定の値をもつことを示している．

次に合成磁界 H_0 の方向がX軸となす角を θ とすれば，図9・36より，

$$\tan\theta = \frac{H_y}{H_x} = \frac{\dfrac{3}{2}kI_m\sin\omega t}{\dfrac{3}{2}kI_m\cos\omega t} = \tan\omega t \tag{9・59}$$

∴ $\theta = \omega t$

したがって，この場合は**合成磁界** H_0 は角速度 ω で時間(t)とともに反時計方向に回転していく．そして，1サイクルで正しく1回転する．この結果は，きわめて重要な意味をもっている．すなわち，**回転磁界** H_0 の回転方向は，位相の進んでいる電流の流れているコイルから，位相の遅れている電流の流れているコイルの方向に回転する．

例えば，図9・34の場合に，コイルⅠ，Ⅱ，Ⅲに流れる電流 i_1, i_2, i_3 によってつくられる回転磁界 H_0 は，電流の相順がⅠ，Ⅱ，ⅢならばⅠ→Ⅱ→Ⅲの順に反時計方向へ回転する．

回転磁界 H_0 の方向は，あるコイルの電流が最大となった瞬間に，そのコイルのつくる磁界の方向と一致している．

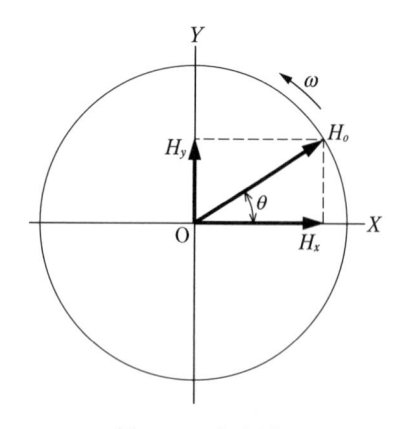

図9・36 合成磁界

9・9 回転磁界

図9・37の(a),(b),(c)は, i_1, i_2, i_3 がそれぞれ最大になった瞬間（$\omega t =$ $\pi/2$, $\pi/2+2\pi/3$, $\pi/2+4\pi/3$）における H_0 の位置を示している.

以上は, 三相交流のつくる回転磁界について調べたが, 一般に n 相交流を空間角 $2\pi/n$ [rad] 離しておいたコイルに通じると, 1相の最大磁界の強さが H_m なら,

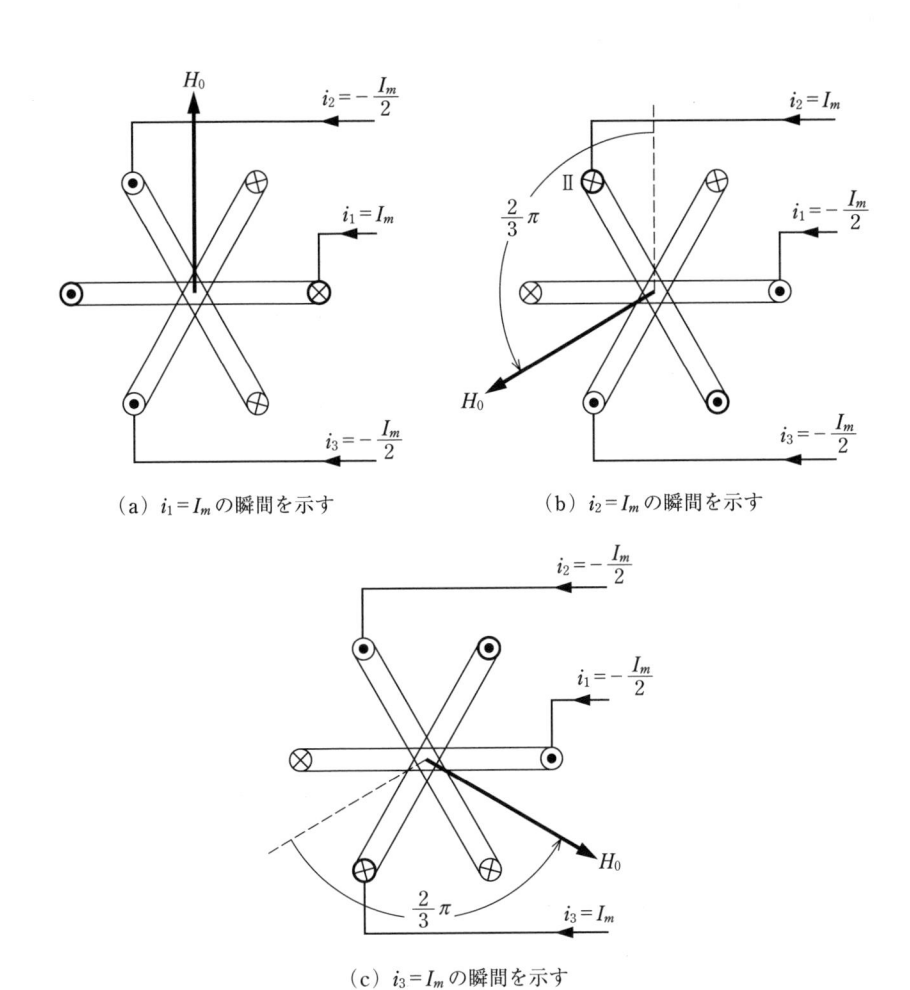

(a) $i_1=I_m$ の瞬間を示す

(b) $i_2=I_m$ の瞬間を示す

(c) $i_3=I_m$ の瞬間を示す

図9・37 合成磁界の方向

第9章 三相交流回路

$$H_0 = \frac{n}{2} H_m \tag{9・60}$$

の合成の回転磁界を生じ，やはり ω の角速度で回転するものである．なお，特別な場合として，次に二相交流による回転磁界について考えてみよう．

（2）二相交流による回転磁界

二相交流というのは，図9・38(a)，(b)に示すように，お互いに $\pi/2$ rad の位相差のある2つの交流を組み合わせた方式である．この二相交流で回転磁界を発生させる原理について調べてみよう．

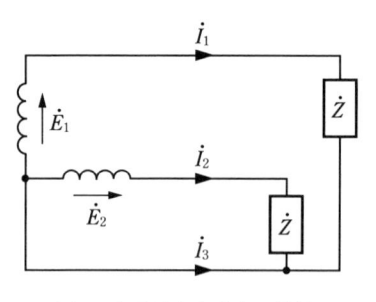

（a）二相交流と負荷との接続　　　　　（b）二相交流のベクトル図

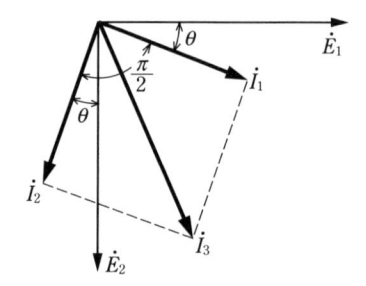

図9・38　二相交流

いま，図9・39に示すように，2つの等しいコイルⅠ，Ⅱを直角の位置に配置して，これらに，

$$i_1 = I_m \sin \omega t \quad , \quad i_2 = \sin\left(\omega t - \frac{\pi}{2}\right) \tag{9・61}$$

の二相交流を流したとき，各コイルの中心に生ずる磁界 h_1, h_2 は，

$$h_1 = k i_1 = k I_m \sin \omega t$$

$$h_2 = k i_2 = k I_m \sin\left(\omega t - \frac{\pi}{2}\right)$$

となり，図9・39(a)のようになる．したがって，図9・39(b)から，

9・9 回転磁界

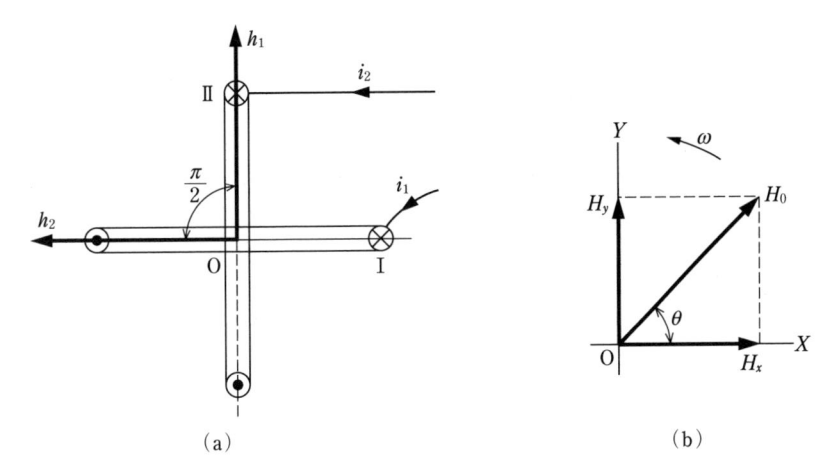

(a)　　　　　　　　　(b)

図 9・39　二相交流のつくる回転磁界

X 軸上の磁界　$H_x = -h_2 = -kI_m \sin\left(\omega t - \dfrac{\pi}{2}\right) = -kI_m \cos \omega t$

Y 軸上の磁界　$H_y = h_1 = kI_m \sin \omega t$

合成磁界　$H_0 = \sqrt{H_x{}^2 + H_y{}^2} = kI_m \sqrt{\cos^2 \omega t + \sin^2 \omega t} = kI_m$ 　　　(9・62)

また，

$$\tan \theta = \dfrac{H_y}{H_x} = \tan \omega t \tag{9・63}$$

∴　$\theta = \omega t$

したがって，中心の合成磁界の大きさ H_0 は，各コイルの電流が最大の瞬間に生ずる磁界の大きさ kI_m に等しく，三相交流による回転磁界と同様，ω という一定の角速度で回転する．そして，この回転方向は，位相の進んでいるコイルから位相の遅れているコイルの方向へ回転する．

ちなみに，回転磁界の回転方向を変えるためには，三相回路の 3 本の電線のうち任意の 2 本の電線を入れ替えればよい（図 9・40 参照：相回転は 123）．

第 9 章　三相交流回路

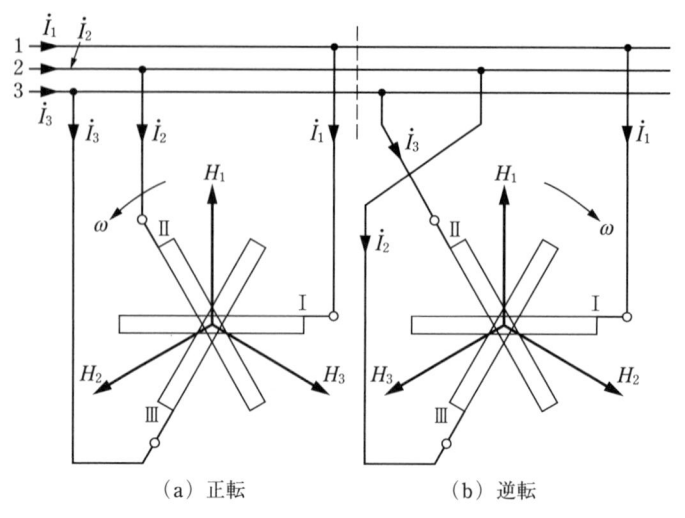

(a) 正転　　　　　　　(b) 逆転

図 9・40　回転磁界の逆転

章末問題

1. 図 9・41 において，負荷のインピーダンスは $\dot{Z}=100\angle\dfrac{\pi}{6}$ 〔Ω〕である．これに 200 V の平衡三相電源を加えた場合，線電流の大きさはいくらになるか．
2. 前問において，三相負荷の全電力はいくらになるか．
3. E〔V〕の三角結線の三相発電機に抵抗 r〔Ω〕，リアクタンス x〔Ω〕の等しいインピーダンスを星型に結線して接続してある．
　　(a) 線電流　　(b) 発電機の相電流

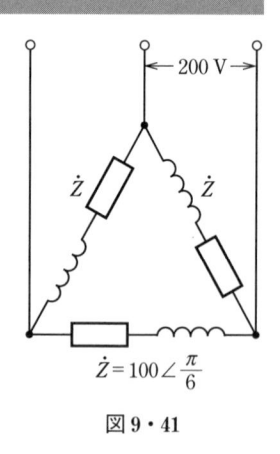

$\dot{Z}=100\angle\dfrac{\pi}{6}$

図 9・41

はそれぞれいくらになるか．ただし，発電機内のインピーダンスは無視する．

4. 相等しい 6 個の抵抗 r 〔Ω〕を図 9・42 のように接続したものに，対称三相電圧 V を加えたときの電流 I_1，I_2 を求めなさい．

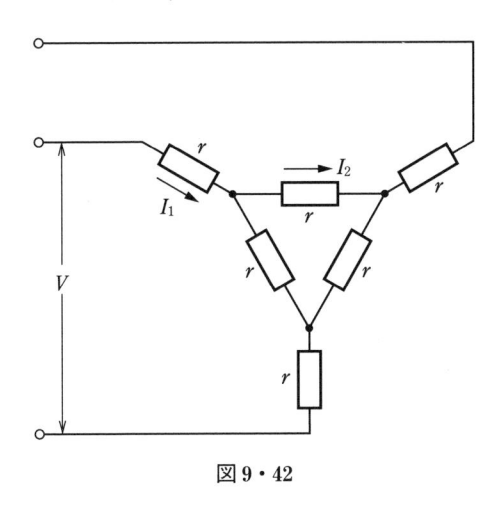

図 9・42

5. 図 9・43 において，線間電圧が

$\dot{V}_{ab} = 100$

$\dot{V}_{bc} = 100 \angle -\dfrac{2}{3}\pi$

$\dot{V}_{ca} = 100 \angle \dfrac{2}{3}\pi$

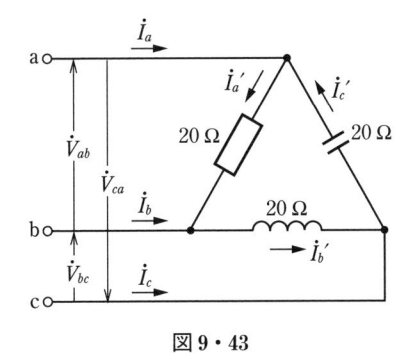

図 9・43

ならば，相電流 $\dot{I}_a{}'$, $\dot{I}_b{}'$, $\dot{I}_c{}'$ および線電流 $\dot{I}_a$, $\dot{I}_b$, $\dot{I}_c$ を求めなさい．

6. 図 9・44 のような不平衡星形負荷に 200 V の対称三相電圧を加えたら，I_a, I_b, I_c の大きさはいくらか．ただし，$R_a=2〔Ω〕$, $R_b=5〔Ω〕$, $R_c=10〔Ω〕$ とする．ただし相回転は abc とする．

図 9・44

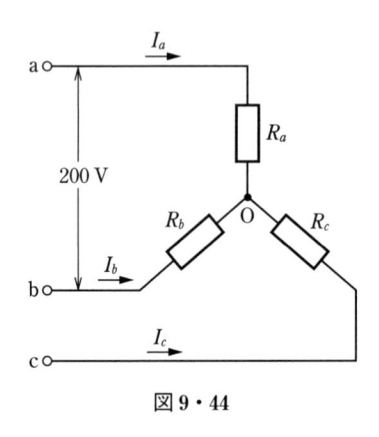

第 10 章

非正弦波交流

いままでは正弦波形の交流について各種の回路の取り扱い方を学んできた．しかし，実際には正弦波形以外の非正弦波形のものも多い．本章では，非正弦波形の取り扱いの大要について学ぶ．

10・1　非正弦波交流とは

一定の周期で変化しているが，正弦波形でない交流を一般に**非正弦波交流**（non-sinusoidal wave AC），または**ひずみ波交流**（distorted wave AC）という．一般に電子回路では非正弦波を扱うことが多い．また供給電圧が正弦波形の場合でも，回路中に鉄心を含んだ自己インダクタンス（鉄心のヒステリシス，磁気飽和現象）があるときや，半導体素子（非線形素子）など，電圧と電流の関係が直線でない素子がある場合は，回路に流れる電流は正弦波ではなくなる．また第 11 章で学ぶような，過渡的な現象の繰り返しによっても非正弦波交流が発生する．すなわち，非線形素子や過渡現象によって，非正弦波交流は発生する．

図 10・1 に各種の主な非正弦波交流電圧波形を示す．

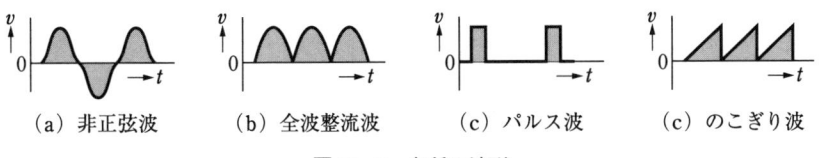

　　(a) 非正弦波　　(b) 全波整流波　　(c) パルス波　　(c) のこぎり波

図 10・1　各種の波形

第10章 非正弦波交流

10・2 フーリエ級数

フーリエ（Fourier）の研究によれば，一定の周期をもって同じ形の波形を反復する波状曲線は，これを周波数の違った（基本になる周波数の整数倍）多くの正弦波の集合したものとして表すことができるものであると数学的に証明した．すなわち，非正弦波 y は，

$$y = A_0 + a_1 \sin \omega t + a_2 \sin 2\omega t + \cdots + a_n \sin n\omega t$$
$$+ \cdots + b_1 \cos \omega t + b_2 \cos 2\omega t + \cdots + b_n \cos n\omega t + \cdots$$

これを**フーリエ級数**（Fourier series）という．この式を $A_n = \sqrt{a_n{}^2 + b_n{}^2}$，$\varphi_n = \tan^{-1}(b_n/a_n)$ とおけば，次式のようになる．

$$y = A_0 + A_1 \sin(\omega t + \varphi_1) + A_2 \sin(2\omega t + \varphi_2) + A_3 \sin(3\omega t + \varphi_3) + \cdots$$
$$= A_0 + \sum_{n=1}^{\infty} A_n \sin(n\omega t + \varphi_n)$$

上式の第1項 A_0 は時間 (t) に無関係，すなわち，直流分を示すもので，この値は非正弦波 y の1サイクルの間の平均値に相当する．

第2項はその波状曲線の周波数を定めるもので，これを非正弦波の**基本波**（fundamental wave）という．A_1 はその最大値である．この基本波は非正弦波

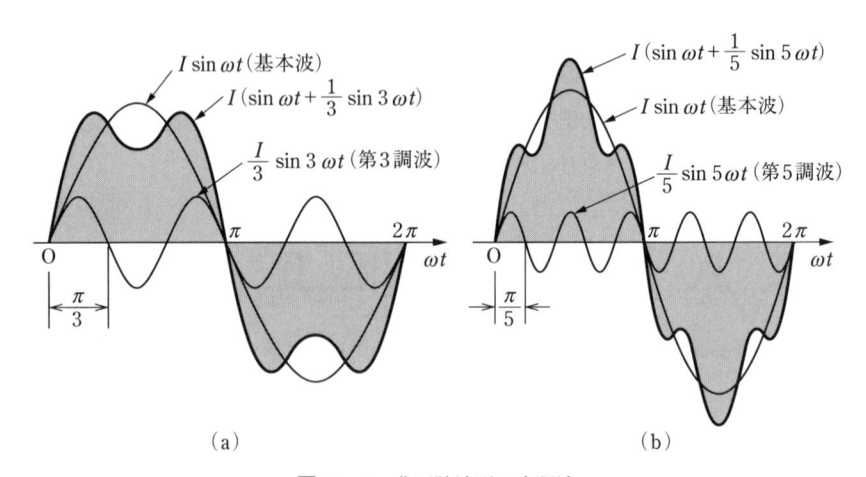

(a)　　　　　　　　　　　　　(b)

図10・2　非正弦波形と高調波

y を表す級数中で最も重要な項であり,普通は各項の最大値中で最も大きな値をもっている.

第3項以下は基本波からひずんでいる程度を示すもので,これらを**高調波**(higher harmonics)と呼び,その周波数が基本波の周波数の何倍となるかによって,**第2調波**(2nd harmonics),**第3調波**(3rd harmonics)と呼び,一般に**第 n 調波**(nth harmonics)という.図10・2(a)は基本波と第3調波,図(b)は基本波と第5調波が合成されて,ひずんでいる状態を示したものである.

10・3 波形と高調波

いま,非正弦波起電力 e_1 が,
$$e_1 = E_1 \sin(\omega t + \theta_1) + E_2 \sin(2\omega t + \theta_2) + E_3 \sin(3\omega t + \theta_3)$$
$$+ E_4 \sin(4\omega t + \theta_4) + \cdots \tag{10・1}$$
の式で表されるとする.この起電力 e_1 の正の半周期と負の半周期が対象的な波形になるためには,ωt なる瞬間から半周期を経過した $\omega t' = \omega t + \pi$ の瞬間における値 (e_1') が ωt の瞬時値 e_1 の反対符号で同じ大きさの値でなければならない.

いま,式(10・1)の ωt の代わりに $\omega t' = \omega t + \pi$ を代入してみると,
$$e_1' = E_1 \sin(\omega t' + \theta_1) + E_2 \sin(2\omega t' + \theta_2) + E_3 \sin(3\omega t' + \theta_3)$$
$$+ E_4 \sin(4\omega t' + \theta_4) + \cdots$$
$$= E_1 \sin(\omega t + \pi + \theta_1) + E_2 \sin(2\omega t + 2\pi + \theta_2)$$
$$+ E_3 \sin(3\omega t + 3\pi + \theta_3) + E_4 \sin(4\omega t + 4\pi + \theta_4) + \cdots$$
$$= -E_1 \sin(\omega t + \theta_1) + E_2 \sin(2\omega t + \theta_2) - E_3 \sin(3\omega t + \theta_3)$$
$$+ E_4 \sin(4\omega t + \theta_4) + \cdots$$
$$= -e_1 + 2\{E_2 \sin(2\omega t + \theta_2) + E_4 \sin(4\omega t + \theta_4) + \cdots\}$$
となるから,任意のときの瞬時値 (e_1) の大きさと,そのときから半周期後の瞬時値 (e_1') の大きさとは等しくない.したがって,正の半周期と負の半周期が対称的な波形とはならないのである.

しかし,もし非正弦波交流の中に偶数波形が含まれていないとすれば,

第10章 非正弦波交流

$$e_1' = -e_1 \quad (10 \cdot 2)$$

となるから，対称波形になることがわかる．

以上の考えから，正の半周期と負の半周期が対称的である波形は，奇数波の高調波のみの集合であり，偶数波はまったく含まれていないということがいえる．また，これを逆にいえば，非正弦波の中に偶数高調波を含んでいるなら非対称波形になるということができる．

図10・3(a), (b)は以上の結果を明らかにしている．

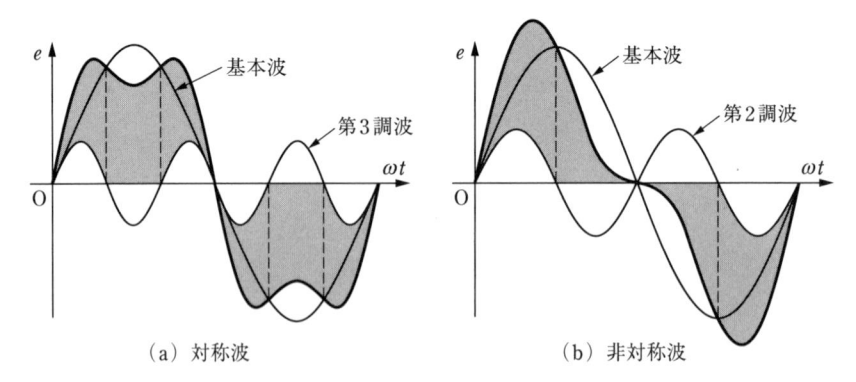

(a) 対称波

(b) 非対称波

図10・3　波形と高調波の関係

次に，任意の非正弦波交流をフーリエ級数展開した例を参考までにあげておく．式中の x は時間とともに変化する角である．

① 半波整流波形

$$i = I_m \left\{ \frac{1}{\pi} + \frac{1}{2}\sin x - \frac{2}{\pi}\left(\frac{\cos 2x}{3} + \frac{\cos 4x}{15} + \frac{\cos 6x}{35} + \cdots \right) \right\}$$

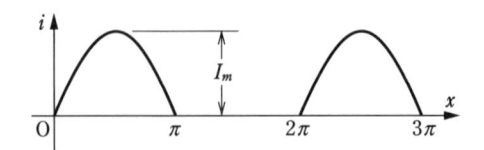

図10・4　半波整流波形

② 全波整流波形

$$i = \frac{2I_m}{\pi}\left\{1 - \frac{2\cos 2x}{3} - \frac{2\cos 4x}{15} - \frac{2\cos 6x}{35} - \cdots\right\}$$

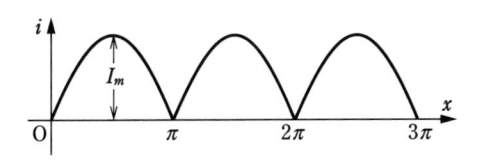

図 10・5　全波整流波形

③ 方形波

$$i = \frac{4I}{\pi}\left(\sin x + \frac{1}{3}\sin 3x + \frac{1}{5}\sin 5x + \cdots\right)$$

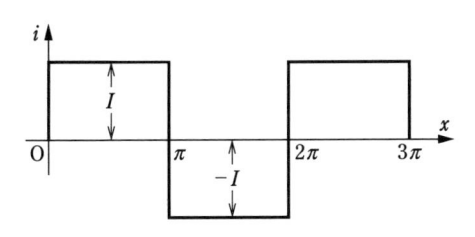

図 10・6　方形波

④ 三角波

$$i = \frac{8I_m}{\pi}\left(\sin x - \frac{1}{9}\sin 3x + \frac{1}{25}\sin 5x - \cdots\right)$$

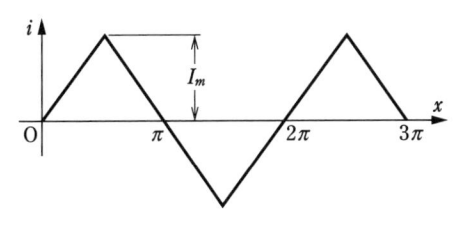

図 10・7　三角波

第10章　非正弦波交流

10・4　非正弦波交流の実効値

波形がどのようにひずんでいても，その実効値は1サイクル間の瞬時値の2乗の和の平均の平方根に等しいから，

$$i = i_1 + i_3 + i_5 = I_{1m}\sin(\omega t + \varphi_1) + I_{3m}\sin(3\omega t + \varphi_3) + I_{5m}\sin(5\omega t + \varphi_5) \tag{10・3}$$

という電流の実効値は i^2 の平均の平方根である．いま，i^2 を求めると，

$$\begin{aligned} i^2 &= (i_1 + i_3 + i_5)^2 = i_1{}^2 + i_3{}^2 + i_5{}^2 + 2i_1i_3 + 2i_3i_5 + 2i_5i_1 \\ &= I_{1m}{}^2\sin^2(\omega t + \varphi_1) + I_{3m}{}^2\sin^2(3\omega t + \varphi_3) + I_{5m}{}^2\sin^2(5\omega t + \varphi_5) \\ &\quad + 2I_{1m}I_{3m}\sin(\omega t + \varphi_1)\sin(3\omega t + \varphi_3) \\ &\quad + 2I_{3m}I_{5m}\sin(3\omega t + \varphi_3)\sin(5\omega t + \varphi_5) \\ &\quad + 2I_{5m}I_{1m}\sin(5\omega t + \varphi_5)\sin(\omega t + \varphi_1) \end{aligned} \tag{10・4}$$

ところが，第2章の実効値のところで学んだように，

$$\left. \begin{aligned} i_1{}^2\text{ の平均} &= I_{1m}{}^2\sin^2(\omega t + \varphi_1)\text{ の平均} = \frac{I_{1m}{}^2}{2} \\ i_3{}^2\text{ の平均} &= I_{3m}{}^2\sin^2(3\omega t + \varphi_3)\text{ の平均} = \frac{I_{3m}{}^2}{2} \\ i_5{}^2\text{ の平均} &= I_{5m}{}^2\sin^2(5\omega t + \varphi_5)\text{ の平均} = \frac{I_{5m}{}^2}{2} \end{aligned} \right\} \tag{10・5}$$

これに対して $2i_1i_3$, $2i_3i_5$, $2i_5i_1$ のうち $2i_1i_3$ を計算してみると，

$$\begin{aligned} 2i_1i_3 &= 2I_{1m}I_{3m}\sin(\omega t + \varphi_1)\sin(3\omega t + \varphi_3) \\ &= I_{1m}I_{3m}\{\cos(2\omega t + \varphi_3 - \varphi_1) - \cos(4\omega t + \varphi_1 + \varphi_3)\} \end{aligned} \tag{10・6}$$

したがって，

$$\begin{aligned} 2i_1i_3\text{ の平均} &= [I_{1m}I_{3m}\cos(2\omega t + \varphi_3 - \varphi_1)\text{ の平均}] \\ &\quad - [I_{1m}I_{3m}\cos(4\omega t + \varphi_1 + \varphi_3)\text{ の平均}] \end{aligned} \tag{10・7}$$

となる．そして，一般に sin 曲線でも cos 曲線でも，これを1サイクルの間で平均すると0になるから，

$$2i_1i_3\text{ の平均} = 0 \tag{10・8}$$

同様な理由で，$2i_3i_5$, $2i_5i_1$ の平均も0になる．したがって，

$$i^2 \text{ の平均} = \frac{I_{1m}^2}{2} + \frac{I_{3m}^2}{2} + \frac{I_{5m}^2}{2} = I_1^2 + I_3^2 + I_5^2 \tag{10・9}$$

ただし，$I_1 = I_{1m}/\sqrt{2}$，$I_3 = I_{3m}/\sqrt{2}$，$I_5 = I_{5m}/\sqrt{2}$ は，それぞれ各調波の実効値である．ゆえに，全体としての実効値を I とすれば，

$$I = \sqrt{i^2 \text{ の平均}} = \sqrt{I_1^2 + I_3^2 + I_5^2} \tag{10・10}$$

となる．もし電流 i の他に直流分 I_0 を含む場合には，

$$I = \sqrt{I_0^2 + I_1^2 + I_3^2 + I_5^2} \tag{10・11}$$

となる．一般に

$$\text{非正弦波の実効値} = \sqrt{\sum (\text{各調波の実効値})^2} \tag{10・12}$$

として表すことができる．

例題 10・1

次に示す非正弦波交流電圧の実効値を求めなさい．

$$e = 60\sqrt{2} \sin \omega t + 9\sqrt{2} \sin 3\omega t + 3\sqrt{2} \sin 5\omega t \text{ [V]}$$

解答 まず，基本波，第3調波，第5調波の各実効値を調べる．

基本波の実効値　　$E_1 = 60$ [V]

第3調波の実効値　$E_3 = 9$ [V]

第5調波の実効値　$E_5 = 3$ [V]

よって，式(10・12)より電圧の実効値は，

$$E = \sqrt{E_1^2 + E_3^2 + E_5^2} = \sqrt{60^2 + 9^2 + 3^2} = \sqrt{3690} \fallingdotseq 60.7 \text{ [V]}$$

問 10・1　次の非正弦波交流の実効値を求めなさい．

(1) $e = 100\sqrt{2} \sin \omega t + 30\sqrt{2} \sin\left(3\omega t - \frac{\pi}{2}\right)$ [V]

(2) $i = 50 + 25\sqrt{2} \sin \omega t$ [A]

10・5　非正弦波交流回路の計算

非正弦波電圧 (v) が抵抗 R，インダクタンス L，静電容量 C の交流回路に加

第10章　非正弦波交流

えられたときの非正弦波電流 (i) の計算の仕方と，このときの電圧 (v) と電流 (i) の波形の関係について調べてみよう．

いま，図 10・8 (a) に示すような一定の R, L, C が直列にある回路に，
$$v = v_1 + v_3 + v_5$$
$$= V_{1m}\sin(\omega t + \varphi_1) + V_{3m}\sin(3\omega t + \varphi_3) + V_{5m}\sin(5\omega t + \varphi_5)$$
を加えたとすると，この回路に流れる電流 i は図 (b) のように基本波 $v_1 = V_{1m}\sin(\omega t + \varphi_1)$，第 3 調波 $v_3 = V_{3m}\sin(3\omega t + \varphi_3)$，第 5 調波 $v_5 = V_{5m}\sin(5\omega t + \varphi_5)$ の電圧を別々に加えたときの回路に流れる電流を求め，それぞれの電流を加え合わせればよい．このとき基本波，第 3 調波，第 5 調波の各インピーダンスをそれぞれ Z_1, Z_2, Z_3 とすれば，

$$\left.\begin{array}{l} Z_1 = \sqrt{R^2 + \left(\omega L - \dfrac{1}{\omega C}\right)^2} \\[2mm] Z_3 = \sqrt{R^2 + \left(3\omega L - \dfrac{1}{3\omega C}\right)^2} \\[2mm] Z_5 = \sqrt{R^2 + \left(5\omega L - \dfrac{1}{5\omega C}\right)^2} \end{array}\right\} \qquad (10\cdot13)$$

となる．

したがって，電圧 v_1, v_3, v_5 によって流れる各調波の電流を i_1, i_3, i_5 とすれば，

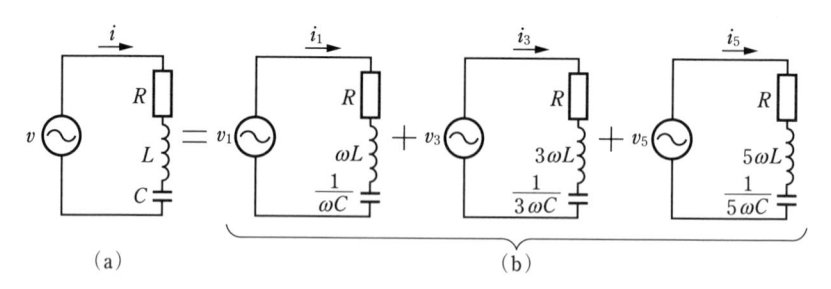

図 10・8　R-L-C 直列回路の計算法

$$
\left.
\begin{aligned}
i_1 &= \frac{v_1}{Z_1} = \frac{V_{1m}}{Z_1}\sin(\omega t - \varphi_1 - \theta_1) \\
i_3 &= \frac{v_3}{Z_3} = \frac{V_{3m}}{Z_3}\sin(3\omega t + \varphi_3 - \theta_3) \\
i_5 &= \frac{v_5}{Z_5} = \frac{V_{5m}}{Z_5}\sin(5\omega t - \varphi_5 - \theta_5)
\end{aligned}
\right\} \tag{10・14}
$$

となるから，これらを加え合わせることによって，非正弦波交流(i)を求めることができる．ただし，ここに θ_1, θ_3, θ_5 は電流の遅れの角（力率角）で，

$$
\left.
\begin{aligned}
\theta_1 &= \tan^{-1}\frac{\omega L - \dfrac{1}{\omega C}}{R} \\
\theta_3 &= \tan^{-1}\frac{3\omega L - \dfrac{1}{3\omega C}}{R} \\
\theta_5 &= \tan^{-1}\frac{5\omega L - \dfrac{1}{5\omega C}}{R}
\end{aligned}
\right\} \tag{10・15}
$$

である．

したがって，R-L-C 直列回路に流れる電流の瞬時値 i は，

$$
\begin{aligned}
i = i_1 + i_3 + i_5 &= \frac{V_{1m}}{Z_1}\sin(\omega t - \varphi_1 - \theta_1) + \frac{V_{3m}}{Z_3}\sin(3\omega t + \varphi_3 - \theta_3) \\
&\quad + \frac{V_{5m}}{Z_5}\sin(5\omega t - \varphi_5 - \theta_5)
\end{aligned}
\tag{10・16}
$$

となる．ちなみに，このとき回路に流れる電流の実効値を計算する方法は前節で学んだ式(10・12)を利用すればよい．

例題 10・2

抵抗 $R = 300\,[\Omega]$ と静電容量 $C = 10\,[\mu\mathrm{F}]$ の直列回路に実効値 100 V，周波数 50 Hz の基本波と実効値 50 V の第 3 調波からなる非正弦波電圧 v を加えたとき，回路に流れる電流の瞬時値を求めよ．

解答　問題の文章から加えられた非正弦波電圧 v は，

$$
\begin{aligned}
v &= 100\sqrt{2}\,\sin(2\pi \times 50 \times t) + 50\sqrt{2}\,\sin(3 \times 2\pi \times 50 \times t) \\
&= 100\sqrt{2}\,\sin 100\pi t + 50\sqrt{2}\,\sin 300\pi t\,[\mathrm{V}]
\end{aligned}
$$

となる.

基本波および第3調波のインピーダンス Z_1, Z_3 は，次式で求まる.

$$Z_1 = \sqrt{R^2 + \left(\frac{1}{\omega C}\right)^2} = \sqrt{300^2 + \left(\frac{1}{2\pi \times 50 \times 10 \times 10^{-6}}\right)^2}$$

$$\fallingdotseq 437 \, [\Omega]$$

$$Z_3 = \sqrt{R^2 + \left(\frac{1}{3\omega C}\right)^2} = \sqrt{300^2 + \left(\frac{1}{3 \times 2\pi \times 50 \times 10 \times 10^{-6}}\right)^2}$$

$$\fallingdotseq 318 \, [\Omega]$$

したがって，基本波および第3調波の電流を i_1, i_3 とすれば，次式のようになる.

$$i_1 = \frac{100}{Z_1}\sqrt{2}\,\sin(100\pi t + \theta_1) = \frac{100}{437}\sqrt{2}\,\sin(100\pi t + \theta_1)$$

$$\fallingdotseq 0.23\sqrt{2}\,\sin(100\pi t + \theta_1)\,[\mathrm{A}]$$

$$i_3 = \frac{50}{Z_3}\sqrt{2}\,\sin(300\pi t + \theta_3) = \frac{50}{318}\sqrt{2}\,\sin(300\pi t + \theta_3)$$

$$\fallingdotseq 0.16\sqrt{2}\,\sin(300\pi t + \theta_3)\,[\mathrm{A}]$$

ここに，

$$\theta_1 = \tan^{-1}\frac{1}{\omega CR} = \tan^{-1}\frac{1}{2\pi \times 50 \times 10 \times 10^{-6} \times 300} \fallingdotseq 0.82\,[\mathrm{rad}]$$

$$\theta_3 = \tan^{-1}\frac{1}{3\omega CR} = \tan^{-1}\frac{1}{3 \times 2\pi \times 50 \times 10 \times 10^{-6} \times 300}$$

$$\fallingdotseq 0.34\,[\mathrm{rad}]$$

したがって，回路に流れる電流の瞬時式 i は，

$$i = i_1 + i_3 = 0.23\sqrt{2}\,\sin(100\pi t + 0.82)$$

$$+ 0.16\sqrt{2}\,\sin(300\pi t + 0.34)\,[\mathrm{A}]$$

問 10・2 抵抗 $R = 300\,[\Omega]$ とインダクタンス $L = 0.5\,[\mathrm{H}]$ の直列回路に次のような基本波と第2調波からなる

$$v = 100\sqrt{2}\,\sin 100\pi t + 50\sqrt{2}\,\sin 200\pi t\,[\mathrm{V}]$$

の電圧を加えたとき，回路に流れる電流の瞬時値 i を求めなさい.

10・6　ひずみ率

ここで，静電容量 C 〔F〕のコンデンサおよび自己インダクタンス L 〔H〕に $v = V_{1m} \sin \omega t + V_{5m} \sin 5\omega t$ 〔V〕という電圧を加えたとき，流れる電流の値を計算して，電圧 v と電流 i のひずみの程度を比較してみよう．C に流れる電流を i_C，L に流れる電流を i_L とすれば，式(10・16)の関係より，

$$\left. \begin{aligned} i_C &= \omega C \left\{ V_{1m} \sin\left(\omega t + \frac{\pi}{2}\right) + 5 V_{5m} \sin\left(5\omega t + \frac{\pi}{2}\right) \right\} \text{〔A〕} \\ i_L &= \frac{1}{\omega L} \left\{ V_{1m} \sin\left(\omega t - \frac{\pi}{2}\right) + \frac{V_{5m}}{5} \sin\left(5\omega t - \frac{\pi}{2}\right) \right\} \text{〔A〕} \end{aligned} \right\} \quad (10・17)$$

となる．この場合，加えた電圧 v の第5調波と基本波との割合は (V_{5m}/V_{1m}) 倍であるが，C に流れる電流 i_C は $5(V_{5m}/V_{1m})$ 倍，L に流れる電流 i_L は $1/5 \cdot (V_{5m}/V_{1m})$ 倍となっている．これより電圧波形にわずかの第5調波が含まれていても，C の電流波形には第5調波分が5倍に拡大されて現れ，L の電流波形には第5調波分が1/5倍の大きさに減少されてしまうことがわかる．

図10・9は基本波の10%の第5調波を含む電圧波 (v) とこの電圧によって C および L に流れる電流波 (i_C および i_L) を示したもので，i_1 は基本波 i_5 は第5調波の電流を示す．

このように，非正弦波形の電圧や電流があった場合，非正弦波形が正弦波形に対してどのようにひずんでいるかを表すためにその基本波の実効値に対する高調波の実効値の比をとり，これを**ひずみ率** (distortion factor) という．すなわち，

$$\begin{aligned} \text{ひずみ率} &= \frac{\sqrt{(各高調波の実効値)^2 \text{の和}}}{基本波の実効値} \times 100 \\ &= \frac{高調波のみの実効値}{基本波の実効値} \times 100 \text{〔\%〕} \end{aligned} \quad (10・18)$$

で表される．例えば，

$$i = \sqrt{2} I_1 \sin(\omega t + \varphi_1) + \sqrt{2} I_3 \sin(3\omega t + \varphi_3) + \sqrt{2} I_5 \sin(5\omega t + \varphi_5)$$

という式で表される非正弦波電流のひずみ率は，

第 10 章　非正弦波交流

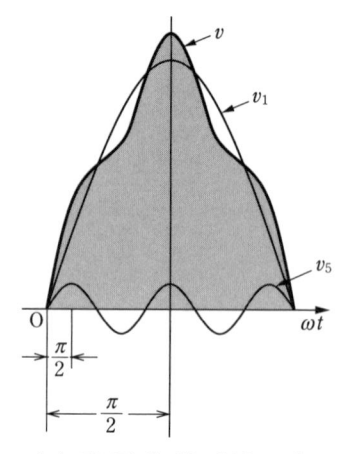

(a) 電圧波形（第5調波10%）

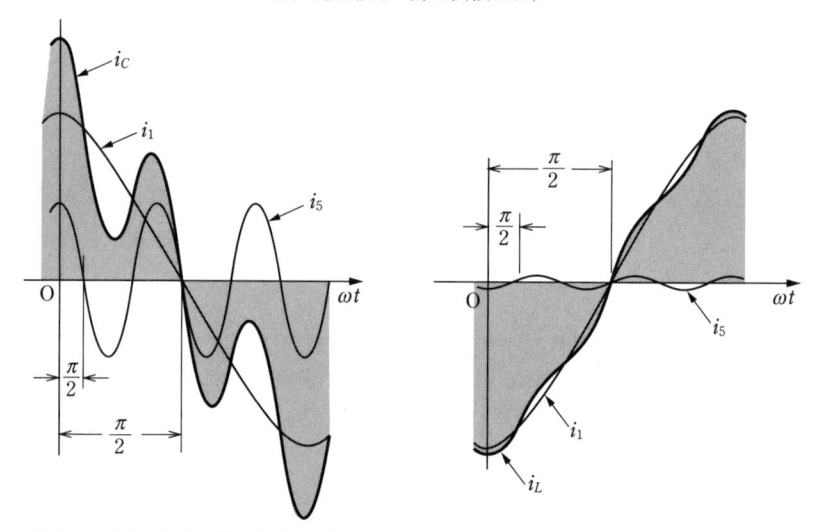

(b) C の電流波形（第5調波50%）　　(b) L の電流波形（第5調波2%）

図 10・9　同一ひずみ波電圧による C と L に流れる電流のひずみ

$$ひずみ率 = \frac{\sqrt{I_3^2 + I_5^2}}{I_1} \times 100 \ [\%]$$

となるわけである．

10・7 非正弦波交流の電力

例題 10・3

次に示す非正弦波電流のひずみ率を求めなさい．
$$i = 100\sqrt{2}\sin\omega t + 15\sqrt{2}\sin 3\omega t + 12.5\sqrt{2}\sin 5\omega t \text{ [A]}$$

解答 まず，基本波，第3調波，第5調波の電流の各実効値を求める．

基本波の実効値　＝100 A

第3調波の実効値＝15 A

第5調波の実効値＝12.5 A

式(10・18)よりひずみ率を計算する．

$$\text{ひずみ率} = \frac{\sqrt{(\text{各高調波の実効値})^2 \text{の和}}}{\text{基本波の実効値}} \times 100$$

$$= \frac{\sqrt{15^2 + 12.5^2}}{100} \times 100 = \frac{\sqrt{381.25}}{100} \times 100 \fallingdotseq 19.53 \text{ [\%]}$$

問 10・3 次の非正弦波交流のひずみ率を計算しなさい．

(1)　$v = 100\sqrt{2}\sin 100\pi t + 50\sqrt{2}\sin 200\pi t$ [V]

(2)　$i = 100\sqrt{2}\sin\omega t + 25\sqrt{2}\sin(3\omega t + \varphi_3)$ [A]

10・7　非正弦波交流の電力

交流回路のあるインピーダンスに，次のような電圧(v)が加えられて，電流(i)が流れているとする．すなわち，

$$\begin{aligned}v &= v_1 + v_3 + v_5 \\ &= V_{1m}\sin(\omega t + \varphi_1) + V_{3m}\sin(3\omega t + \varphi_3) + V_{5m}\sin(5\omega t + \varphi_5)\end{aligned}$$
(10・19)

$$\begin{aligned}i &= i_1 + i_3 + i_5 \\ &= I_{1m}\sin(\omega t + \varphi_1 - \theta_1) + I_{3m}\sin(3\omega t + \varphi_3 - \theta_3) + I_{5m}\sin(5\omega t + \varphi_5 - \theta_5)\end{aligned}$$
(10・20)

ここに，θ_1，θ_3，θ_5 は v_1 と i_1，v_3 と i_3，v_5 と i_5 との間の力率角である．この

ときの消費電力 P は，

$\qquad P=$ 瞬時電力の1周期の平均

である．いま，瞬時電力を p とすれば，

$$p = vi = (v_1 + v_3 + v_5)(i_1 + i_3 + i_5)$$
$$= (v_1 i_1 + v_3 i_3 + v_5 i_5) + (v_1 i_3 + v_1 i_5 + v_3 i_1 + v_3 i_5 + v_5 i_1 + v_5 i_3) \quad (10・21)$$

これをみると，電圧と電流の同じ周波数どうしの瞬時電力の和と，異なる周波数間の電力の和からなっている．この場合，10・4節の非正弦波交流の実効値を計算したときの式(10・5)～(10・8)からわかるように，異なる周波数の積の平均は0になる．したがって，式(10・5)の第2項の異なる周波数の電力の平均は0となる．したがって，

電力 $P = p$ の平均 $= \sum v_n i_n$ の平均

$\qquad = (v_1 i_1$ の平均$) + (v_3 i_3$ の平均$) + (v_5 i_5$ の平均$)$

$\qquad = \dfrac{V_{1m} I_{1m}}{2} \cos \theta_1 + \dfrac{V_{3m} I_{3m}}{2} \cos \theta_3 + \dfrac{V_{5m} I_{5m}}{2} \cos \theta_5$

$\qquad = V_1 I_1 \cos \theta_1 + V_3 I_3 \cos \theta_3 + V_5 I_5 \cos \theta_5 \qquad (10・22)$

ただし，V_1, V_3, V_5 および I_1, I_3, I_5 は各調波の電圧，電流の実効値である．

上式からわかるように，非正弦波電圧と非正弦波電流との間の電力は，同じ周波数の電圧と電流の間においてのみ生じ，それらの和が全電力であり，異なる周波数の電圧と電流間には電力は発生しないことがわかる．

10・8 等価正弦波

一般にいうと，交流の大部分は，電圧も電流も正弦波であるといえない．しかし，多くの場合，正弦波からそれほど著しくひずんでいないので，便宜上，仮に基本波の周波数をもった正弦波であるとして取り扱ったほうが容易である．このように非正弦波交流と等価の仮想的正弦波交流を**等価正弦波**（equivalent sine wave）と呼んでいる．したがって，これらの等価正弦波交流は実際の非正弦波交流とまったく等しい実効値をもつものとする．例えば，電圧 (v) と電流 (i) で

実効値が V と I の非正弦波交流があり，この間の電力が P [W] であったとすれば，この電力 P は，電圧 V，電流 I の等価正弦波の位相差を θ であると考えて，

$$\left.\begin{array}{l} P = VI\cos\theta \\ \cos\theta = \dfrac{P}{VI} \\ \theta = \cos^{-1}\dfrac{P}{VI} \end{array}\right\} \quad (10\cdot23)$$

となる．このとき，$\cos\theta$ を非正弦波交流の**等価力率**，θ を**等価位相差**（equivalent phase difference）という．この θ はもちろん仮想的なものであるが，V，I および P という値は計器で簡単に測定できるので，このような $\cos\theta$ を考えたほうが正弦波形と同じようにベクトル的に取り扱うことができるから便利である．

例題 10・4

抵抗 $100\,\Omega$，インダクタンス $L=0.1$ [H] の直列回路に次のような基本波と第3調波からなる

$$v = 100\sqrt{2}\sin 100\pi t + 50\sqrt{2}\sin 300\pi t \text{ [V]}$$

の電圧を加えたとき，この回路で消費される電力はいくらか求めなさい．

解答　まず，基本波と第3調波におけるインピーダンス Z_1, Z_3 を計算する．

$$Z_1 = \sqrt{R^2 + (100\pi L)^2} = \sqrt{100^2 + (100\pi \times 0.1)^2} \fallingdotseq 104.8 \text{ [}\Omega\text{]}$$
$$Z_3 = \sqrt{R^2 + (300\pi L)^2} = \sqrt{100^2 + (300\pi \times 0.1)^2} \fallingdotseq 137.4 \text{ [}\Omega\text{]}$$

次に，各インピーダンスを用いて基本波と第3調波で回路に流れる電流の実効値 I_1 と I_3 を求める．

$$I_1 = \frac{V_1}{Z_1} = \frac{100}{104.8} \fallingdotseq 0.954 \text{ [A]}$$
$$I_3 = \frac{V_3}{Z_3} = \frac{50}{137.4} \fallingdotseq 0.364 \text{ [A]}$$

さらに，基本波と第3調波における電圧と電流の位相差（力率）$\cos\theta_1$ と $\cos\theta_3$ を求める．

第10章 非正弦波交流

$$\cos\theta_1 = \frac{R}{Z_1} = \frac{100}{104.8} \fallingdotseq 0.954$$

$$\cos\theta_2 = \frac{R}{Z_3} = \frac{100}{137.4} \fallingdotseq 0.728$$

回路の全電力は式(10・22)より,

$$P = V_1 I_1 \cos\theta_1 + V_3 I_3 \cos\theta_3$$
$$= (100 \times 0.954 \times 0.954) + (50 \times 0.364 \times 0.728) \fallingdotseq 104\,[\text{W}]$$

別解 電力が消費されるのは抵抗 R のみなので次式で求めることもできる.

$$P = I_1^2 R + I_3^2 R = (0.954^2 \times 100) + (0.364^2 \times 100) \fallingdotseq 104\,[\text{W}]$$

この方法だと力率を考えなくても全電力 P を計算することができる.

例題 10・5

ある負荷に加わる電圧 v と,負荷に流れる電流 i が,

$$v = 100\sin\omega t + 50\sin\left(3\omega t + \frac{\pi}{3}\right)\,[\text{V}]$$

$$i = 10\sin\left(\omega t - \frac{\pi}{6}\right) + 2\sin\left(3\omega t + \frac{\pi}{12}\right)\,[\text{A}]$$

のとき,v と i の実効値,電力,等価力率,等価位相差を求めなさい.

解答 v と i の実効値を V, I,電力を P とすれば,式(10・12),式(10・22)より,

$$V = \sqrt{\left(\frac{100}{\sqrt{2}}\right)^2 + \left(\frac{50}{\sqrt{2}}\right)^2} = \sqrt{\frac{100^2 + 50^2}{2}} \fallingdotseq 79.1\,[\text{V}]$$

$$I = \sqrt{\left(\frac{10}{\sqrt{2}}\right)^2 + \left(\frac{2}{\sqrt{2}}\right)^2} = \sqrt{\frac{10^2 + 2^2}{2}} \fallingdotseq 7.21\,[\text{A}]$$

$$P = V_1 I_1 \cos\theta_1 + V_3 I_3 \cos\theta_3$$
$$= \frac{100}{\sqrt{2}} \times \frac{10}{\sqrt{2}} \times \cos\frac{\pi}{6} + \frac{50}{\sqrt{2}} \times \frac{2}{\sqrt{2}} \cos\left(\frac{\pi}{3} - \frac{\pi}{12}\right)$$
$$\fallingdotseq 433.0 + 35.4 = 468.4\,[\text{W}]$$

また,等価力率を $\cos\theta$,等価位相差を θ とすれば式(10・23)より,

$$\cos\theta = \frac{P}{VI}$$

$$= \frac{468.4}{79.1 \times 7.21}$$

$$\fallingdotseq 0.82$$

$$\theta = \cos^{-1}\frac{P}{VI}$$

$$= \cos^{-1} 0.82$$

$$\fallingdotseq 34.9\,[°]$$

$$(\fallingdotseq 0.61\,[\text{rad}])$$

図 10・10 等価正弦波のベクトル図

参考までに，等価正弦波交流に対するベクトル図は図 10・10 のようになる．

問 10・4 ある交流回路の電圧 v と電流 i が

$$v = 100\sin\omega t + 20\sin\left(3\omega t + \frac{\pi}{3}\right)\,[\text{V}]$$

$$i = 40\sin\left(\omega t - \frac{\pi}{6}\right) + 5\sin\left(3\omega t + \frac{\pi}{12}\right)\,[\text{A}]$$

であるという．この回路の消費電力はいくらか求めなさい．

10・9 高調波電流の共振

一般に図 10・11 に示すような R-L-C の直列回路の第 n 調波に対するインピーダンス Z_n は，

$$Z_n = \sqrt{R^2 + \left(n\omega L - \frac{1}{n\omega C}\right)^2} \tag{10・24}$$

で表される．ここに，

$$\omega = 2\pi f, \quad f = \text{基本波の周波数}$$

したがって，

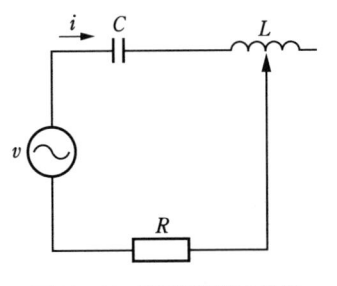

図 10・11 高調波電流の共振

$$n\omega L = \frac{1}{n\omega C} \qquad (10 \cdot 25)$$

になれば，この R-L-C の直列回路は，第 n 調波電流に対して共振する．したがって，例えば，この回路に対称波形の非正弦波電圧を加えて，L を加減しながら電流 I（実効値）の値をプロットしていくと，図 10・12 に示すように，L の値が L_1, L_3, L_5 のときに電流 I が極大値となる．これはそれぞれ基本波，第 3，5，…調波などの電流に対して共振を起こすからである．

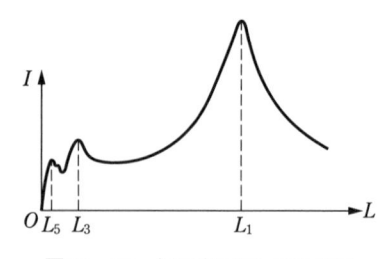

図 10・12　各調波に対しての共振

第 n 調波に対して共振するときの L の値は，式(10・25)より，

$$L = \frac{1}{n^2 \omega^2 C} \qquad (10 \cdot 26)$$

であるから，

$$L_1 : L_3 : L_5 = 1 : \frac{1}{9} : \frac{1}{25}$$

という関係になっている．

10・10　非正弦波三相交流と高調波

非正弦波交流の第 n 調波は基本波が 1 サイクルする間に n サイクルの変化をする．ところが，正弦波交流では，すべて 1 サイクルの変化に相当する位相角を 2π にとるのであるから，基本波にとって 2π の位相角は，第 n 調波にとっては $2n\pi$ である．これと同じように，基本波の $2\pi/3$ の位相角は第 n 調波にとっては $2n\pi/3$ である．

したがって，基本波が対称三相交流の場合に，各相とも同じ状態で第 n 調波を含んでいて，

第 1 相の第 n 調波が $i_1 = I_m \sin(n\omega t - \varphi_n)$ ならば，

$$\left.\begin{aligned} i_2 &= I_m \sin\left(n\omega t - \varphi_n - \frac{2n\pi}{3}\right) \\ i_3 &= I_m \sin\left(n\omega t - \varphi_n - \frac{4n\pi}{3}\right) \end{aligned}\right\} \qquad (10・27)$$

となるわけである．ゆえに，$n=3$，5，7 の奇数高調波について考えてみると，

① $n=3$ のとき

$$i_1 = I_m \sin(3\omega t - \varphi_3)$$

$$i_2 = I_m \sin\left(3\omega t - \varphi_3 - \frac{2\pi\times 3}{3}\right)$$

$$= I_m \sin(3\omega t - \varphi_3)$$

$$i_3 = I_m \sin\left(3\omega t - \varphi_3 - \frac{4\pi\times 3}{3}\right)$$

$$= I_m \sin(3\omega t - \varphi_3)$$

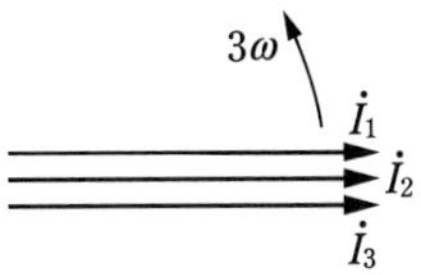

第3調波は各相同相

図 10・13

となり，各相の第 3 調波は同相となる（図 10・13 参照）．

② $n=5$ のとき

$$i_1 = I_m \sin(5\omega t - \varphi_5)$$

$$i_2 = I_m \sin\left(5\omega t - \varphi_5 - \frac{2\pi\times 5}{3}\right) = I_m \sin\left(5\omega t - \varphi_5 - \frac{10\pi}{3}\right)$$

$$= I_m \sin\left(5\omega t - \varphi_5 - \frac{6\pi}{3} - \frac{4\pi}{3}\right) = I_m \sin\left(5\omega t - \varphi_5 - 2\pi - \frac{4\pi}{3}\right)$$

$$= I_m \sin\left(5\omega t - \varphi_5 - \frac{4\pi}{3}\right)$$

$$i_3 = I_m \sin\left(5\omega t - \varphi_5 - \frac{4\pi\times 5}{3}\right) = I_m \sin\left(5\omega t - \varphi_5 - \frac{20\pi}{3}\right)$$

$$= I_m \sin\left(5\omega t - \varphi_5 - \frac{18\pi}{3} - \frac{2\pi}{3}\right) = I_m \sin\left(5\omega t - \varphi_5 - 6\pi - \frac{2\pi}{3}\right)$$

$$= I_m \sin\left(5\omega t - \varphi_5 - \frac{2\pi}{3}\right)$$

となるから，各相の第 5 調波の相順は基本波と反対の三相交流になる（図 10・14 参照）．

第10章　非正弦波交流

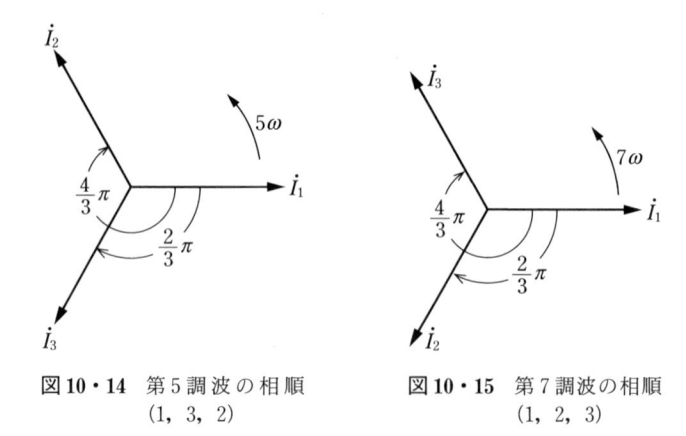

図10・14 第5調波の相順
(1, 3, 2)

図10・15 第7調波の相順
(1, 2, 3)

③ $n=7$ のとき

$$i_1 = I_m \sin(7\omega t - \varphi_7)$$

$$i_2 = I_m \sin\left(7\omega t - \varphi_7 - \frac{2\pi \times 7}{3}\right) = I_m \sin\left(5\omega t - \varphi_5 - \frac{14}{3}\pi\right)$$

$$= I_m \sin\left(7\omega t - \varphi_7 - \frac{12}{3}\pi - \frac{2}{3}\pi\right) = I_m \sin\left(7\omega t - \varphi_7 - 4\pi - \frac{2}{3}\pi\right)$$

$$= I_m \sin\left(7\omega t - \varphi_7 - \frac{2}{3}\pi\right)$$

$$i_3 = I_m \sin\left(7\omega t - \varphi_7 - \frac{4\pi \times 7}{3}\right) = I_m \sin\left(7\omega t - \varphi_7 - \frac{28}{3}\pi\right)$$

$$= I_m \sin\left(7\omega t - \varphi_7 - \frac{24\pi}{3} - \frac{4}{3}\pi\right) = I_m \sin\left(7\omega t - \varphi_7 - 8\pi - \frac{4}{3}\pi\right)$$

$$= I_m \sin\left(7\omega t - \varphi_7 - \frac{4}{3}\pi\right)$$

となり，各相の第7調波は基本波と同じ相順をもった三相交流となる（図10・15参照）．

以上は，$n=3, 5, 7$ について考えたが，さらに全般的に広い範囲を考えると次のようになる．

① 各相同相のものは，

　$n=3, (6), 9, (12), 15, (18), 21, \cdots 3m$

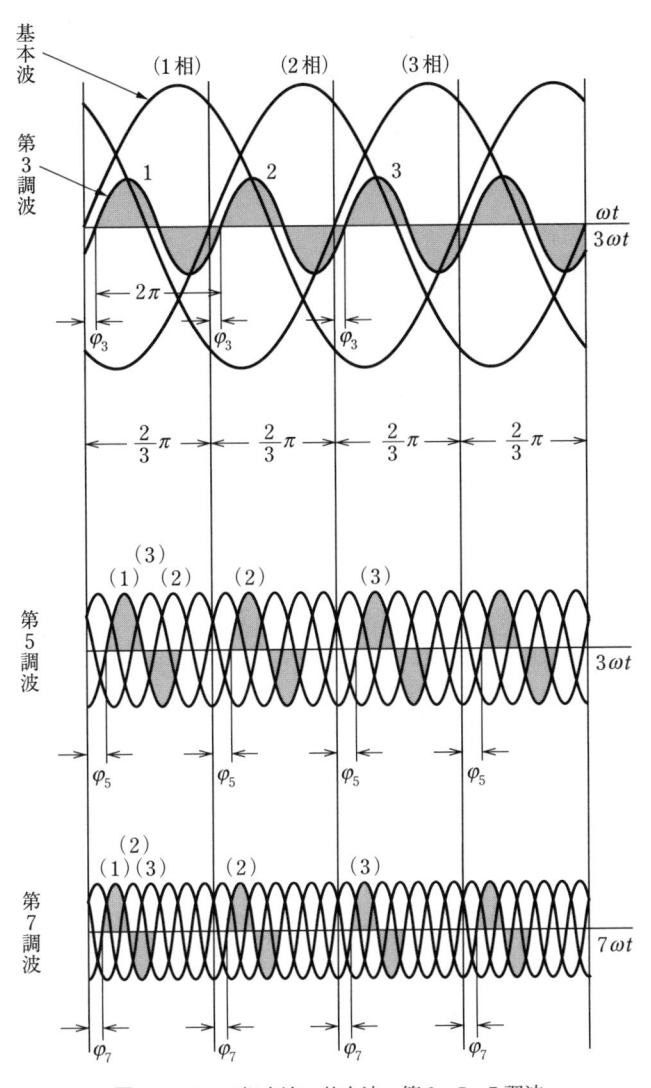

10・10 非正弦波三相交流と高調波

図10・16 三相交流の基本波, 第3・5・7調波

② 基本波と同じ相順のものは，

$n = (4),\ 7,\ (10),\ 13,\ (16),\ 19,\ \cdots\ 3m+1$

③ 基本波と反対の相順のものは，

$n = (2), 5, (8), 11, (14), 17, (20), 23, \cdots 3m-1$

ただし，m は正の整数である．また対称波では，（ ）内の高調波は含まない．図 10・16 は三相交流中の基本波，第 3，5，7 調波の波形の関係を示したものである．

10・11 第 3 調波と三角結線・星形結線

　三相式では各相に発生する第 3 調波は同相となるので，三相発電機の起電力に第 3 調波を含む場合には各相を**三角結線**（△ 結線）にすれば，各相の第 3 調波起電力の 3 倍が作用して，発電機内に第 3 調波の循環電流が流れることになる．しかし，発電機端子間には第 3 調波電圧は現れない．なぜなら，第 3 調波起電力は各相とも同相であるから，三角結線の部分で短絡されてしまい，各相内に第 3 調波のインピーダンス電圧降下となってしまうからである．

　星形結線（Y 結線）の場合，三相 3 線式では相電圧には第 3 調波起電力を含むが，隣り合わせの線間では 2 つの相の第 3 調波起電力は同相で逆向きになっていて，お互いに打ち消し合うから線間電圧には第 3 調波が現れず，第 3 調波の電流は流れない．しかし，次に電源と負荷の中性点どうしが結ばれている星形結線三相 4 線式の場合には，中性線に第 3 調波電流が流れる．したがって，各線に同相で同じ大きさの第 3 調波の線電流が流れる．なお，第 9，15，21…についても第 3 調波同様のことが成り立つ．

10・12 非正弦波交流による回転磁界

　三相交流による回転磁界についてはすでに第 9 章で学んだが，三相巻線に非正弦波を含む場合について考えてみよう．

　3 個の等しいコイルを，図 10・17 のように $2\pi/3$ rad の間隔に配置し，これに正弦波形の対称三相交流電流を流すと，コイルの中心にちょうど 1 サイクルの間に 1 回転する回転磁界ができる．そして，その回転方向がコイルに流れる電流の

相順によって決まることはすでに学んだとおりである．次に，このコイルⅠ，Ⅱ，Ⅲの3つのコイルに基本波以外の高調波電流が流れたときにつくる磁界を考えてみよう．

① 第3, 9調波（一般に第$3m$調波）の場合

この高調波はすべて各相同相の電流が流れるから合成磁界は空間では全部打ち消し合って0となり，回転磁界はできない．

② （基本波），第7, 13調波（一般に第$(3m+1)$調波）の場合

これらはみな相順が等しいから，同じ方向の回転磁界をつくる．ただし，その回転磁界の速度は高調波の周波数に比例するから，基本波による回転磁界の速度ωの7, 13倍，一般に$(3m+1)$倍になる．

③ 第5, 11（一般に第$(3m+1)$調波）の場合

基本波と反対の相順となるから，その回転磁界の方向は基本波とは反対の方向となり，基本波の回転磁界の速度ωの$(3m+1)$倍となる．

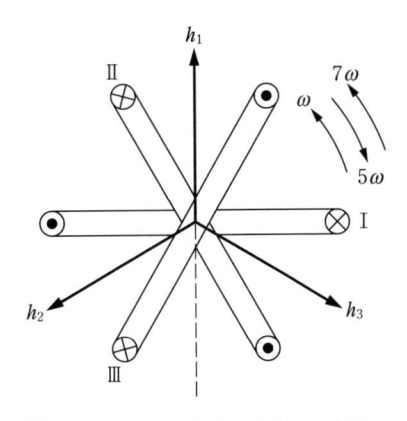

図10・17 ひずみ波対称三相交流のつくる回転磁界

章末問題

1. $i = 8\sqrt{2}\sin\omega t + 6\sqrt{2}\sin(3\omega t + \pi/6)$ の式で表される非正弦波交流の実効値を求めなさい．

2. $v = 24 + 10\sqrt{2}\sin 3\omega t$ の式で表される非正弦波交流の実効値を求めなさい．

第 10 章　非正弦波交流

3. 図 10・18 に示す回路について，次のものを求めなさい．
　① 電源の起電力を示す式
　② 電流を示す式
　③ 回路の消費電力
　　ただし，$E=14$ [V]，$e=48\sqrt{2}\sin\omega t$ [V]，$R=20$ [Ω] とする．

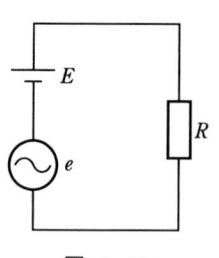

図 10・18

4. 図 10・19 に示すような回路に，
$$v=100\sqrt{2}\sin(2\pi\times 50t)+20\sqrt{2}\sin(2\pi\times 150t) \text{ [V]}$$
の式で表される電圧を加えたとき，電流の瞬時値を表す式および回路内の消費電力を求めなさい．

5. 図 10・20 のような回路に，
$$v=100\sin\omega t+30\sin\left(3\omega t+\frac{\pi}{9}\right)$$
という式で表される電圧を加えた場合，この回路に流れる電流の瞬時値を表す式を求めなさい．ただし，
$$R=\sqrt{3} \text{ [Ω]} , \quad L=\frac{10}{\pi} \text{ [mH]}$$
$$\omega=100\pi \text{ [rad/s]}$$
とする．またこの場合の電力を求めなさい．

6. 前問における電圧と電流の実効値および等価力率を求めなさい．

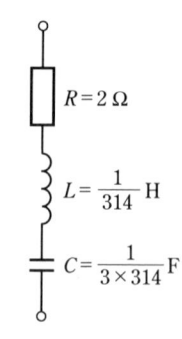

図 10・19

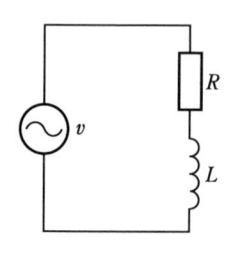

図 10・20

第11章

過渡現象

　過渡現象を扱っていくには，どうしても微分積分の基礎知識と微分方程式の解き方を理解する必要がある．できるだけ途中計算を省略せず，丁寧な解説を心がけ，基本的な回路を一通り学ぶこととする．

11・1　過渡現象とは

　電気回路において，その回路の状態が変化した場合，例えば回路の電圧や抵抗 R，自己インダクタンス L，静電容量 C などの定数が変化すればエネルギーの移動が起こって，電流はある定常の状態から次の定常の状態へと変化しようとする．しかし，回路に抵抗 R の他に自己インダクタンス L や静電容量 C があるときは，この変化を瞬時にして行うことはできない．なぜならば，回路のエネルギーが変化しようとすれば，そのエネルギーの変化を妨げる向きに逆起電力が生ずるからである．したがって，ある定常状態から次の定常状態へ移行するにはある時間が必要となる．この間の状態を**過渡期**（transient time）といい，この期間中の電気現象を**過渡現象**（transient phenomena）という．

　このような過渡現象は，R-L や R-C の問題では電磁的あるいは静電的の一種類のエネルギーの出入りを生ずるので，これを**単エネルギー過渡現象**（simple energy transient）という．これに対して，回路中に R-L-C がある場合には単エネルギーが出入りするばかりでなく，同時に静電エネルギーと電磁エネルギーの間に変形，移行が行われるので，この過渡現象は複雑になる．このような過渡現象を**複エネルギー過渡現象**（double energy transient）という．

11・2 R-L 直列の直流回路

(1) R-L 回路に電圧を加えたとき

図11・1に示すようなR-Lの直列回路のスイッチSを時刻$t=0$の瞬時に閉じ直流起電力Eを加えたとき，t秒後に流れる電流の瞬時値をiとすると，Rの両端の電圧降下がRi，Lに発生する逆起電力による電圧が$L(\Delta i/\Delta t)$となる．この式を微分の形で表せば$L(di/dt)$である．したがって，起電力と全電圧降下が等しいとおくと，

$$L\frac{di}{dt}+Ri=E \tag{11・1}$$

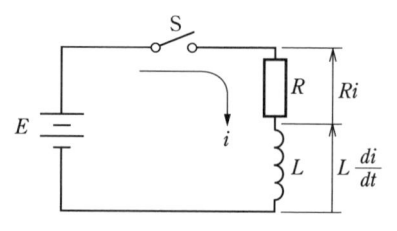

図11・1 R-L 直列回路に直流電圧を加える

のような線形微分方程式になる．これを数学で学んだように解いていくと，式(11・1)を変形して，

$$L\cdot\frac{di}{E-Ri}=dt$$

両辺を積分すると，

$$L\int\frac{di}{E-Ri}=\int dt$$

$$-\frac{L}{R}\log(E-Ri)=t+C$$

$$\log(E-Ri)=-\frac{R}{L}(t+C)$$

$$E-Ri=\varepsilon^{-\frac{R}{L}(t+C)}=\varepsilon^{-\frac{R}{L}t}\cdot\varepsilon^{-\frac{R}{L}C}$$

ここで$\varepsilon^{-\frac{R}{L}C}$を$A_1$とおくと，

$$E-Ri=A_1\varepsilon^{-\frac{R}{L}t}$$

$$-Ri=-E+A_1\varepsilon^{-\frac{R}{L}t}$$

$$i = \frac{E}{R} - A\varepsilon^{-\frac{R}{L}t} \tag{11・2}$$

ここに,$A = \frac{A_1}{R}$ とする.

式(11・2)に初期条件 $t=0$ のとき $i=0$ を代入し A の値を計算すると,

$$0 = \frac{E}{R} - A\varepsilon^{-\frac{R}{L}\cdot 0}$$

$$0 = \frac{E}{R} - A\cdot 1$$

$$\frac{E}{R} = A$$

となるから,一般解は次のようになる.

$$i = \frac{E}{R} - \frac{E}{R}\varepsilon^{-\frac{R}{L}t} = \frac{E}{R}(1 - \varepsilon^{-\frac{R}{L}t}) \tag{11・3}$$

以上は数学で学んだように解いたのであるが,電気工学では過渡現象を解くには補助方程式を用いて代数的に解く方法がよく用いられているので,次はこれについて調べてみよう.

式(11・3)をよく見ると,右辺の第1項の E/R は電流の定常になった後の**定常項** i_s であり,第2項の $-E/R\cdot\varepsilon^{-\frac{R}{L}t}$ は t が ∞($t=\infty$ とは十分に時間が経過したという意味)になれば0になってしまう**過渡項** i_t であることがわかる.したがって,一般に線形微分方程式の**一般解** i は次のような形で表せる.

$$i = 定常項 + 過渡項 = i_s + i_t \tag{11・4}$$

この場合,定常項 i_s は,われわれがいままで学んできた回路計算によって知ることができるもので**特解**といわれ,図11・1では $i_s = E/R$ である.また過渡項 i_t は一般に $A\varepsilon^{pt}$ の形になる.これは式(11・2)からも考えられる.

この $i_t = A\varepsilon^{pt}$ は**補助解**といわれ,式(11・1)の右辺を0とおいた**補助方程式**

$$L\frac{di_t}{dt} + Ri_t = 0 \tag{11・5}$$

をつくり,これを解くことによって得られる.すなわち $i_t = A\varepsilon^{pt}$ とおくと,

$$L\frac{dA\varepsilon^{pt}}{dt} + RA\varepsilon^{pt} = 0$$

第 11 章　過渡現象

$$LA\varepsilon^{pt}\cdot p + RA\varepsilon^{pt} = 0$$
$$A\varepsilon^{pt}(Lp+R) = 0$$

両辺を $A\varepsilon^{pt}$ で割ると，

$$Lp+R=0$$
$$Lp=-R \tag{11・6}$$
$$\therefore\ p=-\frac{R}{L}$$

したがって，

$$i_t = A\varepsilon^{-\frac{R}{L}t}$$

として知ることができる．

また，A は $t=0$ のとき $i=0$ の初期条件を式(11・4)の $i=i_s+i_t=i_s+A\varepsilon^{-\frac{R}{L}t}$ に代入すると，

$$i = i_s + A\varepsilon^{-\frac{R}{L}t}$$
$$0 = \frac{E}{R} + A\varepsilon^{-\frac{R}{L}\cdot 0} = \frac{E}{R} + A$$
$$\therefore\ A = -\frac{E}{R}$$
$$\therefore\ i = \frac{E}{R} - \frac{E}{R}\varepsilon^{-\frac{R}{L}t} = \frac{E}{R}(1-\varepsilon^{-\frac{R}{L}t})$$

となり，式(11・3)と同じ結果が得られる．これらをまとめると，線形微分方程式を解くには，一般解を式(11・4)のように，

$$i = i_s + i_t = i_s + A\varepsilon^{pt}$$

とおき，定常項 i_s は従来学んできた電気回路と同じ計算によって求める．p を補助方程式の $d/dt = p$ とおいて求めれば，A は $t=0$ の初期条件を i の式に入れて求めることができる．

したがって，ここからはこの代数的な考えから過渡現象の問題を解いていく．

(2) R-L 回路を短絡したとき

図 11・2 のように R-L 直列回路に起電力 E を加え，電流 $I=E/R$ の電流が

11・2　R-L 直列の直流回路

流れているとき，スイッチ S を a から b 側に倒し，R-L を短絡すれば，L に蓄えられていた電磁エネルギーは放電して過渡電流を流す．この t 秒後の電流を前節の考え方から求めてみよう．この場合の微分方程式は式(11・1)の場合と同じ考えから，

$$L\frac{di}{dt} + Ri = 0 \qquad (11・7)$$

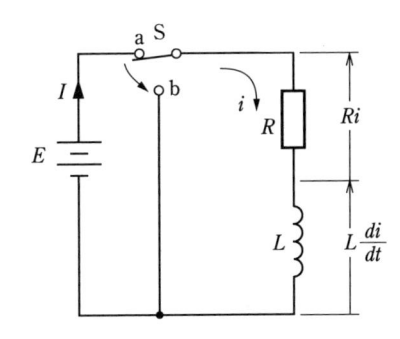

図11・2　R-L 回路の短縮

この線形微分方程式の解を式(11・4)のように考えると，

$$i = i_s + i_t = i_s + A\varepsilon^{pt} \qquad (11・8)$$

したがって，定常項 i_s は $t=\infty$ では 0 になる．また，式(11・7)は補助方程式と同じであるから，$d/dt = p$ とおけば，

$$Lpi + Ri = 0$$

$$Lpi = -Ri$$

$$\therefore \quad p = \frac{Ri}{Li} = -\frac{R}{L}$$

ゆえに，式(11・8)は，

$$i = 0 + A\varepsilon^{-\frac{R}{L}t} = A\varepsilon^{-\frac{R}{L}t}$$

となる．上式に $t=0$, $i=I=E/R$ の初期条件を入れると，

$$\frac{E}{R} = 0 + A\varepsilon^{-\frac{R}{L}\cdot 0} = 0 + A$$

$$\therefore \quad A = \frac{E}{R} = I \qquad (11・9)$$

$$\therefore \quad i = \frac{E}{R}\varepsilon^{-\frac{R}{L}t} = I\varepsilon^{-\frac{R}{L}t}$$

として R-L 回路を短絡したときの電流を知ることができる．

(3) 電流の変化と時定数

式(11・3)および式(11・8)について横軸に時間をとって表すと図11・3の

第11章 過渡現象

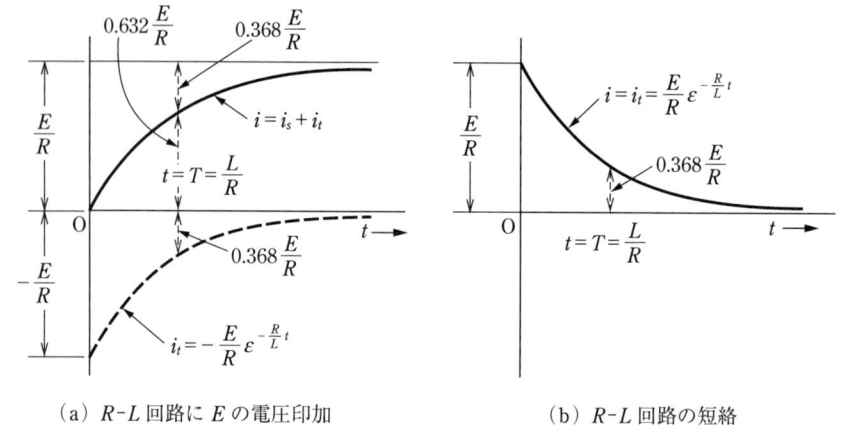

(a) R-L 回路に E の電圧印加　　(b) R-L 回路の短絡

図 11・3　R-L 直列の直流回路の過渡電流

(a)，(b)のようになる．これを見てもわかるように(a)のときは定常項と過渡項の和，(b)の場合は過渡項だけになり，それぞれの過渡項の電流の向きは逆になる．これは電流が増加したときと減少するときは，レンツの法則により L の起電力の方向が逆になり，L の電磁エネルギーの流入に対して流出することから考えても当然なことであろう．

この場合，もし $T=L/R$ として，式(11・3)および式(11・9)を表すと，

$$\left. \begin{array}{l} 式(11・3)は\quad i=\dfrac{E}{R}(1-\varepsilon^{-\frac{t}{T}}) \\ 式(11・9)は\quad i=\dfrac{E}{R}\varepsilon^{-\frac{t}{T}} \end{array} \right\} \quad (11・10)$$

として表すことができる．式中の $\varepsilon^{-\frac{t}{T}}$ という値は，T が大きいほどゆっくり減少していく．したがって，T が大きいほど過渡現象が長く続くことを意味する．このような意味から，

$$T=\frac{L}{R}$$

を $R-L$ 直列回路の**時定数**（time constant）といい，L 〔H〕/R 〔Ω〕は〔s（秒）〕の単位で表される．

246

次に，時間が時定数だけ経ったとき，すなわち $t=T=L/R$ のときには，

$$\varepsilon^{-\frac{t}{T}}=\varepsilon^{-\frac{T}{T}}=\varepsilon^{-1}=\frac{1}{\varepsilon}=\frac{1}{2.71828}≒0.368$$

となるから，式(11・9)の $t=T$ のときの電流 i は，

$$i=\frac{E}{R}-\frac{E}{R}\times0.368=0.632\frac{E}{R}$$

$$i=\frac{E}{R}\times0.368=0.368\frac{E}{R}$$

となり，過渡項は T 秒，すなわち，時定数に相当する時間が経過すると最初の値の 0.368 倍になることがわかる．

例題 11・1

$R=3 [Ω]$，$L=0.4 [H]$ の R-L 直列回路の時定数はいくらか．また，この回路に $E=120 [V]$ の直流電圧を加えたときの過渡電流の式を求めなさい．

解答 この回路の時定数は $T=\frac{L}{R}$ から，

$$T=\frac{L}{R}=\frac{0.4}{3}≒0.133$$

また，過渡電流は，式(11・3)より

$$i=\frac{E}{R}(1-\varepsilon^{-\frac{t}{T}})$$

それぞれの値を代入すると，

$$i=\frac{E}{R}(1-\varepsilon^{-\frac{t}{T}})=\frac{120}{3}(1-\varepsilon^{-\frac{t}{0.133}})=40(1-\varepsilon^{-\frac{t}{0.133}}) [A]$$

となる．

問 11・1
R-L 直列回路で，$R=50 [kΩ]$，$L=10 [mH]$ のとき，時定数はいくらか．

11・3　R-C 直列の直流回路

(1) R-C 回路に直流電圧を加えたとき（充電）

こんどは，図 11・4 のように R-C 直列回路でスイッチ S を a 側に倒し起電力 E を加えたときの t 秒後の電流 i を求めてみよう。

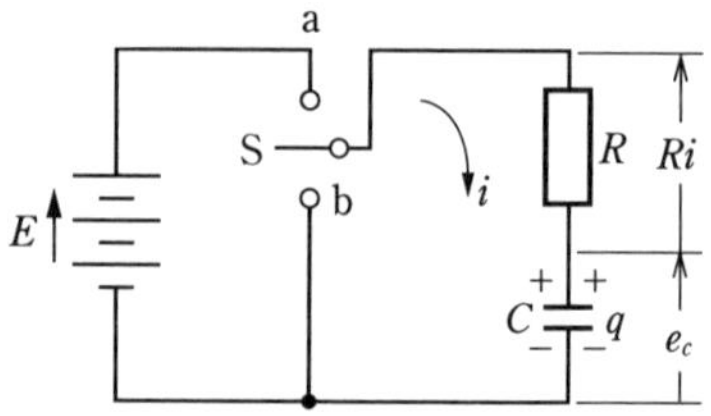

コンデンサの電気量を q，電圧を e_c，電流を i とすれば，電磁気学で学んだ式から，

$$i = \frac{dq}{dt}$$

図 11・4　R-C 直列回路の直流電圧による充放電

$$\therefore \quad q = \int i\,dt \quad \text{また} \quad e_c = \frac{q}{C}$$

の関係がある。したがって，起電力と全電圧降下が等しいとおくと，

$$Ri + \frac{q}{C} = E$$

$$R\frac{dq}{dt} + \frac{q}{C} = E \tag{11・11}$$

この線形微分方程式の一般解は式(11・4)の考え方から，

$$q = q_s + q_t = q_s + A\varepsilon^{pt} \tag{11・12}$$

そして，定常項 q_s は CE，また $d/dt = p$ とおけば，式(11・11)の右辺を 0 とおいた補助方程式から，

$$Rpq + \frac{q}{C} = 0$$

$$Rpq = -\frac{q}{C} \tag{11・13}$$

$$\therefore \quad p = -\frac{q}{CRq} = -\frac{1}{CR}$$

ゆえに，式(11・12)は，

$$q = CE + A\varepsilon^{-\frac{t}{CR}} \tag{11・14}$$

初期条件は $t=0$ のとき $q=0$ で電荷がまったくなかったとすれば，A の値は，

$$0 = CE + A\varepsilon^{-\frac{0}{CR}}$$

$$0 = CE + A \cdot 1$$

$$\therefore \quad A = -CE$$

ゆえに，式(11・14)は，

$$q = CE - CE\varepsilon^{-\frac{t}{CR}} = CE(1 - \varepsilon^{-\frac{t}{CR}}) \tag{11・15}$$

として知ることができる．この場合，時定数は $T = CR$ である．

また，このときの充電電流 i を求めてみると，次のようになる．

$$i = \frac{dq}{dt} = \frac{d(CE - CE\varepsilon^{-\frac{t}{CR}})}{dt} = \frac{dCE}{dt} + \frac{d(-CE\varepsilon^{-\frac{t}{CR}})}{dt}$$

$$= 0 + \frac{E}{R}\varepsilon^{-\frac{t}{CR}} = \frac{E}{R}\varepsilon^{-\frac{t}{CR}} \tag{11・16}$$

（2） R-C 直列回路の短絡（放電）

次に，$Q = CE$ の電荷で充電されているコンデンサを図 11・4 で，スイッチ S を b 側に倒して，放電したときの過渡現象を考えてみよう．

この場合は $E = 0$ となるから，

$$Ri + e_c = 0$$

$$Ri + \frac{q}{C} = 0$$

$$\therefore \quad R\frac{dq}{dt} + \frac{q}{C} = 0 \tag{11・17}$$

これは，(1) R-C 直列回路に直流電圧を加えたとき（充電のとき）の式 (11・13) の場合と同様になるから，一般解は，

$$q = q_s + A\varepsilon^{-\frac{t}{CR}}$$

で，定常項 $q_s = 0$，初期条件 $t = 0$，$q = CE = Q$ であるから，A の値は，

$$Q = 0 + A\varepsilon^{-\frac{0}{CR}}$$

$$Q = 0 + A \cdot 1$$

$$\therefore \quad Q = A$$

第11章　過渡現象

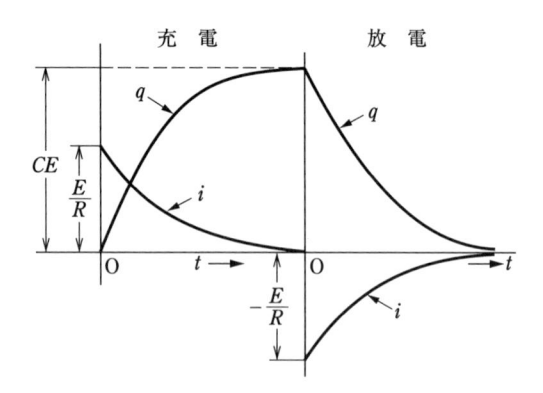

図 11・5　R-C 回路の直流電圧による充放電

よって,
$$q = Q\varepsilon^{-\frac{t}{CR}} = CE\varepsilon^{-\frac{t}{CR}} \tag{11・18}$$

また電流 i は,
$$i = \frac{dq}{dt} = \frac{d(CE\varepsilon^{-\frac{t}{CR}})}{dt} = -\frac{E}{R}\varepsilon^{-\frac{t}{CR}} \tag{11・19}$$

となる．電流が負になるのは放電によって，図 11・4 の i と反対の向きに流れることを表している．

この $R\text{-}C$ 直列回路の充放電時の q と i を表すと図 11・5 のようになる．

（3）R と C の両端の電圧

次に，$R\text{-}C$ 直列回路に直流電圧を加え，充放電したときの R および C の両端の電圧を調べてみよう．この場合の電流 i は式(11・16)および式(11・19)から,

$$\left.\begin{array}{l} i = \dfrac{E}{R}\varepsilon^{-\frac{t}{CR}} \quad (充電) \\[6pt] i = -\dfrac{E}{R}\varepsilon^{-\frac{t}{CR}} \quad (放電) \end{array}\right\} \tag{11・20}$$

すなわち，$R\text{-}C$ 直列回路を充放電したときの電流は等しく，方向が反対になる．したがって，図 11・6 の R の両端の電圧 e_R は,

250

11・3 R-C 直列の直流回路

$$e_R = Ri = E\varepsilon^{-\frac{t}{CR}} \quad (充電)$$
$$e_R = Ri = -E\varepsilon^{-\frac{t}{CR}} \quad (放電)$$
(11・21)

また，充放電時の電荷 q は式(11・15)および式(11・18)で知られるから図11・6 の C の両端の電圧 e_C は q/C になり，

$$e_C = \frac{q}{C} = E(1-\varepsilon^{-\frac{t}{CR}}) \quad (充電)$$
$$e_C = \frac{q}{C} = E\varepsilon^{-\frac{t}{CR}} \quad (放電)$$
(11・22)

となる．

したがって，図11・7のような R-C 回路に図11・8(a)のような方形波電圧 e_1 を加えたときは，ちょうど直流電圧 E を加えて時間 T_1 の後に短絡したのと同じことになるので，$e_2 = e_R$ は時定数 CR の大小によって図11・8の(b)，(c)のようになる．

この場合，時定数 CR がきわめて小さくなると，図(c)のように e_2 はほぼ e_1

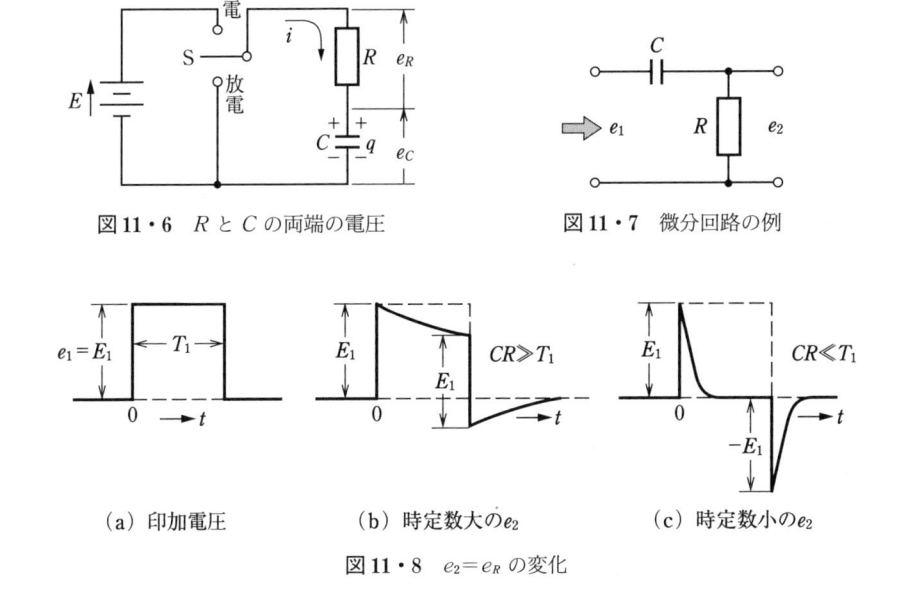

図11・6 R と C の両端の電圧

図11・7 微分回路の例

(a) 印加電圧   (b) 時定数大のe_2 (c) 時定数小のe_2

図11・8 $e_2 = e_R$ の変化

251

を微分したのと同じ形になるので，CR をきわめて小さくとったこのような回路を**微分回路**（differential circuit）という．これは R をきわめて小さいとすれば，

$$e_2 = Ri = R\frac{dq}{dt} \fallingdotseq RC\frac{de_1}{dt} \tag{11・23}$$

となることからも考えられる．

また，回路中の CR の接続を逆にした図 11・9 のように用いたときの e_1 に対する $e_2 = e_c$ は，時定数 CR が小さければ図 11・10(b)，きわめて大きければ図(c)のような形になる．このとき，図(c)では，e_2 はほぼ e_1 を積分したのと同じ形になる．したがって，時定数 CR のきわめて大きい図 11・9 のような回路を**積分回路**（integrating circuit）という．これは R に比べ C がきわめて小さいとすれば，

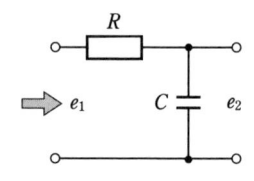

図 11・9 積分回路の例

$$e_2 = e_c = \frac{q}{C} = \frac{\int i dt}{C} \fallingdotseq \frac{\int \frac{e_1}{R} dt}{C} = \frac{1}{CR}\int e_1 dt \tag{11・24}$$

となることからも考えられる．

（a）印加電圧　　（b）時定数小の e_2　　（c）時定数大の e_2

図 11・10　$e_2 = e_c$ の変化

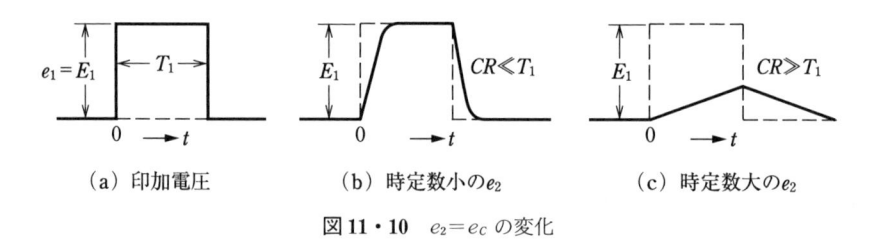

例題 11・2

R-C 直列回路で $R = 1\,[\mathrm{M}\Omega]$，$C = 0.1\,[\mu\mathrm{F}]$ のときの時定数を求めなさい．

解答　R-C 直列回路の時定数を求めるには $T = CR$ だから，

$$T = CR = 0.1 \times 10^{-6} \times 1 \times 10^6 = 0.1\,[\mathrm{s}]$$

問 11・2 $C=2 \, [\mu F]$，$R=0.1 \, [M\Omega]$ の R-C 直列回路がある．この回路の時定数はいくらか．またこの回路に 100 V の直流電圧を加えて，0.1 秒後の充電時の電流および R と C の両端の電圧を求めなさい．

11・4　R-L 直列の交流回路

　直流回路の過渡現象が終わったところで，交流回路の過渡現象を調べてみよう．基本的な考え方は交流の場合も直流の場合とまったく同じである．

（1）R-L 直列回路に交流電圧を加えた場合

　図 11・11 のような R-L 直列回路に $e=E_m \sin(\omega t+\theta)$ [V] の正弦波形の起電力を加えた場合，式(11・1)の直流のときと同じように，次式が成り立つ．

$$L\frac{di}{dt}+Ri=E_m \sin(\omega t+\theta) \quad (11・25)$$

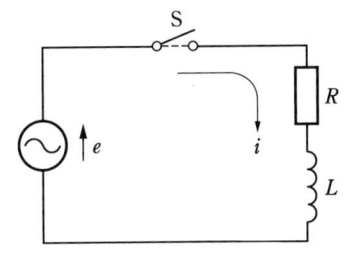

図 11・11 R-L 回路に交流電圧を加える

この一般解は，

$$i=i_s+i_t$$

このときの定常項 i_s は，交流回路の計算で学んだように，

$$i_s=\frac{E_m}{\sqrt{R^2+(\omega L)^2}}\sin(\omega t+\theta-\varphi) \quad ただし \quad \varphi=\tan^{-1}\frac{\omega L}{R}$$

そして，式(11・25)の右辺を 0 とおいた補助方程式を解けば，$p=-R/L$ で，時定数 T が L/R であることについて直流の場合と変わりがないことはいうまでもない．したがって，一般解は，

$$i=i_s+i_t=i_s+A\varepsilon^{pt}$$

$$\therefore \quad i=i_s+i_t=i_s+A\varepsilon^{-\frac{R}{L}t}$$

$$= \frac{E_m}{\sqrt{R^2+(\omega L)^2}} \sin(\omega t+\theta-\varphi) + A\varepsilon^{-\frac{R}{L}t}$$

初期条件は $t=0$ のとき，$i=0$ であるから，

$$0 = \frac{E_m}{\sqrt{R^2+(\omega L)^2}} \sin(\omega \cdot 0+\theta-\varphi) + A\varepsilon^{-\frac{R}{L}\cdot 0}$$

$$= \frac{E_m}{\sqrt{R^2+(\omega L)^2}} \sin(\theta-\varphi) + A \cdot 1$$

$$\therefore \quad A = -\frac{E_m}{\sqrt{R^2+(\omega L)^2}} \sin(\theta-\varphi)$$

$$\therefore \quad i = \frac{E_m}{\sqrt{R^2+(\omega L)^2}} \sin(\omega t+\theta-\varphi) - \frac{E_m}{\sqrt{R^2+(\omega L)^2}} \sin(\theta-\varphi)\varepsilon^{-\frac{R}{L}t}$$

$$= \frac{E_m}{\sqrt{R^2+(\omega L)^2}} \{\sin(\omega t+\theta-\varphi) - \sin(\theta-\varphi)\varepsilon^{-\frac{R}{L}t}\} \qquad (11 \cdot 26)$$

したがって，過渡項は $(\theta-\varphi)$ の大きさによって変わり，$\theta-\varphi=0$ なら過渡現象は生じないで，$(\theta-\varphi)$ が $\pi/2\,\mathrm{rad}$ のときは最も大きい値になることを示している．このときの電流 i の一例を図 11・12 に示す．

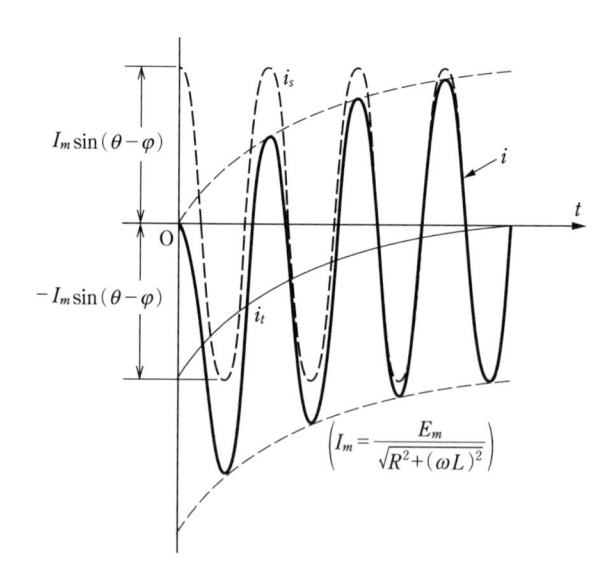

図 11・12　R-L 回路に交流電圧を加えたとき

(2) $R\text{-}L$ 直列回路を短絡したとき

この場合は短絡瞬時の電流，すなわち $t=0$ のときの瞬時電流が，直流回路と同じように，時定数 L/R に従って時間とともに減衰する．ゆえに過渡電流は短絡瞬時の電流値によって変わり，$t=0$ のとき $i=0$ ならば過渡現象は生じない．

11・5 $R\text{-}C$ 直列の交流回路

次に，$R\text{-}C$ 直列回路について考えてみよう．

(1) $R\text{-}C$ 直列回路に交流電圧を加えた場合

図 11・13 のような $R\text{-}C$ 直列回路で，スイッチ S を a 側に入れ，$e=E_m \sin(\omega t + \theta)$ の正弦波形の起電力を加えたとき，次の式が成り立つ．

$$Ri + \frac{q}{C} = Ri + \frac{\int i\,dt}{C}$$
$$= E_m \sin(\omega t + \theta) \tag{11・27}$$

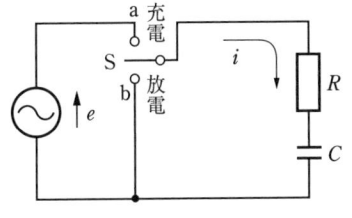

図 11・13 $R\text{-}C$ 回路の交流電圧による充放電

全体を t で微分すると次のような式となる．

$$R\frac{di}{dt} + \frac{i}{C} = \omega E_m \cos(\omega t + \theta) \tag{11・28}$$

この式の一般解は，いままで学んだように，

$$i = i_s + i_t = i_s + A\varepsilon^{pt} \tag{11・29}$$

となり，式(11・28)の右辺を 0，$d/dt = p$ とおいた補助方程式から，

$$Rip + \frac{i}{C} = 0$$

$$Rip = -\frac{i}{C}$$

$$p = -\frac{i}{CRi} = -\frac{1}{CR}$$

第11章 過渡現象

となり，さらに定常項 i_s は，

$$i_s = \frac{E_m}{\sqrt{R^2+\left(\frac{1}{\omega C}\right)^2}} \sin(\omega t + \theta + \varphi)$$

$$= I_m \sin(\omega t + \theta + \varphi) \qquad (11 \cdot 30)$$

ただし，

(a) $\theta = \frac{\pi}{2}$ の場合

(b) $\theta = \frac{2\pi}{15}$ の場合

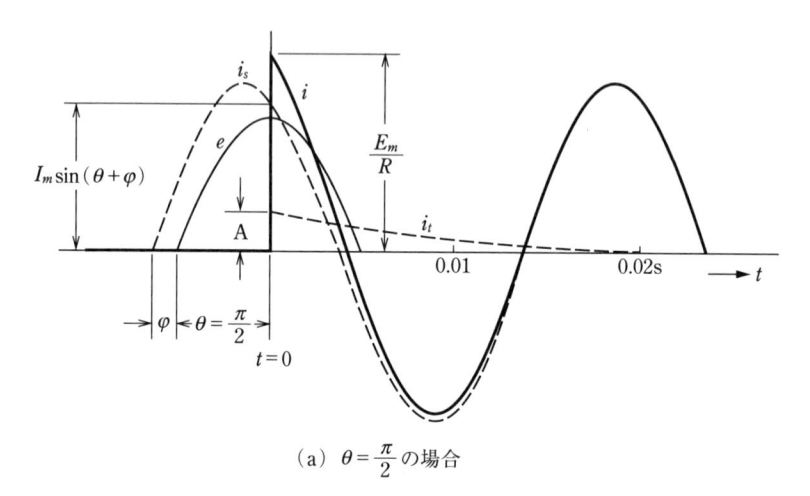

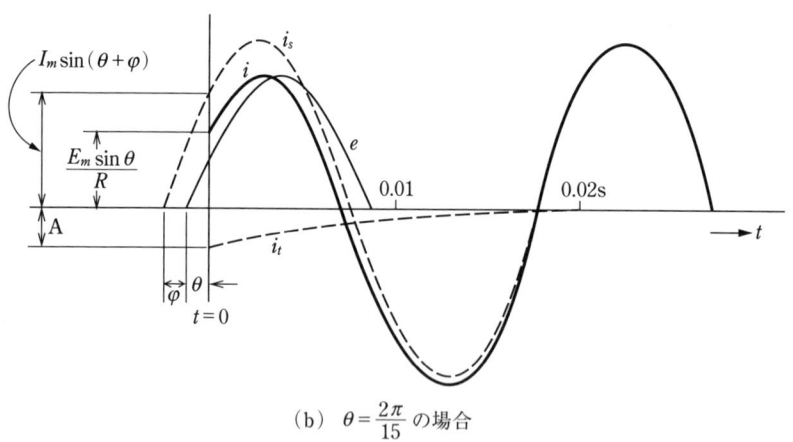

図 11・14 R-C 直列回路に e を加えた場合の過渡電流

$$\varphi = \tan^{-1}\frac{\left(\dfrac{1}{\omega C}\right)}{R}$$

$$I_m = \frac{E_m}{\sqrt{R^2 + \left(\dfrac{1}{\omega C}\right)^2}} = \frac{E_m}{Z}$$

初期条件が $t=0$ のときは $E_m \sin\theta$ の電圧が加わり,C の両端の電圧 $\int idt/C$ は 0 であるから,C は短絡された形になり,$i = (E_m \sin\theta)/R$ になる.したがって,$t=0$ のときの式 (11・29) は,

$$\frac{E_m}{R}\sin\theta = I_m \sin(\theta + \varphi) + A\varepsilon^{-\frac{0}{CR}}$$

$$\frac{E_m}{R}\sin\theta = I_m \sin(\theta + \varphi) + A \cdot 1$$

$$\therefore\quad A = \frac{E_m}{R}\sin\theta - I_m \sin(\theta + \varphi)$$

したがって,i は,

$$i = I_m \sin(\omega t + \theta + \varphi) + \left\{\frac{E_m}{R}\sin\theta - I_m \sin(\theta + \varphi)\right\}\varepsilon^{-\frac{t}{CR}} \quad (11\cdot31)$$

となる.したがって,この場合の過渡電流 i はインピーダンスおよび e が一定であっても,θ の初位相が変われば種々変化する.図 11・14(a) は $\theta = \pi/2$,図 (b) は $\theta = 2\pi/15$ の場合の各電流の関係を表したものである.

(2) R-C 直列回路を短絡したとき

この場合は短絡瞬時,すなわち $t=0$ のとき C に蓄えられる電荷がもとになって過渡現象を生ずるので,電荷は直流のときと同じように $t=0$ のときの電荷が時定数 CR で減衰する.したがって,この電荷を微分すれば過渡電流を知ることができる.この関係から $t=0$ のときの電荷が 0 の瞬時に短絡すれば過渡現象はまったく生じないことになる.

11・6 *R-L-C* 直列回路の過渡現象

 R-L-C 直列回路に電圧 e を加えたり，電流 i が流れているとき短絡したりした場合は，回路に L の電磁エネルギー $Li^2/2$ と C の静電エネルギー $Ce^2/2$ の2つの形のエネルギーが含まれ，この両者の間にエネルギーの授受が行われる．これが複エネルギー回路である．

 このエネルギーの授受にあたって流れる電流は，当然回路の中の抵抗中に Ri^2 のエネルギーを消費するので，この過渡現象は R の大小によって複雑な形になる．このため，ここでは直流回路の例をとって簡単に調べていくことにする．

 図 11・15 のような R-L-C 直列回路に直流起電力 E を加えた場合，電流 i が流れたとすれば，それぞれの電圧降下の和が起電力と等しいとおけば，いままで学んだことから，

$$L\frac{di}{dt}+Ri+\frac{q}{C}=E$$

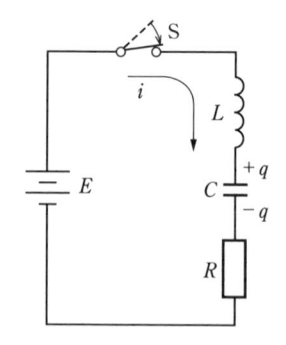

図 11・15 R-L-C 直列回路に直流電圧を加える

そして，$i=\dfrac{dq}{dt}$ であるから上式は，

$$L\frac{d^2q}{dt^2}+R\frac{dq}{dt}+\frac{q}{C}=E \tag{11・32}$$

この一般解は，

$$q=q_s+q_t \tag{11・33}$$

となり，過渡項 q_t は二階微分方程式であるから2つになり，

$$q=q_s+(A_1\varepsilon^{p_1 t}+A_2\varepsilon^{p_2 t}) \tag{11・34}$$

の形になる．そして d/dt を p とおけば d^2/dt^2 は p^2 となるから，式(11・32)の右辺を0とおいた補助方程式は，

$$Lp^2q+Rpq+\frac{q}{C}=0$$

11・6 R-L-C 直列回路の過渡現象

$$\left(Lp^2+Rp+\frac{1}{C}\right)q=0 \quad \therefore \quad Lp^2+Rp+\frac{1}{C}=0$$

となり，p の値は二次方程式の解の公式から，

$$p=\frac{-R\pm\sqrt{R^2-\frac{4L}{C}}}{2L}$$

となり，この二根を p_1, p_2 とおけば，

$$\left.\begin{array}{l} p_1=-\dfrac{R}{2L}+\dfrac{1}{2L}\sqrt{R^2-\dfrac{4L}{C}}=-\alpha+\beta \\[2mm] p_2=-\dfrac{R}{2L}-\dfrac{1}{2L}\sqrt{R^2-\dfrac{4L}{C}}=-\alpha-\beta \end{array}\right\} \quad (11・35)$$

ただし，$\alpha=\dfrac{R}{2L}$ ，$\beta=\dfrac{1}{2L}\sqrt{R^2-\dfrac{4L}{C}}$ とする．

として知ることができる．そして，定常項 q_s は CE となる．したがって，q は次のように表される．

$$q=CE+A_1\varepsilon^{p_1 t}+A_2\varepsilon^{p_2 t} \qquad (11・36)$$

なお，A_1, A_2 の定数は初期条件によって定まるが，未知数が 2 つであるから初期条件が 2 つ必要になる．このため電荷 q の他に式(11・36)の q から電流 i を求めると，

$$i=\frac{dq}{dt}=p_1 A_1 \varepsilon^{p_1 t}+p_2 A_2 \varepsilon^{p_2 t} \qquad (11・37)$$

となる．この q と i の初期条件は $t=0$ のとき，$i=0$，$q=0$ とすれば，式(11・36)と式(11・37)から以下の連立方程式を解けばよい．

$$\begin{cases} CE+A_1+A_2=0 & (11・38) \\ p_1 A_1+p_2 A_2=0 & (11・39) \end{cases}$$

式(11・39)を A_2 について解くと，

$$\left.\begin{array}{l} p_2 A_2=-p_1 A_1 \\[2mm] A_2=-\dfrac{p_1}{p_2}A_1 \end{array}\right\} \qquad (11・40)$$

この式(11・40)を式(11・38)に代入すると A_1 が求まる．

$$CE+A_1+A_2=0$$

$$CE + A_1 - \frac{p_1}{p_2}A_1 = 0$$

$$\left(1 - \frac{p_1}{p_2}\right)A_1 = -CE \tag{11・41}$$

$$A_1 = \frac{-CE}{1 - \frac{p_1}{p_2}} = \frac{-p_2 CE}{p_2 - p_1} = \frac{p_2 CE}{p_1 - p_2}$$

同様に式(11・39)を A_1 について解くと,

$$p_1 A_1 = -p_2 A_2$$

$$A_1 = -\frac{p_2}{p_1}A_2 \tag{11・42}$$

この式(11・42)を式(11・38)に代入すると A_2 が求まる.

$$CE - \frac{p_2}{p_1}A_2 + A_2 = 0$$

$$\left(1 - \frac{p_2}{p_1}\right)A_2 = -CE \tag{11・43}$$

$$A_2 = \frac{-CE}{1 - \frac{p_2}{p_1}} = \frac{-p_1 CE}{p_1 - p_2}$$

したがって, 式(11・41)と式(11・43)の結果より,

$$A_1 = \frac{p_2 CE}{p_1 - p_2} \quad , \quad A_2 = \frac{-p_1 CE}{p_1 - p_2}$$

として知ることができる. この関係を式(11・36)と式(11・37)に代入すると,

$$q = CE\left(1 + \frac{p_2}{p_1 - p_2}\varepsilon^{p_1 t} - \frac{p_1}{p_1 - p_2}\varepsilon^{p_2 t}\right) \tag{11・44}$$

$$i = \frac{p_1 p_2 CE}{p_1 - p_2}(\varepsilon^{p_1 t} - \varepsilon^{p_2 t}) \tag{11・45}$$

となる.

次にこれに R, L, C の値を入れて, 電流 i の変化を調べてみよう.

① $R^2 > \dfrac{4L}{C}$ の場合 (非振動的)

このときは p_1, p_2 の中の β の値は式(11・35)からわかるように正の値となり, $p_1 - p_2 = 2\beta$, $p_1 p_2 = \alpha^2 - \beta^2$ になるから, 式(11・45)は,

11・6 R-L-C 直列回路の過渡現象

$$i = \frac{\alpha^2 - \beta^2}{2\beta} CE\{\varepsilon^{(-\alpha+\beta)t} - \varepsilon^{(-\alpha-\beta)t}\} \qquad (11\cdot 46)$$

となる.そして $\alpha = \frac{R}{2L}$, $\beta = \frac{1}{2L}\sqrt{R^2 - \frac{4L}{C}}$ の関係を代入すれば,

$$\alpha^2 - \beta^2 = \left(\frac{R}{2L}\right)^2 - \left(\sqrt{\frac{R^2}{4L^2} - \frac{1}{LC}}\right)^2 = \frac{R^2}{4L^2} - \left(\frac{R^2}{4L^2} - \frac{1}{LC}\right)$$

$$= \frac{R^2}{4L} - \frac{R^2}{4L} + \frac{1}{LC} = \frac{1}{LC}$$

$$2\beta = 2 \cdot \frac{1}{2L}\sqrt{R^2 - \frac{4L}{C}} = \frac{1}{L}\sqrt{R^2 - \frac{4L}{C}}$$

$$\therefore \quad i = \frac{\frac{1}{LC} \cdot CE}{\frac{1}{L}\sqrt{R^2 - \frac{4L}{C}}}\left\{\varepsilon^{\left(-\frac{R}{2L}+\frac{1}{2L}\sqrt{R^2-\frac{4L}{C}}\right)t} - \varepsilon^{\left(-\frac{R}{2L}-\frac{1}{2L}\sqrt{R^2-\frac{4L}{C}}\right)t}\right\}$$

$$= \frac{E}{\sqrt{R^2 - \frac{4L}{C}}}\left\{\varepsilon^{\left(-\frac{R}{2L}+\frac{1}{2L}\sqrt{R^2-\frac{4L}{C}}\right)t} - \varepsilon^{\left(-\frac{R}{2L}-\frac{1}{2L}\sqrt{R^2-\frac{4L}{C}}\right)t}\right\} = i_1 + i_2$$

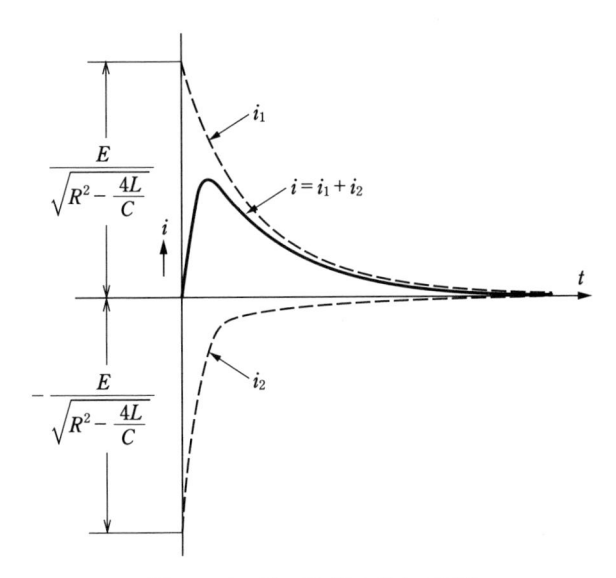

$$(11\cdot 47)$$

図 11・16 $R^2 > 4L/C$ の場合の減衰

として知ることができる．したがって，電流 i は図 11・16 のように**非振動的**に変化していくことになる．

② $R^2 < \dfrac{4L}{C}$ の場合（振動的）

このときは p_1, p_2 の中の β の値は式(11・35)からわかるように，根号内は負の値となり，$\beta = j\dfrac{1}{2L}\sqrt{4L/C - R^2}$ のような虚数となる．したがって，いまこれを $j\beta_0$ とおけば，$p_1 - p_2 = 2\beta = 2j\beta_0$，$p_1 p_2 = \alpha^2 - \beta^2 = \alpha^2 + \beta_0^2$ になるから，式(11・45)は，

$$i = \dfrac{\alpha^2 + \beta_0^2}{2j\beta_0} CE\{\varepsilon^{(-\alpha + j\beta_0)t} - \varepsilon^{(-\alpha - j\beta_0)t}\}$$

$$= \dfrac{E}{\beta_0 L} \varepsilon^{-\alpha t} \left(\dfrac{\varepsilon^{j\beta_0 t} - \varepsilon^{-j\beta_0 t}}{2j} \right) = \dfrac{E}{\beta_0 L} \varepsilon^{-\alpha t} \sin \beta_0 t \qquad (11・48)$$

$$\therefore \quad i = \dfrac{2E}{\sqrt{\dfrac{4L}{C} - R^2}} \varepsilon^{-\frac{R}{2L}t} \sin\left(\dfrac{1}{2L}\sqrt{\dfrac{4L}{C} - R^2} \right) t$$

となる．したがって，i は**減衰率**（attenuation factor）といわれる α で減衰しながら角周波数 β_0，すなわち $f_0 = \beta_0/2\pi = \dfrac{1}{2\pi}\sqrt{1/LC - (R/2L)^2}$ の周波数で図 11・17 のように振動する．このような振動を**減衰振動**（damped oscillation）という．この場合 f_0 をこの回路の**固有周波数**（natural frequency）あるいは**自由振動周波数**という．

したがって，もし $R = 0$ であれば $\alpha = R/2L = 0$ となり，まったく減衰せず，

$$\beta_0 = \dfrac{1}{2L}\sqrt{\dfrac{4L}{C} - R^2} = \sqrt{\dfrac{4L}{4L^2 C} - \dfrac{R^2}{4L^2}} = \sqrt{\dfrac{4L}{4L^2 C} - \dfrac{0}{4L^2}} = \sqrt{\dfrac{1}{LC}}$$

$$= \dfrac{1}{\sqrt{LC}}$$

$$f_0 = \dfrac{1}{2\pi\sqrt{LC}} \qquad (11・49)$$

となり，われわれが学んだ共振周波数で永久に振動することになる．しかし，実際には $R = 0$ の回路はないので，R をできるだけ小さくし，R での Ri^2 の損失

11・6　R-L-C 直列回路の過渡現象

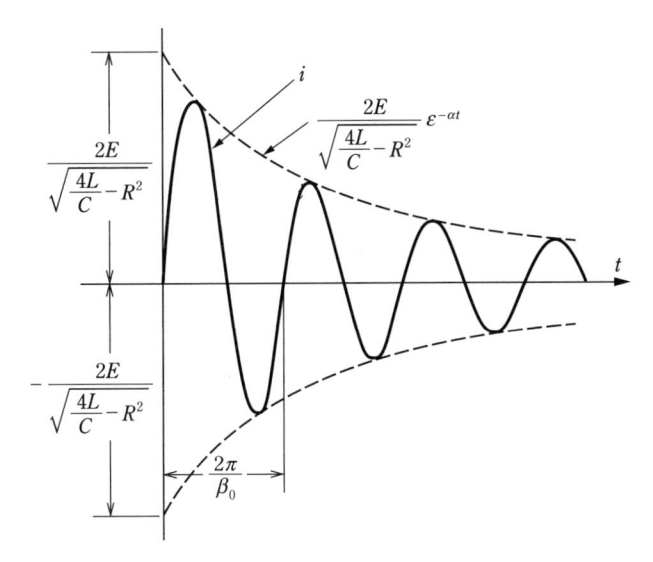

図 11・17　$R^2 < 4L/C$ の場合の減衰

エネルギーを他から供給すれば，振動を永続することができる．これが電子回路における発振の原理となるものである．

③ $R^2 = \dfrac{4L}{C}$ の場合（臨界的）

この特殊な場合は式(11・35)で $\beta = 0$ になるから，

$$p_1 = p_2 = p = -\alpha = -\frac{R}{2L}$$

となり，α の値は正の数である．したがって，この場合の過渡項は $q_t = (A + Bt)\varepsilon^{pt}$ となる．ゆえに，式(11・34)では，

$$\left.\begin{array}{l} q = q_s + q_t = CE + (A + Bt)\varepsilon^{pt} \\ i = \dfrac{dq}{dt} = (A + Bt)p\varepsilon^{pt} + B\varepsilon^{pt} \end{array}\right\} \quad (11\cdot50)$$

これに初期条件は $t=0$ で $i=0$，$q=0$ とすれば上式から，

$$0 = CE + (A + B\cdot0)\varepsilon^{p\cdot0} = CE + (A+0)\cdot1 = CE + A$$

$$\therefore \quad A = -CE$$

$$0 = (A+B\cdot 0)p\varepsilon^{p\cdot 0} + B\varepsilon^{p\cdot 0} = (A+0)p\cdot 1 + B\cdot 1 = Ap + B$$

$$\therefore \quad B = -Ap = CEp = -\frac{RCE}{2L}$$

になる．したがって，

$$i = \frac{RCE}{2L}\left(1 + \frac{Rt}{2L}\right)\varepsilon^{-\frac{R}{2L}t} - \frac{RCE}{2L}\varepsilon^{-\frac{R}{2L}t}$$

$$\therefore \quad i = \left(\frac{R}{2L}\right)^2 CEt\varepsilon^{-\frac{R}{2L}t}$$

$$= \frac{E}{L}t\varepsilon^{-\alpha t} = \frac{E}{L}t\varepsilon^{-\frac{R}{2L}t} \tag{11・51}$$

$$\left(\because \quad R^2 = \frac{4L}{C}, \quad \left(\frac{R}{2L}\right)^2 = \frac{1}{LC}\right)$$

そして，i は $t=1/\alpha$ のとき $I_m=2E/R\varepsilon=0.736\,E/R$ の最大値になる．図 11・18 は時間 t に対する i の変化を示す．

以上のことから，R-L-C 直列回路の過渡現象は R^2 と $4L/C$ の条件によって，非振動的，振動的，臨界的の 3 つの現象を生ずることがわかる．

なお，以上は R-L-C 直列回路に直流起電力 E を加えたときの充電電流のみについて述べたが，この回路を短絡したときの放電電流のみについていえば，電流の向きが反対になるだけでこれとまったく同じような電流を生ずるものである．

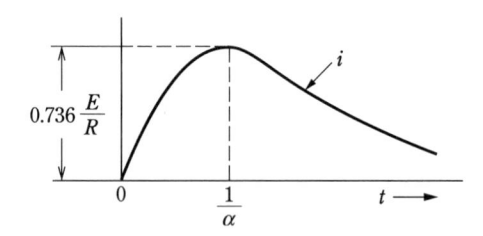

図 11・18　$R^2=4L/C$ の臨界減衰

章末問題

1. $R=5 \, [\Omega]$, $L=0.1 \, [H]$ の直列回路に直流起電力 100 V を加えたとき,定常電流の 95% に達するまでの時間を次の表を用いて求めなさい.

t/T	1	2	3	4
$\varepsilon^{-t/T}$	0.368	0.135	0.050	0.018

2. $R=1 \, [M\Omega]$, $C=1 \, [\mu F]$, の直列回路に直流起電力 $E=100 \, [V]$ を加えたとき,この回路の時定数はいくらか.

3. 前問において,直流起電力 E を加えてから,2秒後の充電電流の値を求めなさい.また,電圧を加えてから 4 秒後における充電時の C の両端の電圧はいくらか.

4. R-L 直列回路で,$L=3 \, [mH]$ とするとき,時定数を $30 \mu s$ にするためには抵抗の値をいくらにすればよいか.

5. $L=1 \, [mH]$, $C=0.001 \, [\mu F]$, $R=100 \, [\Omega]$ の直列回路がある.この回路は振動的か非振動的か評価せよ.また,振動的である場合は固有周波数を求めなさい.

問と章末問題の解答

第1章

● 問

問 1・1 （1） $30\,[\Omega]=x\times 10^{-3}$
$x=30\div 10^{-3}=30\,000\,[\mathrm{m}\Omega]$

（2） $45\,[\mathrm{M}\Omega]=45\times 10^{6}=45\,000\,000\,[\Omega]$

（3） $9\,[\mathrm{k}\Omega]=9\times 10^{3}=9\,000\,[\Omega]$

（4） $2.4\,[\mathrm{m}\Omega]=2.4\times 10^{-3}=0.0024\,[\Omega]$

問 1・2 $R=\dfrac{V}{I}=\dfrac{50}{3}\fallingdotseq 16.67\,[\Omega]$

問 1・3 $I=\dfrac{V}{R}=\dfrac{5}{5\times 10^{3}}=0.001\,[\mathrm{A}]=1\times 10^{-3}=1\,[\mathrm{mA}]$

問 1・4 $V=IR=40\times 10^{-6}\times 8\times 10^{6}=320\,[\mathrm{V}]$

問 1・5 $R_1=45\,[\Omega]$, $R_2=35\,[\Omega]$ とし合成抵抗を R_0 とすると,
$R_0=R_1+R_2=45+35=80\,[\Omega]$

回路に流れる電流 I は,

$I=\dfrac{V}{R_0}=\dfrac{80\times 10^{-3}}{80}=0.001\,[\mathrm{A}]=1\times 10^{-3}=1\,[\mathrm{mA}]$

問 1・6 $R_1=60\,[\Omega]$, $R_2=80\,[\Omega]$ とし, 合成抵抗を R_0 とすると,
$R_0=R_1+R_2=60+80=140\,[\Omega]$

回路に加えた電圧 V は,

$V=IR_0=2.5\times 140=350\,[\mathrm{V}]$

問 1・7 $R_1=100\,[\Omega]$, $R_2=200\,[\Omega]$, $R_3=300\,[\Omega]$ とし, 合成抵抗を R_0 とすると式 (1・12) より,

$R_0=\dfrac{1}{\dfrac{1}{R_1}+\dfrac{1}{R_2}+\dfrac{1}{R_3}}=\dfrac{1}{\dfrac{1}{100}+\dfrac{1}{200}+\dfrac{1}{300}}\fallingdotseq 54.55\,[\Omega]$

問と章末問題の解答

問 1・8　$R_1=4\,[\Omega]$, $R_2=6\,[\Omega]$ とし合成抵抗を R_0 とすると,

$$R_0=\frac{R_1\times R_2}{R_1+R_2}=\frac{4\times 6}{4+6}=2.4\,[\Omega] \quad (\text{和分の積})$$

回路に流れる全電流 I は,

$$I=\frac{V}{R_0}=\frac{48}{2.4}=20\,[\text{A}]$$

各抵抗の両端の電圧は電源電圧と等しいので, $R_1(4\,[\Omega])$ に流れる電流 I_1 は,

$$I_1=\frac{V}{R_1}=\frac{48}{4}=12\,[\text{A}]$$

$R_2(6\,[\Omega])$ に流れる電流 I_2 は,

$$I_2=\frac{V}{R_2}=\frac{48}{6}=8\,[\text{A}]$$

問 1・9　bc 間の合成抵抗 R_{bc} は,

$$R_{bc}=\frac{6\times 4}{6+4}=2.4\,[\Omega]$$

ac 間の合成抵抗 R_{ac} は,

$$R_{ac}=2.6+2.4=5\,[\Omega]$$

全電流 I は,

$$I=\frac{V}{R_{ac}}=\frac{50}{5}=10\,[\text{A}]$$

bc 間のそれぞれの電流は式(1・13)より,

$$I_1=\frac{2.4}{6}\times 10=4\,[\text{A}]$$

$$I_2=\frac{2.4}{4}\times 10=6\,[\text{A}]$$

問 1・10　電線の電圧降下 $=2rI=2\times 0.5\times 10=10\,[\text{V}]$

負荷の端子電圧 $=100-10=90\,[\text{V}]$

問 1・11　回路全体の合成抵抗 R_0 は,

$$R_0=0.5+1+2+4=7.5\,[\Omega]$$

回路全体に流れる電流 I は,

$$I=\frac{V}{R_0}=\frac{1.5}{7.5}=0.2\,[\text{A}]$$

cd 間の端子電圧は,

問と章末問題の解答

$V_{cd}=2\times 0.2=0.4$ [V]

問 1・12 $P=I^2R=5^2\times 20=25\times 20=500$ [W]

問 1・13 $R=\dfrac{V^2}{P}=\dfrac{100^2}{80}=\dfrac{10\,000}{80}=125$ [Ω]

$I=\dfrac{P}{V}=\dfrac{80}{100}=0.8$ [A]

または，

$I=\dfrac{V}{R}=\dfrac{100}{125}=0.8$ [A]

問 1・14 $W=Pt=VIt=100\times 0.2\times \dfrac{10}{60}\fallingdotseq 3.33$ [W・h]

問 1・15 $W=Pt=VIt=\dfrac{V^2}{R}t=\dfrac{100^2}{25}\times (5\times 60\times 60)=7\,200\,000$ [W・s]

$W=Pt=VIt=\dfrac{V^2}{R}t=\dfrac{100^2}{25}\times 5=2\,000$ [W・h]

問 1・16 点 a においてキルヒホッフの第 1 法則を適用すると，

$I_3=I_1+I_2$ ……………………………………………………………(1)

閉路①においてキルヒホッフの第 2 法則を適用すると，

$R_2I_2+R_3I_3=E$

$20\,I_2+10\,I_3=11$ ………………………………………………………(2)

閉路②においてキルヒホッフの第 2 法則を適用すると，

$R_1I_1-R_2I_2=0$

$30I_1-20I_2=0$ ……………………………………………………………(3)

式(1)を式(2)に代入する．

$20I_2+10(I_1+I_2)=11$

$20I_2+10I_1+10I_2=11$

$10I_1+30I_2=11$ …………………………………………………………(4)

式(3)と式(4)の連立方程式を解く．

$\begin{cases} 30I_1-20I_2=0 \cdots\cdots\cdots\cdots\cdots\cdots\cdots\cdots\cdots\cdots\cdots\cdots\cdots\cdots\cdots\cdots (3) \\ 10I_1+30I_2=11 \cdots\cdots\cdots\cdots\cdots\cdots\cdots\cdots\cdots\cdots\cdots\cdots\cdots\cdots\cdots (4) \end{cases}$

$1.5\times$式(3)＋式(4)

$$45I_1 - 30I_2 = 0$$
$$+\underline{)10I_1 + 30I_2 = 11}$$
$$55I_1 = 11$$

$$I_1 = \frac{11}{55} = 0.2 \text{ [A]} \quad \cdots\cdots\cdots\cdots\cdots\cdots\cdots\cdots\cdots\cdots\cdots\cdots\cdots (5)$$

式(5)を式(3)に代入．

$$30 \times 0.2 - 20I_2 = 0$$
$$-20I_2 = -6$$
$$I_2 = \frac{6}{20} = 0.3 \text{ [A]} \quad \cdots\cdots\cdots\cdots\cdots\cdots\cdots\cdots\cdots\cdots\cdots (6)$$

式(5)と式(6)を式(1)に代入．

$$I_3 = I_1 + I_2 = 0.2 + 0.3 = 0.5 \text{ [A]}$$

● 章末問題

1. $I = \dfrac{V}{R} = \dfrac{100}{500} = 0.2 \text{ [A]}$

2. $V = IR = 50 \times 10^{-3} \times 10 \times 10^3 = 500 \text{ [V]}$

3. $R = \dfrac{V}{I} = \dfrac{100}{10 \times 10^{-3}} = 10\,000 \text{ [Ω]} = 10 \times 10^3 = 10 \text{ [kΩ]}$

4. 直列接続の場合　$R = 2 + 4 + 6 = 12 \text{ [Ω]}$

   並列接続の場合　$R = \dfrac{1}{\frac{1}{2} + \frac{1}{4} + \frac{1}{6}} = \dfrac{1}{\frac{6}{12} + \frac{3}{12} + \frac{2}{12}} = \dfrac{12}{11} \fallingdotseq 1.09 \text{ [Ω]}$

5. $R_1 + R_2 = 25 \quad \cdots\cdots\cdots\cdots\cdots\cdots\cdots\cdots\cdots\cdots\cdots\cdots\cdots\cdots (1)$

   $\dfrac{R_1 \times R_2}{R_1 + R_2} = 6 \quad \cdots\cdots\cdots\cdots\cdots\cdots\cdots\cdots\cdots\cdots\cdots\cdots\cdots (2)$

   この2式から連立方程式を解けばよい．

   式(1)を $R_2 = 25 - R_1$ と変形し式(2)へ代入．

   $$\frac{R_1(25 - R_1)}{R_1 + (25 - R_1)} = 6$$

   $$\frac{-R_1{}^2 + 25R_1}{25} = 6$$

   $$-R_1{}^2 + 25R_1 = 150$$

   $$-R_1{}^2 + 25R_1 - 150 = 0$$

問と章末問題の解答

$$R_1{}^2 - 25R_1 + 150 = 0$$
$$(R_1 - 10)(R_1 - 15) = 0$$
$$R_1 = 10,\ 15$$

したがって,

$R_1 = 10\,[\Omega]$ の時は $R_2 = 15\,[\Omega]$

$R_1 = 15\,[\Omega]$ の時は $R_2 = 10\,[\Omega]$

となる.

6. 合成抵抗 $R_0 = 5 + 3 + 7 = 15\,[\Omega]$

回路全体に流れる電流 I は,

$$I = \frac{V}{R_0} = \frac{150}{15} = 10\,[\mathrm{A}]$$

各抵抗の両端の電圧 $V_1,\ V_2,\ V_3$ は,

$$V_1 = 5 \times I = 5 \times 10 = 50\,[\mathrm{V}]$$
$$V_2 = 3 \times I = 3 \times 10 = 30\,[\mathrm{V}]$$
$$V_3 = 7 \times I = 7 \times 10 = 70\,[\mathrm{V}]$$

7. ab 間の合成抵抗 R_{ab}

$$R_{ab} = \frac{1}{\frac{1}{10} + \frac{1}{15} + \frac{1}{30}} = \frac{1}{\frac{3}{30} + \frac{2}{30} + \frac{1}{30}} = \frac{30}{6} = 5\,[\Omega]$$

ce 間の合成抵抗 R_{ce}

$$R_{ce} = \frac{1}{\frac{1}{20} + \frac{1}{5+25}} = \frac{1}{\frac{1}{20} + \frac{1}{30}} = \frac{1}{\frac{3}{60} + \frac{2}{60}} = \frac{60}{5} = 12\,[\Omega]$$

ae 間の回路全体の合成抵抗 R_{ae}

$$R_{ae} = R_{ab} + 3 + R_{ce} = 5 + 3 + 12 = 20\,[\Omega]$$

全電流 I は,

$$I = \frac{V}{R_{ae}} = \frac{100}{20} = 5\,[\mathrm{A}]$$

I_1 は式(1・13)より,

$$I_1 = \frac{R_{ab}}{10} \times I = \frac{5}{10} \times 5 = 2.5\,[\mathrm{A}]$$

I_2 は式(1・13)より,

$$I_2 = \frac{R_{ce}}{20} \times I = \frac{12}{20} \times 5 = 3 \text{[A]}$$

8. 回路の合成抵抗 R_0 は,

    $$R_0 = 0.4 + 0.2 + 0.2 + 4 = 4.8 \text{[Ω]}$$

    回路の全電流 I は,

    $$I = \frac{V}{R_0} = \frac{24}{4.8} = 5 \text{[A]}$$

    ab 間の電圧は式(1・17)より,

    $$V = 24 - 0.4 \times 5 = 22 \text{[V]}$$

    cd 間の電圧は,

    $$V_{cd} = 4 \times 5 = 20 \text{[V]}$$

9. 式(1・17)より,

    $$1.4 = E - 2r \quad \cdots\cdots (1)$$
    $$1.1 = E - 3r \quad \cdots\cdots (2)$$

    式(1),(2)の連立方程式を解く.

    式(1)-式(2)

    $$\begin{array}{r} 1.4 = E - 2r \\ -)\underline{1.1 = E - 3r} \\ 0.3 = r \end{array}$$

    $$r = 0.3 \text{[Ω]} \quad \cdots\cdots (3)$$

    式(3)を式(1)に代入.

    $$1.4 = E - 2 \times 0.3$$
    $$1.4 = E - 0.6$$
    $$1.4 + 0.6 = E$$
    $$2.0 = E$$
    $$E = 2.0 \text{[V]}$$

10. 式(1・21)より,

    $$I = \left(1 + \frac{r_a}{R}\right) I_a$$
    $$500 \times 10^{-3} = \left(1 + \frac{1}{R}\right) \times 10 \times 10^{-3}$$

問と章末問題の解答

$$50 = 1 + \frac{1}{R}$$

$$49 = \frac{1}{R}$$

$$R ≒ 0.0204\,[\Omega] = 20.4 \times 10^{-3} = 20.4\,[\mathrm{m\Omega}]$$

倍率　$\dfrac{I}{I_a} = \dfrac{500 \times 10^{-3}}{10 \times 10^{-3}} = 50\,[倍]$

11. 式(1・19)より，

$$V = \left(1 + \frac{R}{r_v}\right)V_v$$

$$100 = \left(1 + \frac{R}{20 \times 10^3}\right) \times 10$$

$$10 = 1 + \frac{R}{20 \times 10^3}$$

$$9 = \frac{R}{20 \times 10^3}$$

$$R = 180\,000\,[\Omega] = 180 \times 10^3 = 180\,[\mathrm{k\Omega}]$$

倍率　$\dfrac{V}{V_v} = \dfrac{100}{10} = 10\,[倍]$

12. 式(1・22)を変形して，

$$P = I^2 R = 0.5^2 \times 30 = 7.5\,[\mathrm{W}]$$

13. 式(1・22)を変形した $P = V^2/R$ を利用して解く．

$$R_1 = \frac{V^2}{P_1} = \frac{100^2}{100} = 100\,[\Omega]$$

$$R_2 = \frac{V^2}{P_2} = \frac{100^2}{400} = 25\,[\Omega]$$

直列に接続した時の合成抵抗 R_0

$$R_0 = R_1 + R_2 = 100 + 25 = 125\,[\Omega]$$

よって，

$$P = \frac{V^2}{R_0} = \frac{200^2}{125} = 320\,[\mathrm{W}]$$

14. $W = Pt = VIt = 50 \times 2 \times 10^{-3} \times (5 \times 60) = 30\,[\mathrm{W \cdot s}]$

$W = Pt = VIt = 50 \times 2 \times 10^{-3} \times \dfrac{5}{60} = 0.008\,[\mathrm{W \cdot h}]$

15. a点においてキルヒホッフの第1法則を適用すると，

$$I_3 = I_1 + I_2 \quad \cdots\cdots(1)$$

閉路①でキルヒホッフの第2法則を適用すると，

$$R_1 I_1 + R_3 I_3 = E_1$$

$$0.25 I_1 + 0.1 I_3 = 4 \quad \cdots\cdots(2)$$

閉路②でキルヒホッフの第2法則を適用すると，

$$R_2 I_2 + R_3 I_3 = E_2$$

$$0.1 I_2 + 0.1 I_3 = 2 \quad \cdots\cdots(3)$$

式(2)，(3)に式(1)を代入．

$$0.25 I_1 + 0.1(I_1 + I_2) = 4$$

$$0.25 I_1 + 0.1 I_1 + 0.1 I_2 = 4$$

$$0.35 I_1 + 0.1 I_2 = 4 \quad \cdots\cdots(4)$$

$$0.1 I_2 + 0.1(I_1 + I_2) = 2$$

$$0.1 I_2 + 0.1 I_1 + 0.1 I_2 = 2$$

$$0.1 I_1 + 0.2 I_2 = 2 \quad \cdots\cdots(5)$$

式(4)と式(5)で連立方程式を解く．

$$\begin{cases} 0.35 I_1 + 0.1 I_2 = 4 \\ 0.1 I_1 + 0.2 I_2 = 2 \end{cases}$$

2×(4)式−(5)式

$$\begin{array}{r} 0.7 I_1 + 0.2 I_2 = 8 \\ -)\,0.1 I_1 + 0.2 I_2 = 2 \\ \hline 0.6 I_1 \qquad\quad = 6 \end{array}$$

$$I_1 = \frac{6}{0.6} = 10 \,[\mathrm{A}] \quad \cdots\cdots(6)$$

(6)式を(5)式に代入．

$$0.1 \times 10 + 0.2 I_2 = 2$$

$$1 + 0.2 I_2 = 2$$

$$0.2 I_2 = 1$$

$$I_2 = \frac{1}{0.2} = 5 \,[\mathrm{A}] \quad \cdots\cdots(7)$$

式(6)と式(7)を式(1)に代入．

$$I_3 = I_1 + I_2 = 10 + 5 = 15 \,[\mathrm{A}]$$

第 2 章

● 問

問 2・1 式(2・3), 式(2・4) より,

(1) $\varphi = \dfrac{\theta}{180} \times \pi = \dfrac{60}{180} \times \pi = \dfrac{\pi}{3}$ [rad]

(2) $\theta = \dfrac{180}{\pi} \times \varphi = \dfrac{180}{\pi} \times \dfrac{2\pi}{3} = 120$ [°]

問 2・2 (1) $e = 100 \sin \varphi = 100 \sin \dfrac{3}{2}\pi = -100$ [V]

(2) $e = 100 \sin \varphi = 100 \sin 3\pi = 0$ [V]

問 2・3 式(2・5) より,

$$T = \dfrac{1}{f} = \dfrac{1}{60} \fallingdotseq 0.0167 \text{ [s]} = 16.7 \times 10^{-3} = 16.7 \text{ [ms]}$$

問 2・4 式(2・5) より,

$$f = \dfrac{1}{T} = \dfrac{1}{0.01} = 100 \text{ [Hz]}$$

周期を 2 倍にすると,

$$f = \dfrac{1}{2T} = \dfrac{1}{2 \times 0.01} = 50 \text{ [Hz]}$$

よって, 1/2 倍となる.

問 2・5 最大値 $E_m = 100$ [V], 角周波数 $\omega = 314.2$ [rad/s], 周波数は式(2・9) より,

$$f = \dfrac{\omega}{2\pi} = \dfrac{314.2}{2\pi} \fallingdotseq 50.0 \text{ [Hz]}$$

周期は式(2・5) より,

$$T = \dfrac{1}{f} = \dfrac{1}{50.0} = 0.02 \text{ [s]}$$

問 2・6 $t=0$, $\theta = \dfrac{\pi}{4}$ の時　$e = 141 \sin\left(\omega \cdot 0 + \dfrac{\pi}{4}\right) = 141 \sin\left(\dfrac{\pi}{4}\right) \fallingdotseq 99.7$ [V]

$t=0$, $\theta = \dfrac{\pi}{3}$ の時　$e = 141 \sin\left(\omega \cdot 0 + \dfrac{\pi}{3}\right) = 141 \sin\left(\dfrac{\pi}{3}\right) \fallingdotseq 122.1$ [V]

問 2・7 位相角 $= \left(\omega t + \dfrac{\pi}{4}\right)$

初位相 $= \dfrac{\pi}{4}$

問と章末問題の解答

問 2・8 瞬時値 = 最大値 sin (ωt + 初位相) より，

$$e = 100 \sin\left(\omega t + \frac{\pi}{6}\right) [\text{V}]$$

問 2・9 位相差 $= \frac{\pi}{3} - \frac{\pi}{4} = \frac{4\pi}{12} - \frac{3\pi}{12} = \frac{\pi}{12}$ [rad]

問 2・10 最大値 I_m は式 (2・20) より，

$$I_m = \sqrt{2} \times 実効値 = \sqrt{2} \times 50 \fallingdotseq 70.7 [\text{A}]$$

平均値 I_a は式 (2・14) より，

$$I_a = \frac{2}{\pi} I_m = \frac{2}{\pi} \times 70.7 \fallingdotseq 45.0 [\text{A}]$$

問 2・11 最大値は式 (2・20) より，

$$最大値 = \sqrt{2} \times I = \sqrt{2} \times 1 \fallingdotseq 1.414$$

平均値 I_a は式 (2・14) より，

$$平均値 = \frac{2}{\pi} \times 最大値 = \frac{2}{\pi} \times 1.414 \fallingdotseq 0.90$$

問 2・12 式 (2・22) より，

$$V = 波形率 \times V_{av} = 1.111 \times 20 = 22.22 [\text{V}]$$

問 2・13 式 (2・22) より，

$$V_m = 波高率 \times V = 1.414 \times 100 = 141.4 [\text{V}]$$

● 章末問題

1. 式 (2・5) より，

$$f = \frac{1}{T} = \frac{1}{40 \times 10^{-3}} = 25 [\text{Hz}]$$

2. 式 (2・5) より，

$$T = \frac{1}{f} = \frac{1}{10 \times 10^3} = 0.0001 [\text{s}] = 0.1 \times 10^{-3} = 0.1 [\text{ms}]$$

3. 式 (2・7) より，

$$f = \frac{P}{2} \times \frac{N}{60} [\text{Hz}] = \frac{PN}{120}$$

$$N = \frac{120f}{P} = \frac{120 \times 50}{4} = 1\,500 \text{ 回転}$$

4. ①式 (2・20) より，

275

問と章末問題の解答

$$V_m = \sqrt{2}\,V = \sqrt{2} \times 40 \fallingdotseq 56.57\,[\text{V}]$$

② 周期＝1サイクルに要する時間

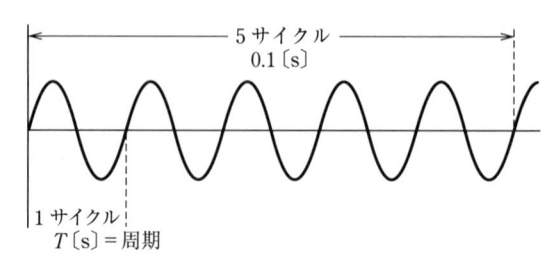

解図1

$$T = \frac{0.1}{5} = 0.02\,[\text{s}]$$

③ 式(2・5)より,

$$f = \frac{1}{T} = \frac{1}{0.02} = 50\,[\text{Hz}]$$

④ 式(2・9)より,

$$\omega = 2\pi f = 2\pi \times 50 = 100\pi\,[\text{rad/s}] \fallingdotseq 314.2\,[\text{rad/s}]$$

5. ① 〈電圧〉最大値＝141[V]　　実効値＝$\dfrac{141}{\sqrt{2}} \fallingdotseq 99.7\,[\text{V}]$

　〈電流〉最大値＝7.07[A]　　実効値＝$\dfrac{7.07}{\sqrt{2}} \fallingdotseq 5.00\,[\text{A}]$

② 〈電圧〉周波数　$\omega t = 100\pi t$

$$\omega = 100\pi$$

$$2\pi f = 100\pi$$

$$f = \frac{100\pi}{2\pi} = 50\,[\text{Hz}]$$

周期　$T = \dfrac{1}{f} = \dfrac{1}{50} = 0.02\,[\text{s}]$

〈電流〉は〈電圧〉と同様に求める（$\omega t = 100\pi t$ より）．

③ 位相差 $= \dfrac{\pi}{12} - \left(-\dfrac{\pi}{12}\right) = \dfrac{2}{12}\pi = \dfrac{\pi}{6}\,[\text{rad}]$

6. $\omega t = \dfrac{\pi}{3}$ の時　　$i = 50 \sin \omega t = 50 \sin \dfrac{\pi}{3} \fallingdotseq 43.3$ [A]

　　$\omega t = \dfrac{\pi}{2}$ の時　　$i = 50 \sin \omega t = 50 \sin \dfrac{\pi}{2} = 50$ [A]

　　$\omega t = \dfrac{2}{3}\pi$ の時　　$i = 50 \sin \omega t = 50 \sin \dfrac{2}{3}\pi \fallingdotseq 43.3$ [A]

　　$\omega t = \dfrac{4}{3}\pi$ の時　　$i = 50 \sin \omega t = 50 \sin \dfrac{4}{3}\pi \fallingdotseq -43.3$ [A]

7. 最大値 $I_m = \sqrt{2}\, I = \sqrt{2} \times 5 = 7.07$ [A]

　　$i = 7.07 \sin\left(\omega t - \dfrac{\pi}{3}\right)$ [A]

8. 式(2・14),式(2・20) より

　　平均値 $I_a = \dfrac{2}{\pi} I_m$　　$I_m = \dfrac{\pi}{2} I_a = \dfrac{\pi}{2} \times 10 \fallingdotseq 15.7$ [A]

　　実効値 $I = \dfrac{I_m}{\sqrt{2}}$　　$I = \dfrac{15.7}{\sqrt{2}} \fallingdotseq 11.1$ [A]

　　　　　　　　　　　　　　　　　　　　　　　　　　　　(I_m は最大値)

9. 式(2・22) より,

　　最大値 V_m,実効値 V,平均値 V_a とすると,

　　　$V = $ 波形率 $\times V_a = 1.2 \times 100 = 120$ [V]

　　　$V_m = $ 波高率 $\times V = 1.5 \times 120 = 180$ [V]

第 3 章

● 問

問 3・1　$I = \overline{\mathrm{OB}} = \sqrt{\mathrm{OA}^2 + \mathrm{AB}^2}$

　　　　　$= \sqrt{(I_a + I_b \cos\theta)^2 + (I_b \sin\theta)^2}$

　　　　　$= \sqrt{\left(12 + 8\cos\dfrac{\pi}{3}\right)^2 + \left(8 \sin\dfrac{\pi}{3}\right)^2}$

　　　　　$= \sqrt{256 + 48} \fallingdotseq 17.4$ [A]

　　　$\varphi = \tan^{-1} \dfrac{\overline{\mathrm{AB}}}{\overline{\mathrm{OA}}} = \tan^{-1} \dfrac{I_b \sin\theta}{I_a + I_b \cos\theta}$

解図 2

問と章末問題の解答

$$=\tan^{-1}\frac{8\sin\frac{\pi}{3}}{12+8\cos\frac{\pi}{3}}\fallingdotseq 23.4\,[°]\fallingdotseq 0.13\pi\,[\text{rad}]$$

● 章末問題

1. $E=\dfrac{100}{\sqrt{2}}\fallingdotseq 70.7\,[\text{V}]$

   $I=\dfrac{50}{\sqrt{2}}\fallingdotseq 35.4\,[\text{A}]$

   I は E より $\dfrac{\pi}{3}\,[\text{rad}]$ 遅れている．ベクトル図は解図 3．

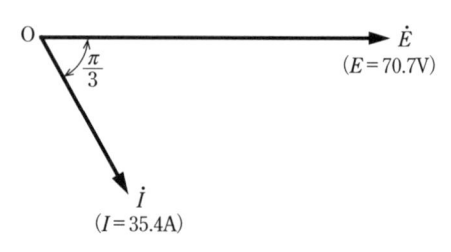

2. 解図 4 より，
   $$\dot{E}=\dot{E_1}+\dot{E_2}=\overline{OO'}\times 2$$
   $$=\dot{E_1}\cos\frac{\pi}{6}\times 2$$
   $$=100\times\cos\frac{\pi}{6}\times 2$$
   $$\fallingdotseq 173.2\,[\text{V}]$$

   $\dot{E}$ は $\dot{E_2}$ よりも $\dfrac{\pi}{6}\,[\text{rad}]$ 進んでいる．

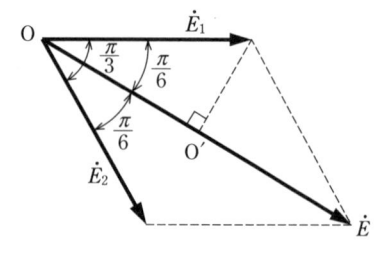

3. 解図 5 より $|\dot{E_1}-\dot{E_2}|=|\dot{E_1}|=100\,[\text{V}]$

   位相は $\dot{E_1}$ より $\dfrac{\pi}{3}\,[\text{rad}]$ 遅れている．

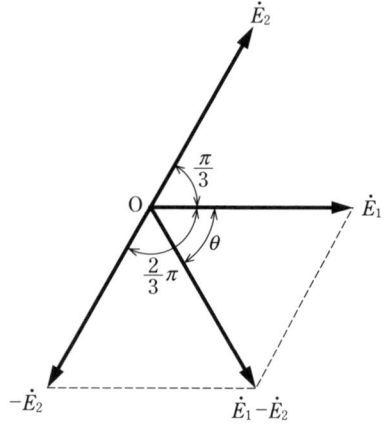

4. 解図 6 より，
   $$\dot{E_1}+\dot{E_2}=100\,[\text{V}]$$

   解図 7 より
   $$\dot{E_1}-\dot{E_2}=\overline{OO'}\times 2=\dot{E_1}\cos\frac{\pi}{6}\times 2$$
   $$=100\times\cos\frac{\pi}{6}\times 2$$
   $$\fallingdotseq 173.2\,[\text{V}]$$

解図 3

解図 4

解図 5

解図 6

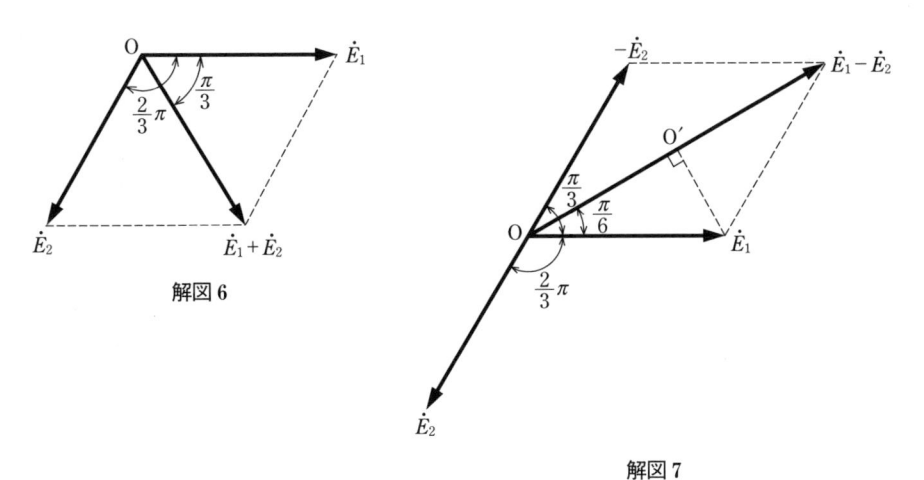

解図 7

5. ①解図 8 より，
$$\dot{E}_1 + \dot{E}_2 = \dot{E}_1 \times \sqrt{2} = 100 \times \sqrt{2} \fallingdotseq 141.4 \,[\mathrm{V}]$$

②解図 9 より，
$$\dot{E}_1 + \dot{E}_2 = \overline{\mathrm{OO'}} \times 2 = \dot{E}_1 \cos\frac{\pi}{12} \times 2 = 100 \times \cos\frac{\pi}{12} \times 2 \fallingdotseq 193.2 \,[\mathrm{V}]$$

〈別解〉
$$\dot{E}_1 + \dot{E}_2 = \sqrt{\left(E_1 + E_2 \cos\frac{\pi}{6}\right)^2 + \left(E_2 \sin\frac{\pi}{6}\right)^2}$$
$$= \sqrt{\left(100 + 100 \cos\frac{\pi}{6}\right)^2 + \left(100 \sin\frac{\pi}{6}\right)^2}$$
$$= \sqrt{34\,820.5 + 2\,500} \fallingdotseq 193.2 \,[\mathrm{V}]$$

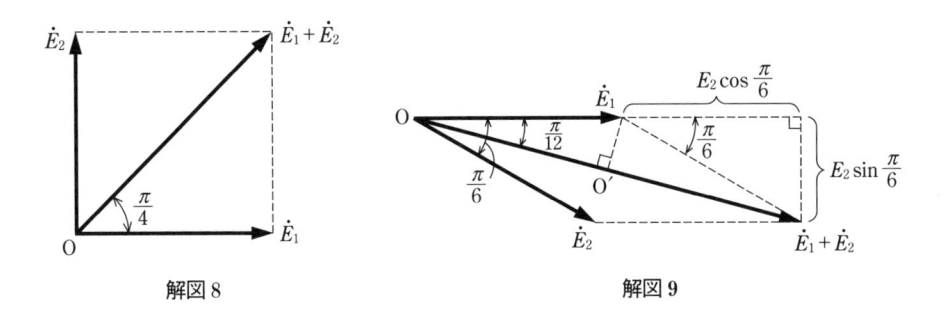

解図 8

解図 9

第 4 章

● 問

問 4・1 式(4・6)より,
$$V = IR = 2 \times 10^{-3} \times 5 \times 10^3 = 10 \text{ [V]}$$

問 4・2 式(4・15)より,
$$X_L = \omega L = 2\pi f L = 2\pi \times 50 \times 0.5 \fallingdotseq 157.1 \text{ [Ω]}$$
$$X_L = \omega L = 2\pi f L = 2\pi \times 150 \times 0.5 \fallingdotseq 471.2 \text{ [Ω]}$$

問 4・3 式(4・15)より誘導リアクタンス X_L は,
$$X_L = \omega L = 2\pi f L = 2\pi \times 60 \times 0.5 \fallingdotseq 188.5 \text{ [Ω]}$$

式(4・14)より回路に流れる電流 I は,
$$I = \frac{V}{\omega L} = \frac{100}{188.5} \fallingdotseq 0.53 \text{ [A]}$$

問 4・4 式(4・21)より,
$$X_C = \frac{1}{\omega C} = \frac{1}{2\pi f C} = \frac{1}{2\pi \times 50 \times 100 \times 10^{-6}} \fallingdotseq 31.8 \text{ [Ω]}$$
$$X_C = \frac{1}{\omega C} = \frac{1}{2\pi f C} = \frac{1}{2\pi \times 150 \times 100 \times 10^{-6}} \fallingdotseq 10.6 \text{ [Ω]}$$

問 4・5 式(4・21)より容量リアクタンス X_C は,
$$X_C = \frac{1}{\omega C} = \frac{1}{2\pi f C} = \frac{1}{2\pi \times 55 \times 100 \times 10^{-6}} \fallingdotseq 28.9 \text{ [Ω]}$$

式(4・20)より回路に流れる電流 I は,
$$I = \frac{V}{X_C} = \frac{V}{\frac{1}{\omega C}} = \omega C V = \frac{100}{28.9} \fallingdotseq 3.46 \text{ [A]}$$

問 4・6 式(4・26)より回路のインピーダンス Z は,
$$Z = \sqrt{R^2 + (\omega L)^2} = \sqrt{100^2 + (2\pi \times 50 \times 30 \times 10^{-3})^2} \fallingdotseq 100.4 \text{ [Ω]}$$

式(4・24)より回路に流れる電流 I は,
$$I = \frac{V}{\sqrt{R^2 + (\omega L)^2}} = \frac{V}{Z} = \frac{200}{100.4} \fallingdotseq 1.99 \text{ [A]}$$

抵抗およびコイルには同じ電流が流れるので両端の電圧を V_R, V_L とすると,
$$V_R = IR = 1.99 \times 100 = 199 \text{ [V]}$$
$$V_L = IX_L = I \times \omega L = I \times 2\pi f L = 1.99 \times 2 \times \pi \times 50 \times 30 \times 10^{-3} \fallingdotseq 18.8 \text{ [V]}$$

問と章末問題の解答

問 4・7 式(4・30)より回路のインピーダンス Z は，

$$Z=\sqrt{R^2+\left(\frac{1}{\omega C}\right)^2}=\sqrt{40^2+\left(\frac{1}{2\pi\times 60\times 100\times 10^{-6}}\right)^2}$$

$$\fallingdotseq 48.0\,[\Omega]$$

式(4・28)より回路に流れる電流 I は，

$$I=\frac{V}{\sqrt{R^2+\left(\frac{1}{\omega C}\right)^2}}=\frac{V}{Z}=\frac{100}{48.0}$$

$$\fallingdotseq 2.08\,[A]$$

式(4・29)より電圧と電流の位相差 θ は，

$$\theta=\tan^{-1}\left(\frac{1}{\omega CR}\right)=\tan^{-1}\left(\frac{1}{2\pi\times 60\times 100\times 10^{-6}\times 40}\right)\fallingdotseq 33.6\,[°]$$

ベクトル図は解図 10．

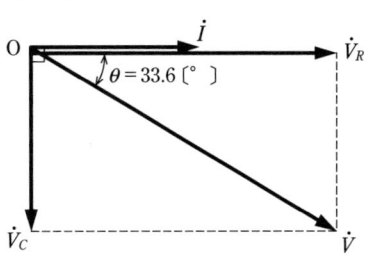

解図 10

問 4・8 式(4・15)より，

$$X_L=\omega L=2\pi fL=2\pi\times 50\times 3\fallingdotseq 942.5\,[\Omega]$$

式(4・21)より，

$$X_C=\frac{1}{\omega C}=\frac{1}{2\pi fC}=\frac{1}{2\pi\times 50\times 4\times 10^{-6}}\fallingdotseq 795.8\,[\Omega]$$

ここで $\omega L>\dfrac{1}{\omega C}$ であるから回路は誘導性となる．式(4・32)より回路に流れる電流 I は，

$$I=\frac{V}{Z}=\frac{V}{\sqrt{R^2+\left(\omega L-\frac{1}{\omega C}\right)^2}}$$

$$=\frac{100}{\sqrt{120^2+(942.5-795.8)^2}}\fallingdotseq 0.53\,[A]$$

位相差 θ は，

$$\theta=\tan^{-1}\left(\frac{\omega L-\frac{1}{\omega C}}{R}\right)$$

$$=\tan^{-1}\left(\frac{942.5-795.8}{120}\right)\fallingdotseq 50.7\,[°]$$

問 4・9 回路は誘導性なので $V_L>V_C$ となる（解図 11）．

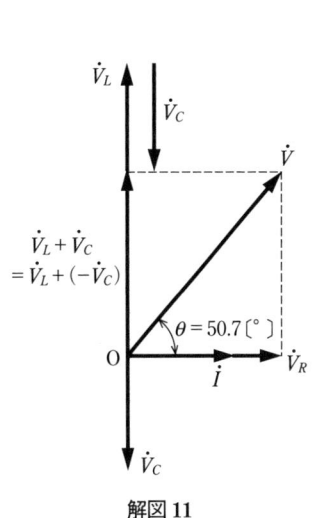

解図 11

問と章末問題の解答

問 4・10　$R, \omega L$ の両端にかかる電圧は電源電圧と等しいので，

$$I_R = \frac{V}{R} = \frac{120}{30} = 4 \text{ [A]}$$

$$I_L = \frac{V}{\omega L} = \frac{120}{40} = 3 \text{ [A]}$$

式(4・37)より回路に流れる全電流 I は，

$$I = \sqrt{I_R{}^2 + I_L{}^2} = \sqrt{4^2 + 3^2} = 5 \text{ [A]}$$

式(4・38)より回路のインピーダンス Z は，

$$Z = \frac{V}{I} = \frac{120}{5} = 24 \text{ [}\Omega\text{]}$$

または，

$$Z = \frac{R \cdot \omega L}{\sqrt{R^2 + (\omega L)^2}} = \frac{30 \times 40}{\sqrt{30^2 + 40^2}} = 24 \text{ [}\Omega\text{]}$$

問 4・11　$R, \dfrac{1}{\omega C}$ の両端にかかる電圧は電源電圧と等しいので，

$$I_R = \frac{V}{R} = \frac{120}{3} = 40 \text{ [A]}$$

$$I_C = \frac{V}{\dfrac{1}{\omega C}} = \omega C V = \frac{120}{4} = 30 \text{ [A]}$$

式(4・41)より回路に流れる全電流 I は，

$$I = \sqrt{I_R{}^2 + I_C{}^2} = \sqrt{40^2 + 30^2} = 50 \text{ [A]}$$

式(4・42)より回路のインピーダンス Z は，

$$Z = \frac{V}{I} = \frac{120}{50} = 2.4 \text{ [}\Omega\text{]}$$

または，

$$Z = \frac{R \cdot \dfrac{1}{\omega C}}{\sqrt{R^2 + \left(\dfrac{1}{\omega C}\right)^2}} = \frac{3 \times 4}{\sqrt{3^2 + 4^2}} = 2.4 \text{ [}\Omega\text{]}$$

問 4・12　$R, \omega L, \dfrac{1}{\omega C}$ の両端にかかる電圧は電源電圧に等しいので各電流 I_R, I_L, I_C は，

$$I_R = \frac{V}{R} = \frac{200}{25} = 8 \text{ [A]}$$

$$I_L = \frac{V}{\omega L} = \frac{200}{20} = 10 \text{ [A]}$$

$$I_C = \frac{V}{\frac{1}{\omega C}} = \omega C V = \frac{200}{50} = 4 \text{ [A]}$$

この回路は $\omega L < \frac{1}{\omega C}$ である．よって，

$$I = \sqrt{I_R^2 + (I_L - I_C)^2} = \sqrt{8^2 + (10-4)^2} = 10 \text{ [A]}$$

式(4・45)より回路のインピーダンス Z は，

$$Z = \frac{V}{I} = \frac{200}{10} = 20 \text{ [Ω]}$$

または，

$$Z = \frac{1}{\sqrt{\left(\frac{1}{R}\right)^2 + \left(\frac{1}{\omega L} - \omega C\right)^2}} = \frac{1}{\sqrt{\left(\frac{1}{25}\right)^2 + \left(\frac{1}{20} - \frac{1}{50}\right)^2}}$$

$$= \frac{1}{\sqrt{0.04^2 + (0.05 - 0.02)^2}} = 20 \text{ [Ω]}$$

● 章末問題

1. 式(4・15)より，

$$X_L = 2\pi f L$$

$$L = \frac{X_L}{2\pi f} = \frac{200}{2\pi \times 50} \fallingdotseq 0.637 \text{ [H]}$$

2. 式(4・21)より容量リアクタンス X_C は，

$$X_C = \frac{1}{\omega C} = \frac{1}{2\pi f C} = \frac{1}{2\pi \times 50 \times 10 \times 10^{-6}} \fallingdotseq 318.3 \text{ [Ω]}$$

式(4・20)より，

$$I = \frac{V}{\frac{1}{\omega C}} = \frac{V}{X_C}$$

$$V = I X_C = 3.14 \times 318.3 \fallingdotseq 999.5 \text{ [V]}$$

3. 式(4・26)より回路のインピーダンス Z は，

$$Z = \sqrt{R^2 + (\omega L)^2} = \sqrt{2^2 + (2\pi \times 50 \times 20 \times 10^{-3})^2} \fallingdotseq 6.59 \text{ [Ω]}$$

式(4・24)より回路に流れる電流 I は,

$$I=\frac{V}{\sqrt{R^2+(\omega L)^2}}=\frac{V}{Z}=\frac{100}{6.59}≒15.2\,[\mathrm{A}]$$

4. 式(4・30)より回路のインピーダンス Z は,

$$Z=\sqrt{R^2+\left(\frac{1}{\omega C}\right)^2}=\sqrt{8^2+\left(\frac{1}{2\pi\times 50\times 12\times 10^{-6}}\right)^2}≒265.4\,[\Omega]$$

式(4・28)より回路に流れる電流 I は,

$$I=\frac{V}{\sqrt{R^2+\left(\frac{1}{\omega C}\right)^2}}=\frac{V}{Z}=\frac{100}{265.4}≒0.377\,[\mathrm{A}]$$

5. 回路のインピーダンス Z は,

$$Z=\frac{V}{I}=\frac{10}{100\times 10^{-3}}=100\,[\Omega]$$

次に X_C は,

$$X_C=\frac{V_C}{I}=\frac{10}{100\times 10^{-3}}=100\,[\Omega]$$

また, L と C の合成リアクタンス X は,

$$Z=\sqrt{R^2+X^2}$$

$$X=\sqrt{Z^2-R^2}=\sqrt{100^2-60^2}=80\,[\Omega]$$

したがって, L の誘導リアクタンス X_L は,

$$X=X_L-X_C$$

$$X_L=X+X_C=100+80=180\,[\Omega]$$

ゆえに回路の自己インダクタンス L は,

$$X_L=\omega L=2\pi f L$$

$$L=\frac{X_L}{2\pi f}=\frac{180}{2\pi\times 1\times 10^3}≒0.029\,[\mathrm{H}]=29\,[\mathrm{mH}]$$

6. コイルの抵抗 R は,

$$R=\frac{V_{DC}}{I_{DC}}=\frac{50}{12.5}=4\,[\Omega]$$

コイルのインピーダンス Z は,

$$Z=\frac{V_{AC}}{I_{AC}}=\frac{100}{20}=5\,[\Omega]$$

よって, コイルのリアクタンス X_L は,

$$Z=\sqrt{R^2+(\omega L)^2}=\sqrt{R^2+X_L{}^2}$$
$$X_L=\sqrt{Z^2-R^2}=\sqrt{5^2-4^2}=3\,[\Omega]$$

7. 式(4・24), 式(4・26)より回路のインピーダンス Z は,
$$Z=\frac{V}{I}=\frac{200}{10}=20\,[\Omega]$$

式(4・26)より誘導リアクタンス $X_L(=\omega L)$ は,
$$Z=\sqrt{R^2+(\omega L)^2}=\sqrt{R^2+X_L{}^2}$$
$$X_L=\sqrt{Z^2-R^2}=\sqrt{20^2-12^2}=16\,[\Omega]$$

8. 式(4・33)より回路のインピーダンス Z は,
$$Z=\sqrt{R^2+\left(\omega L-\frac{1}{\omega C}\right)^2}=\sqrt{15^2+\left(2\pi\times 60\times 0.1-\frac{1}{2\pi\times 60\times 100\times 10^{-6}}\right)^2}$$
$$=\sqrt{15^2+(37.7-26.5)^2}\fallingdotseq 18.7\,[\Omega]$$

式(4・32)より回路に流れる電流 I は,
$$I=\frac{V}{Z}=\frac{100}{18.7}\fallingdotseq 5.35\,[\mathrm{A}]$$

L, C に流れる電流は等しいので, 電圧 V_L, V_C は,
$$V_L=\omega L\times I=37.7\times 5.35\fallingdotseq 201.7\,[\mathrm{V}]$$
$$V_C=\frac{1}{\omega C}\times I=26.5\times 5.35\fallingdotseq 141.8\,[\mathrm{V}]$$

9. 式(4・38)よりインピーダンス Z は,
$$Z=\frac{R\cdot\omega L}{\sqrt{R^2+(\omega L)^2}}=\frac{40\times 30}{\sqrt{40^2+30^2}}=24\,[\Omega]$$

$R, \omega L$ に流れる電流 I_R, I_L は,
$$I_R=\frac{V}{R}=\frac{600}{40}=15\,[\mathrm{A}]$$
$$I_L=\frac{V}{\omega L}=\frac{600}{30}=20\,[\mathrm{A}]$$

10. 式(4・45)より回路のインピーダンス Z は,
$$Z=\frac{1}{\sqrt{\left(\frac{1}{R}\right)^2+\left(\omega C-\frac{1}{\omega L}\right)^2}}$$

$$= \frac{1}{\sqrt{\left(\frac{1}{6}\right)^2 + \left(2\pi \times 50 \times 265 \times 10^{-6} - \frac{1}{2\pi \times 50 \times 50.9 \times 10^{-3}}\right)^2}}$$

$$= \frac{1}{\sqrt{0.167^2 + (0.083 - 0.063)^2}} \fallingdotseq 5.95\,[\Omega]$$

回路に流れる電流 I は，

$$I = \frac{V}{Z} = \frac{120}{5.95} \fallingdotseq 20.2\,[\mathrm{A}]$$

第 5 章

● 問

問 5・1 式 (5・6) より，

$$\cos\theta = \frac{P}{VI} = \frac{1.6 \times 10^3}{100 \times 20} = 0.8$$

百分率で表すと，

$$\cos\theta = \frac{P}{VI} \times 100 = \frac{1.6 \times 10^3}{100 \times 20} \times 100 = 80\,[\%]$$

問 5・2 式 (5・3) より，

$$P = VI\cos\theta = 100 \times 150 \times \cos\frac{\pi}{3} = 7\,500\,[\mathrm{W}] = 7.5 \times 10^3 = 7.5\,[\mathrm{kW}]$$

力率 $\cos\theta$ の値は，

$$\cos\frac{\pi}{3} = \frac{1}{2} = 0.5 \quad (= 50\,[\%])$$

問 5・3 式 (5・6) より負荷の力率は，

$$\cos\theta = \frac{P}{VI} = \frac{3.2 \times 10^3}{200 \times 20} = 0.8 \quad (= 80\,[\%])$$

有効電流 I_e は，

$$I_e = I\cos\theta = 20 \times 0.8 = 16\,[\mathrm{A}]$$

有効電流 I_q は，

$$I_q = I\sin\theta = I\sqrt{1 - \cos^2\theta} = 20 \times \sqrt{1 - (0.8)^2} = 12\,[\mathrm{A}]$$

式 (5・8) より皮相電力 S は，

$$S = VI = 200 \times 20 = 4\,000\,[\mathrm{VA}] = 4 \times 10^3 = 4\,[\mathrm{kVA}]$$

式(5・10)より無効電力 Q は,
$$Q = VI\sin\theta = VI \cdot \sqrt{1-\cos^2\theta} = 200 \times 20 \times \sqrt{1-(0.8)^2}$$
$$= 2\,400\,[\text{var}] = 2.4 \times 10^3 = 2.4\,[\text{kvar}]$$

● 章末問題
1. 式(5・5)より回路の力率 $\cos\theta$ は,
$$\cos\theta = \frac{P}{VI} = \frac{25}{200 \times 0.35} \fallingdotseq 0.357 \quad (= 35.7\,[\%])$$
式(5・11)より,皮相電力 S,無効電力 Q は,
$$S = VI = 200 \times 0.35 = 70\,[\text{VA}]$$
$$Q = VI\sin\theta = VI \cdot \sqrt{1-\cos^2\theta} = 200 \times 35 \times \sqrt{1-(0.357)^2} \fallingdotseq 65.4\,[\text{var}]$$

2. 式(5・11)より回路に流れる電流 I は,
$$I = \frac{S}{V} = \frac{2 \times 10^3}{100} = 20\,[\text{A}]$$
この回路のインピーダンス Z は,
$$Z = \frac{V}{I} = \frac{100}{20} = 5\,[\Omega]$$
さらに式(5・16)よりこの回路の抵抗 R は,
$$R = \frac{P}{I^2} = \frac{1.6 \times 10^3}{20^2} = 4\,[\Omega]$$
したがって,リアクタンス X,抵抗 R,インピーダンス Z は次のようなインピーダンス三角形で表すことができる.

リアクタンス X は,
$$X = \sqrt{Z^2 - R^2} = \sqrt{5^2 - 4^2} = 3\,[\Omega]$$

解図 12

3. 式(5・15)より回路のインピーダンス Z は,
$$Z = \frac{R}{\cos\theta} = \frac{16}{0.8} = 20\,[\Omega]$$
式(4・26)より回路の誘導リアクタンス $X(=\omega L)$ は,
$$Z = \sqrt{R^2 + X^2}$$
$$X = \sqrt{Z^2 - R^2} = \sqrt{20^2 - 16^2} = 12\,[\Omega]$$

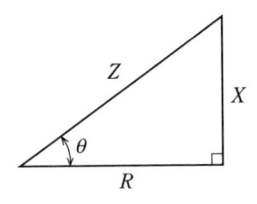

問と章末問題の解答

　この回路に流れる電流 I は，
$$I=\frac{V}{Z}=\frac{100}{20}=5 \,[\mathrm{A}]$$
式(5・11)より皮相電力 S，電力 P，無効電力 Q はそれぞれ，
$$S=VI=100\times 5=500 \,[\mathrm{VA}]$$
$$P=VI\cos\theta=100\times 5\times 0.8=400 \,[\mathrm{W}]$$
$$Q=VI\sin\theta=VI\cdot\sqrt{1-\cos^2\theta}=100\times 5\times\sqrt{1-(0.8)^2}$$
$$=100\times 5\times 0.6=300 \,[\mathrm{var}]$$

4. 式(5・12)より無効電力 Q は，
$$S=\sqrt{P^2+Q^2}$$
$$Q=\sqrt{S^2-P^2}=\sqrt{(1\times 10^3)^2-(0.8\times 10^3)^2}=600 \,[\mathrm{var}]$$
式(5・13)より力率 $\cos\theta$ は，
$$\cos\theta=\frac{P}{S}=\frac{0.8\times 10^3}{1\times 10^3}=0.8 \quad (=80 \,[\%])$$

5. 式(5・16)より回路の抵抗 R は，
$$P=I^2R$$
$$R=\frac{P}{I^2}=\frac{1.2\times 10^3}{10^2}=12 \,[\Omega]$$
式(5・15)より回路のインピーダンス Z は，
$$R=Z\cos\theta$$
$$Z=\frac{R}{\cos\theta}=\frac{12}{0.8}=15 \,[\Omega]$$
式(4・26)より回路の誘導リアクタンス $X(=\omega L)$ は，
$$Z=\sqrt{R^2+X^2}$$
$$X=\sqrt{Z^2-R^2}=\sqrt{15^2-12^2}=9 \,[\Omega]$$

6. ① 式(4・40)より I_C は，
$$I_C=\frac{V}{\dfrac{1}{\omega C}}=\frac{V}{X_C}=\frac{60}{15}=4 \,[\mathrm{A}]$$
② 式(4・41)より回路に流れる電流 I は，
$$I_R=\frac{V}{R}=\frac{60}{20}=3 \,[\mathrm{A}]$$

$$I=\sqrt{I_R{}^2+I_C{}^2}=\sqrt{3^2+4^2}=5 \text{ (A)}$$

③図 4・20 より $\cos\theta$ の値は，

$$\cos\theta=\frac{I_R}{I}=\frac{I_R}{\sqrt{I_R{}^2+I_C{}^2}}=\frac{3}{5}=0.6 \quad (=60 \text{ (\%)})$$

④式 (5・16) より消費電力 P は，

$$P=I_R{}^2 R=3^2\times 20=180 \text{ (W)}$$

第 6 章

● 問

問 6・1 式 (6・5) より，

(1) $A=|\dot{A}|=\sqrt{(-4)^2+(-4)^2}\fallingdotseq 5.66$

$\theta_1=\tan^{-1}\left(\dfrac{-4}{-4}\right)=45\text{[°]}=\dfrac{\pi}{4}\text{ (rad)}$

(第 3 象限の角度なので 225 [°] または $\dfrac{5}{4}\pi$ (rad))

(2) $B=|\dot{B}|=\sqrt{4^2+(-3)^2}=5$

$\theta_2=\tan^{-1}\left(\dfrac{-3}{4}\right)\fallingdotseq -36.9\text{ [°]}\fallingdotseq -0.205\pi \text{ (rad)}$

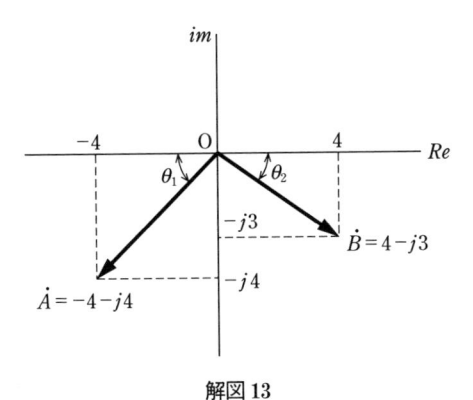

(第 4 象限の角度となる)

解図 13

問 6・2 （1） 分母，分子に j をかけて有理化する．
$$\frac{1}{j}=\frac{1\times j}{j\times j}=\frac{j}{-1}=-j \quad (j^2=-1)$$
（2） 式(6・11) より，
$$(1+j)-(4-j8)=1+j-4+j8=1-4+j+j8=-3+j9$$
（3） 式(6・12) より，
$$(4+j2)(1+j8)=4+j32+j2-16=4-16+j32+j2=-12+j34$$
（4） $j^3=j^2\times j=-1\times j=-j \quad (j^2=-1)$

問 6・3 式(6・11)，式(6・12)，式(6・13) より，
$$A+B=(6-j3)+(-3-j)=6-j3-3-j=6-3-j3-j=3-j4$$
$$A-B=(6-j3)-(-3-j)=6-j3+3+j=6+3-j3+j=9-j2$$
$$AB=(6-j3)(-3-j)=-18-j6+j9-3=-18-3-j6+j9=-21+j3$$
$$\frac{A}{B}=\frac{(6-j3)}{(-3-j)}=\frac{(6-j3)(-3+j)}{(-3-j)(-3+j)}=\frac{-18+j6+j9+3}{9+1}=\frac{-18+3+j6+j9}{10}$$
$$=\frac{-15+j15}{10}=-\frac{15}{10}+j\frac{15}{10}=-1.5+j1.5$$

問 6・4 式(6・14)，式(6・15) より，
$$AB=5\varepsilon^{j30°}\times 2\varepsilon^{j60°}=5\times 2\varepsilon^{j(30°+60°)}=10\varepsilon^{j90°}$$
$$\frac{A}{B}=\frac{5\varepsilon^{j30°}}{2\varepsilon^{j60°}}=\frac{5}{2}\varepsilon^{j(30°-60°)}=2.5\varepsilon^{-j30°}$$

問 6・5 ベクトルを $\pi/2$ rad 遅らせるためには $-j$ をかける．
$$\dot{Z}_3=-j\dot{Z}_1=-j(4+j2)=-j4+2=2-j4$$

問 6・6 ベクトルを θ [rad] 進ませるためには $(\cos\theta+j\sin\theta)$ をかける．
$$\dot{A}=V\left(\cos\frac{\pi}{3}+j\sin\frac{\pi}{3}\right)=100\left(\cos\frac{\pi}{3}+j\sin\frac{\pi}{3}\right)=100\left(\frac{1}{2}+j\frac{\sqrt{3}}{2}\right)$$
$$=50+j50\sqrt{3}≒50+j86.6\,[\text{V}]$$

問 6・7 回路のベクトルインピーダンス $\dot{Z}=5+j10$，加える電圧は，$\dot{V}=100+j10$ なので，
$$\dot{I}=\frac{\dot{V}}{\dot{Z}}=\frac{100+j10}{5+j10}=\frac{(100+j10)(5-j10)}{(5+j10)(5-j10)}=\frac{500-j1\,000+j50+100}{5^2+10^2}$$
$$=\frac{500+100-j1\,000+j50}{25+100}=\frac{600-j950}{125}=\frac{600}{125}-j\frac{950}{125}=4.8-j7.6\,[\text{A}]$$

$$I=|\dot{I}|=\sqrt{4.8^2+7.6^2} \fallingdotseq 8.99 \,[\mathrm{A}]$$

$$\theta=\tan^{-1}\left(\frac{-7.6}{4.8}\right) \fallingdotseq -57.7\,[°] \fallingdotseq -0.321\pi\,[\mathrm{rad}]$$

問 6・8 $R=3\,[\Omega]$

$$X_L=\omega L=2\pi fL=2\pi \times 50 \times 100 \times 10^{-3} \fallingdotseq 31.4\,[\Omega]$$

$$X_C=\frac{1}{\omega C}=\frac{1}{2\pi fC}=\frac{1}{2\pi \times 50 \times 100 \times 10^{-6}} \fallingdotseq 31.8\,[\Omega]$$

よって回路の合成インピーダンス $\dot{Z}$ は,

$$\dot{Z}=R+jX_L-jX_C=3+j31.4-j31.8=3-j0.4\,[\Omega]$$

問 6・9 式(6・38)より,

$$f_r=\frac{1}{2\pi\sqrt{LC}}=\frac{1}{2\pi\sqrt{5\times 3\times 10^{-6}}}=\frac{1}{2\pi\sqrt{15\times 10^{-6}}} \fallingdotseq 41.1\,[\mathrm{Hz}]$$

問 6・10 式(6・40)より,

$$Q=\frac{\omega_r L}{R}=\frac{2\pi f_r L}{R}=\frac{2\pi \times 41.1 \times 5}{10} \fallingdotseq 129.1$$

問 6・11 並列接続回路なので $\dot{Z}_1, \dot{Z}_2$ にかかる電圧は電源電圧に等しい. よって, $\dot{Z}_1$ に流れる電流 $\dot{I}_1$ は,

$$\dot{I}_1=\frac{\dot{V}}{\dot{Z}_1}=\frac{100}{3+j4}=\frac{100(3-j4)}{(3+j4)(3-j4)}=\frac{300-j400}{9+16}=\frac{300-j400}{25}=12-j16\,[\mathrm{A}]$$

$(I_1=|\dot{I}_1|=20\,[\mathrm{A}])$

$\dot{Z}_2$ に流れる電流 $\dot{I}_2$ は,

$$\dot{I}_2=\frac{\dot{V}}{\dot{Z}_2}=\frac{100}{6-j8}=\frac{100(6+j8)}{(6-j8)(6+j8)}=\frac{600+j800}{36+64}=\frac{600+j800}{100}=6+j8\,[\mathrm{A}]$$

$(I_2=|\dot{I}_2|=10\,[\mathrm{A}])$

回路に流れる全電流 $\dot{I}$ は式(6・43)より,

$$\dot{I}=\dot{I}_1+\dot{I}_2=(12-j16)+(6+j8)=12+6-j16+j8=18-j8\,[\mathrm{A}]$$

$(I=|\dot{I}| \fallingdotseq 19.7\,[\mathrm{A}])$

問 6・12 式(6・55)より,

$$f_r=\frac{1}{2\pi\sqrt{LC}}$$

$$\omega_r{}^2=\frac{1}{LC}$$

$$C = \frac{1}{\omega_r{}^2 L} = \frac{1}{(2\pi f_r)^2 L} = \frac{1}{(2\pi \times 7 \times 10^6)^2 \times 5 \times 10^{-6}}$$
$$\fallingdotseq 103.4 \times 10^{-12} \, [\text{F}] = 103.4 \, [\text{pF}]$$

問6・13 式(6・19)より回路のインピーダンス $\dot{Z}$ は，

$$\dot{Z} = \frac{\dot{V}}{\dot{I}} = \frac{4 + j6}{10 + j14.14} = \frac{(4 + j6)(10 - j14.14)}{(10 + j14.14)(10 - j14.14)}$$

$$= \frac{40 - j56.56 + j60 + 84.84}{100 + 199.9} = \frac{124.84 + j3.44}{299.9} = 0.416 + j0.011 \, [\Omega]$$

式(6・66)より P, Q, S は，

$$\bar{\dot{V}} \dot{I} = (4 - j6)(10 + j14.14) = 40 + j56.56 - j60 + 84.84$$
$$= 124.84 - j3.44 = P - jQ$$
$$S = \sqrt{P^2 + Q^2} = \sqrt{124.84^2 + (-3.44)^2} \fallingdotseq 124.89$$

よって，

有効電力 $P = 124.84 \, [\text{W}]$

無効電力 $Q = 3.44 \, [\text{var}]$

皮相電力 $S = 124.89 \, [\text{VA}]$

● 章末問題 ───────────────────────────

1. 式(6・5)より，

(1) 絶対値 $= \sqrt{6^2 + 8^2} = 10$

偏角 $= \tan^{-1} \dfrac{8}{6} \fallingdotseq 53.1 \, [°] \fallingdotseq 0.295\pi \, [\text{rad}]$

(2) $(12 - j10) - (4 - j7) + (8 + j15) = 12 - 4 + 8 - j10 + j7 + j15 = 16 + j12$

絶対値 $= \sqrt{16^2 + 12^2} = 20$

偏角 $= \tan^{-1} \dfrac{12}{16} \fallingdotseq 36.9 \, [°] \fallingdotseq 0.205\pi \, [\text{rad}]$

(3) $\dfrac{80 + j60}{3 + j4} = \dfrac{(80 + j60)(3 - j4)}{(3 + j4)(3 - j4)} = \dfrac{240 - j320 + j180 + 240}{9 + 16} = \dfrac{480 - j140}{25}$

$= 19.2 - j5.6$

絶対値 $= \sqrt{19.2^2 + 5.6^2} = 20$

偏角 $= \tan^{-1} \dfrac{-5.6}{19.2} \fallingdotseq -16.3 \, [°] \fallingdotseq -0.09\pi \, [\text{rad}]$

（4） $(5+j3)(6+j8)=30+j40+j18-24=6+j58$

絶対値$=\sqrt{6^2+58^2}≒58.3$

偏角$=\tan^{-1}\dfrac{58}{6}≒84.1[°]≒0.467\pi$ [rad]

2. （1） $\dot{A}\dot{B}=50\varepsilon^{j45°}\times 5\varepsilon^{j60°}=50\times 5\varepsilon^{j(45°+60°)}=250\varepsilon^{j105°}=250\angle 105°$

  （2） $\dfrac{\dot{A}}{\dot{B}}=\dfrac{50\varepsilon^{j45°}}{5\varepsilon^{j60°}}=10\varepsilon^{j(45°-60°)}=10\varepsilon^{-j15°}=10\angle -15°$

3. $\dfrac{\pi}{3}$ [rad]遅れたベクトルとは，いい方を変えると$\dfrac{5}{3}\pi$ [rad]($=300[°]$) 進んだベクトルということになる．

$\dot{V}_0=\dot{V}\left(\cos\dfrac{5}{3}\pi+j\sin\dfrac{5}{3}\pi\right)$

$=100\left(\cos\dfrac{5}{3}\pi+j\sin\dfrac{5}{3}\pi\right)$

$=100\left(\dfrac{1}{2}-j\dfrac{\sqrt{3}}{2}\right)$

$=50-j50\sqrt{3}≒50-j86.6$ [V]

絶対値$=\sqrt{50^2+86.6^2}≒100$

偏角$=\tan^{-1}\left(\dfrac{-86.6}{50}\right)≒-60[°]$

$=-\dfrac{\pi}{3}$ [rad]

$\dot{V}_0=100\varepsilon^{-j60°}=100\angle -60°$ [V]

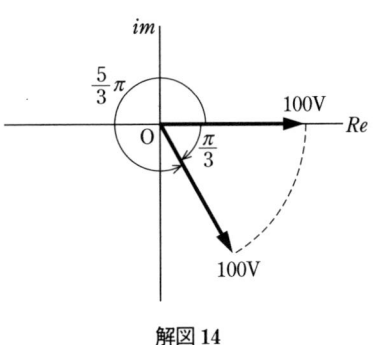

解図14

4. ① $\dot{Z}=R+jX_L=3+j4$ [Ω]

$|\dot{Z}|=\sqrt{3^2+4^2}=5$ [Ω]

② $\dot{Z}=R-jX_C=6-j2$ [Ω]

$|\dot{Z}|=\sqrt{6^2+2^2}≒6.32$ [Ω]

③ $\dot{Z}=R+j(X_L-X_C)=1\,000+j(6\,000-3\,000)=1\,000+j3\,000$ [Ω]

$|\dot{Z}|=\sqrt{1\,000^2+3\,000^2}≒3\,162.3$ [Ω]$=3.1623\times 10^3=3.1623$ [kΩ]

5. $\dot{V}=\dot{Z}\dot{I}=(80+j60)(4+j3)=320+j240+j240-180=140+j480$ [V]

$V=|\dot{V}|=\sqrt{140^2+480^2}=500$ [V]

6. 式(6・45)より回路のアドミタンス$\dot{Y}$は，

問と章末問題の解答

$$Y = \frac{1}{R} - j\frac{1}{\omega L} = \frac{1}{30} - j\frac{1}{40} \fallingdotseq 0.033 - j0.025 \ [\text{S}]$$

回路に流れる全電流 $\dot{I}$ は,

$$\dot{I} = \dot{Y}\dot{V} = (0.033 - j0.025) \times 120 \fallingdotseq 4 - j3 \ [\text{A}]$$
$$I = |\dot{I}| = \sqrt{4^2 + 3^2} = 5 \ [\text{A}]$$

解図 15 の θ が力率角となるので,

$$I_R = \frac{120}{30} = 4 \ [\text{A}]$$

$$\cos\theta = \frac{I_R}{I} = \frac{4}{5} = 0.8 \quad (= 80 \ [\%])$$

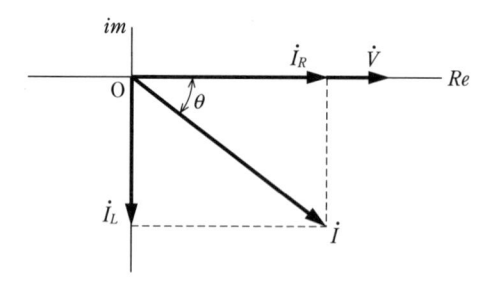

解図 15

7. R, L, C に流れる電流を $\dot{I}_R$, $\dot{I}_L$, $\dot{I}_C$ とし, $\dot{I}_R$ を基準にとれば,

$$\dot{I}_R = 15 \ [\text{A}], \quad \dot{I}_L = -j10 \ [\text{A}], \quad \dot{I}_C = j2 \ [\text{A}].$$

よって全電流 $\dot{I}$ は,

$$\dot{I} = \dot{I}_R + \dot{I}_L + \dot{I}_C = 15 - j10 + j2 = 15 - j8 \ [\text{A}]$$
$$I = |\dot{I}| = \sqrt{15^2 + 8^2} = 17 \ [\text{A}]$$

前問より,

$$\cos\theta = \frac{I_R}{I} = \frac{15}{17} \fallingdotseq 0.882 \quad (= 88.2 \ [\%])$$

8. 回路の合成インピーダンス $\dot{Z}$ は式 (6・33) より,

$$\dot{Z} = \dot{Z}_1 + \dot{Z}_2 + \dot{Z}_3 = (2 + j3) + (2 - j2) + (3 + j9) = 7 + j10 \ [\Omega]$$
$$Z = |\dot{Z}| = \sqrt{7^2 + 10^2} \fallingdotseq 12.2 \ [\Omega]$$

各端子電圧を $\dot{V}_1,\ \dot{V}_2,\ \dot{V}_3$ とすると，

$\dot{V}_1 = \dot{Z}_1 \dot{I} = (2+j3) \times 5 = 10+j15\ [\mathrm{V}]$

$V_1 = |\dot{V}_1| = \sqrt{10^2+15^2} \fallingdotseq 18.0\ [\mathrm{V}]$

$\dot{V}_2 = \dot{Z}_2 \dot{I} = (2-j2) \times 5 = 10-j10\ [\mathrm{V}]$

$V_2 = |\dot{V}_2| = \sqrt{10^2+10^2} \fallingdotseq 14.1\ [\mathrm{V}]$

$\dot{V}_3 = \dot{Z}_3 \dot{I} = (3+j9) \times 5 = 15+j45\ [\mathrm{V}]$

$V_3 = |\dot{V}_3| = \sqrt{15^2+45^2} \fallingdotseq 47.4\ [\mathrm{V}]$

9. $10\,[\Omega]$ の容量リアクタンス（コンデンサ）にかかる電圧 $\dot{V}_C$ は，

$\dot{V}_C = (6+j8) \times 5 = 30+j40\ [\mathrm{V}]$

容量リアクタンスに流れる電流 $\dot{I}_C$ は，

$\dot{I}_C = \dfrac{\dot{V}_C}{-j10} = \dfrac{30+j40}{-j10} = \dfrac{j10(30+j40)}{100} = \dfrac{-400+j300}{100} = -4+j3\ [\mathrm{A}]$

よって全電流 $\dot{I}$ は，

$\dot{I} = 5 + \dot{I}_C = 5 + (-4+j3) = 1+j3\ [\mathrm{A}]$

$I = |\dot{I}| = \sqrt{1^2+3^2} \fallingdotseq 3.16\ [\mathrm{A}]$

10. K を開いた時（和分の積）

解図 16 のようになる．

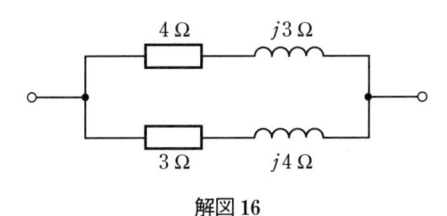

解図 16

$\dot{Z} = \dfrac{(4+j3)(3+j4)}{(4+j3)+(3+j4)} = \dfrac{12+j16+j9-12}{7+j7} = \dfrac{j25}{7+j7}$

$= \dfrac{j25(7-j7)}{(7+j7)(7-j7)} = \dfrac{175+j175}{98} \fallingdotseq 1.79+j1.79\ [\Omega]$

K を閉じた時

解図 17

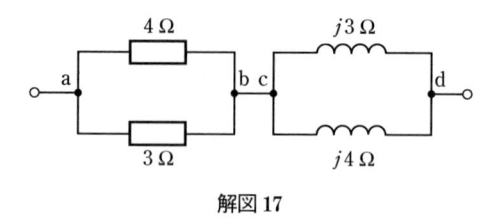

ab 間の合成インピーダンス $\dot{Z}_1$ は（和分の積），
$$\dot{Z}_1 = \frac{4 \times 3}{4+3} = \frac{12}{7} \fallingdotseq 1.71 \,[\Omega]$$

cd 間の合成インピーダンス $\dot{Z}_2$ は（和分の積），
$$\dot{Z}_2 = \frac{j3 \times j4}{j3+j4} = \frac{-12}{j7} = \frac{j12}{7} \fallingdotseq j1.71$$

回路全体のインピーダンス $\dot{Z}$ は，
$$\dot{Z} = \dot{Z}_1 + \dot{Z}_2 = 1.71 + j1.71 \,[\Omega]$$

11. 式(6・38)より，
$$f_r = \frac{1}{2\pi\sqrt{LC}} = \frac{1}{2\pi\sqrt{40 \times 10^{-3} \times 400 \times 10^{-12}}}$$
$$\fallingdotseq 39\,789 \,[\text{Hz}] = 39.789 \times 10^3 = 39.789 \,[\text{kHz}]$$

12. 式(6・38)，式(6・40)より，
$$f_r = \frac{1}{2\pi\sqrt{LC}} = \frac{1}{2\pi\sqrt{10 \times 150 \times 10^{-12}}} \fallingdotseq 4\,109 \,[\text{Hz}]$$
$$Q = \frac{\omega_r L}{R} = \frac{1}{\omega_r CR} = \frac{2\pi \times 4\,109 \times 10}{400} \fallingdotseq 645.4 \quad (\omega_r = 2\pi f_r)$$

13. 式(6・66)より，
$$\dot{P} = \bar{\dot{V}} \dot{I} = (173.2 - j100)(25 + j43.3) = 4\,330 + j7\,500 - j2\,500 + 4\,330$$
$$= 8\,660 + j5\,000 = 8\,660 - j(-5\,000) \quad \langle\text{容量性}\rangle$$
$$P = 8\,660 \,[\text{W}]$$
$$Q = 5\,000 \,[\text{var}]$$
$$S = \sqrt{P^2 + Q^2} = \sqrt{8\,660^2 + 5\,000^2} \fallingdotseq 10\,000 \,[\text{VA}]$$

14. $\dot{I} = \dfrac{\dot{V}}{\dot{Z}} = \dfrac{100}{60+j80} = \dfrac{100(60-j80)}{60^2+80^2} = \dfrac{6\,000 - j8\,000}{10\,000} = 0.6 - j0.8 \,[\text{A}]$

$$\dot{P} = \bar{V}\dot{I} = 100(0.6-j0.8) = 60-j80 \quad \langle 誘導性\rangle$$

$$P = 60 \,[\text{W}]$$

$$Q = 80 \,[\text{var}]$$

$$S = \sqrt{P^2+Q^2} = \sqrt{60^2+80^2} = 100 \,[\text{VA}]$$

第7章

● 問

問7・1 ブリッジの平衡条件より,

$$10 \times 100 = 400 \times \frac{6X}{6+X}$$

$$1\,000 = \frac{2\,400X}{6+X}$$

$$1\,000(6+X) = 2\,400X$$

$$6\,000 + 1\,000X = 2\,400X$$

$$6\,000 = 2\,400X - 1\,000X$$

$$6\,000 = 1\,400X$$

∴ $X \fallingdotseq 4.29 \,[\Omega]$

問7・2 ブリッジの平衡条件より,

$$4(200-j50) = -j100(R_0+jX_L) \quad (X_L = \omega L_0)$$

$$800 - j200 = -j100R_0 + 100X_L$$

ここで実部どうしと虚部どうしを等しいとすると,

$$800 = 100X_L \quad \cdots\cdots\cdots\cdots\cdots\cdots\cdots\cdots\cdots\cdots\cdots\cdots\cdots\cdots\cdots\cdots\cdots (1)$$

$$200 = 100R_0 \quad \cdots\cdots\cdots\cdots\cdots\cdots\cdots\cdots\cdots\cdots\cdots\cdots\cdots\cdots\cdots\cdots\cdots (2)$$

式(1)より,

$$X_L = \frac{800}{100} = 8$$

$$\omega L_0 = 8$$

$$L_0 = \frac{8}{\omega} = \frac{8}{2\pi \times 500} \fallingdotseq 0.0025 = 2.5 \times 10^{-3} = 2.5 \,[\text{mH}]$$

式(2)より,

$$R_0 = \frac{200}{100} = 2\,[\Omega]$$

問 7・3 Δ-Y 変換は式 (7・11) より $\dot{Z}_\alpha, \dot{Z}_\beta, \dot{Z}_\gamma$ を $R_\alpha, R_\beta, R_\gamma$ とすると,

$$R_a = \frac{R_\gamma R_\alpha}{R_\alpha + R_\beta + R_\gamma} = \frac{200 \times 30}{30 + 100 + 200} \fallingdotseq 18.2\,[\Omega]$$

$$R_b = \frac{R_\alpha R_\beta}{R_\alpha + R_\beta + R_\gamma} = \frac{30 \times 100}{330} \fallingdotseq 9.09\,[\Omega]$$

$$R_c = \frac{R_\beta R_\gamma}{R_\alpha + R_\beta + R_\gamma} = \frac{100 \times 200}{330} \fallingdotseq 60.6\,[\Omega]$$

● 章末問題

1.

①図 7・23 の接続点 a においてキルヒホッフの第 1 法則を使い方程式を立てると,

$$\dot{I}_1 + \dot{I}_2 = \dot{I} \quad \cdots\cdots\cdots\cdots\cdots (1)$$

また,解図 18 のように閉路①および②をたどって,キルヒホッフの第 2 法則を使い方程式を立てると,

閉路①より,

$$\dot{E}_1 - \dot{E}_2 = r\dot{I}_1 - r\dot{I}_2$$

$$5 - 2 = 2\dot{I}_1 - 2\dot{I}_2$$

$$3 = 2\dot{I}_1 - 2\dot{I}_2 \quad \cdots\cdots\cdots\cdots (2)$$

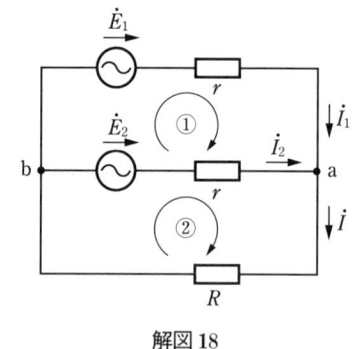

解図 18

閉路②より,

$$\dot{E}_2 = r\dot{I}_2 + R\dot{I}$$

$$2 = 2\dot{I}_2 + 3\dot{I} \quad \cdots\cdots\cdots\cdots\cdots\cdots\cdots\cdots\cdots\cdots\cdots\cdots\cdots\cdots\cdots (3)$$

式 (1) を式 (3) に代入する.

$$2 = 2\dot{I}_2 + 3(\dot{I}_1 + \dot{I}_2)$$

$$2 = 2\dot{I}_2 + 3\dot{I}_1 + 3\dot{I}_2$$

$$2 = 3\dot{I}_1 + 5\dot{I}_2 \quad \cdots\cdots\cdots\cdots\cdots\cdots\cdots\cdots\cdots\cdots\cdots\cdots\cdots\cdots (4)$$

式 (2) ×3 − 式 (4) ×2

$$9 = 6\dot{I}_1 - 6\dot{I}_2$$
$$-)4 = 6\dot{I}_1 + 10\dot{I}_2$$
$$\overline{5 = \qquad -16\dot{I}_2}$$

$$-\frac{5}{16} = \dot{I}_2$$

$$\dot{I}_2 = -0.31 \,[\text{A}]$$

$\dot{I}_2$ を式(2)に代入する．

$$3 = 2\dot{I}_1 - 2(-0.31)$$
$$3 = 2\dot{I}_1 + 0.62$$
$$3 - 0.62 = 2\dot{I}_1$$
$$2.38 = 2\dot{I}_1$$
$$\dot{I}_1 \fallingdotseq 1.19 \,[\text{A}]$$

$\dot{I}_1$, $\dot{I}_2$ を式(1)に代入．

$$\dot{I}_1 + \dot{I}_2 = \dot{I}$$
$$\dot{I} = 1.19 + (-0.31) = 0.88 \,[\text{A}]$$

②解図19のように網目電流 $\dot{I}_1$, $\dot{I}_2$ を仮定し方程式を立てる．

$$\dot{E}_1 - \dot{E}_2 = r\dot{I}_1 + r\dot{I}_1 - r\dot{I}_2$$
$$3 = 4\dot{I}_1 - 2\dot{I}_2 \quad \cdots\cdots\cdots\cdots\cdots (1)$$
$$\dot{E}_2 = r\dot{I}_2 + R\dot{I}_2 - r\dot{I}_1$$
$$2 = -2\dot{I}_1 + 5\dot{I}_2 \quad \cdots\cdots\cdots\cdots\cdots (2)$$

式(1)+式(2)×2

$$3 = 4\dot{I}_1 - 2\dot{I}_2$$
$$+)4 = -4\dot{I}_1 + 10\dot{I}_2$$
$$\overline{7 = 8\dot{I}_2}$$

$$\dot{I}_2 = 0.875$$

$\dot{I}_2$ を式(1)に代入．

$$3 = 4\dot{I}_1 - 2 \times 0.875$$
$$\dot{I}_1 \fallingdotseq 1.19 \,[\text{A}]$$

③解図20のように図7・23の回路を分けて考える．

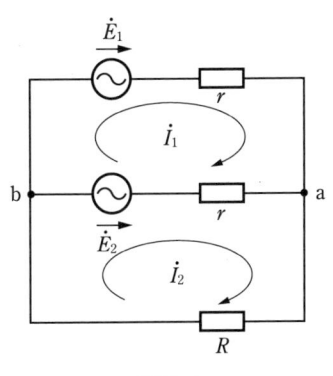

解図19

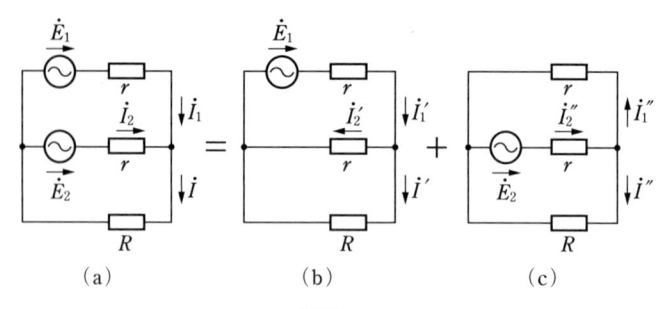

解図 20

$\dot{I}_1 = \dot{I}_1' - \dot{I}_1''$

$\dot{I}_2 = -\dot{I}_2' + \dot{I}_2''$

$\dot{I} = \dot{I}' + \dot{I}''$

(b) の回路より $\dot{I}_1'$, $\dot{I}_2'$, $\dot{I}'$ を求める．

$$\dot{I}_1' = \frac{\dot{E}_1}{r + \dfrac{rR}{r+R}} = \frac{5}{2 + \dfrac{2 \times 3}{2+3}} = \frac{5}{3.2} \fallingdotseq 1.56 \,[\mathrm{A}]$$

$$\dot{I}_2' = \frac{R}{r+R} \times \dot{I}_1' = \frac{3}{2+3} \times 1.56 = 0.936 \,[\mathrm{A}]$$

$$\dot{I}' = \frac{r}{r+R} \times \dot{I}_1' = \frac{2}{2+3} \times 1.56 = 0.624 \,[\mathrm{A}]$$

(c) の回路より $\dot{I}_1''$, $\dot{I}_2''$, $\dot{I}''$ を求める．

$$\dot{I}_2'' = \frac{\dot{E}_2}{r + \dfrac{rR}{r+R}} = \frac{2}{2 + \dfrac{2 \times 3}{2+3}} = \frac{2}{3.2} = 0.625 \,[\mathrm{A}]$$

$$\dot{I}_1'' = \frac{R}{r+R} \times \dot{I}_2'' = \frac{3}{2+3} \times 0.625 = 0.375 \,[\mathrm{A}]$$

$$\dot{I}'' = \frac{r}{r+R} \times \dot{I}_2'' = \frac{2}{2+3} \times 0.625 = 0.25 \,[\mathrm{A}]$$

よって，

$\dot{I}_1 = \dot{I}_1' - \dot{I}_1'' = 1.56 - 0.375 = 1.185 \,[\mathrm{A}]$

$\dot{I}_2 = -\dot{I}_2' + \dot{I}_2'' = -0.936 + 0.625 = -0.311 \,[\mathrm{A}]$

$\dot{I} = \dot{I}' + \dot{I}'' = 0.624 + 0.25 = 0.874 \,[\mathrm{A}]$

④解図 21 のように考えて端子 ab に現れる電圧 V_{ab} と端子 ab からみたインピーダン

ス $\dot{Z}_{ab}$ を求める。このとき電源は短絡して考える。

$$\dot{V}_{ab} = \frac{\dot{E}_1 - \dot{E}_2}{r+r} \times r + \dot{E}_2 = \frac{5-2}{2+2} \times 2 + 2$$

$$= 3.5 \text{ (V)}$$

$$\dot{Z}_{ab} = \frac{r \times r}{r+r} = \frac{2 \times 2}{2+2} = \frac{4}{4} = 1 \text{ (Ω)}$$

$$\therefore \quad \dot{I} = \frac{\dot{V}_{ab}}{\dot{Z}_{ab} + R} = \frac{3.5}{1+3} = 0.875 \text{ (A)}$$

解図21

2. 式(7・11)より，$\dot{Z}_\alpha, \dot{Z}_\beta, \dot{Z}_\gamma$ を $R_\alpha, R_\beta, R_\gamma$ とおくと，

$$R_a = \frac{R_\gamma R_\alpha}{R_\alpha + R_\beta + R_\gamma} = \frac{25 \times 100}{100+50+25} \fallingdotseq 14.3 \text{ (Ω)}$$

$$R_b = \frac{R_\alpha R_\beta}{\Delta} = \frac{100 \times 50}{175} \fallingdotseq 28.6 \text{ (Ω)}$$

$$R_c = \frac{R_\beta R_\gamma}{\Delta} = \frac{50 \times 25}{175} \fallingdotseq 7.14 \text{ (Ω)}$$

ただし，$\Delta = R_\alpha + R_\beta + R_\gamma = 100 + 50 + 25 = 175$

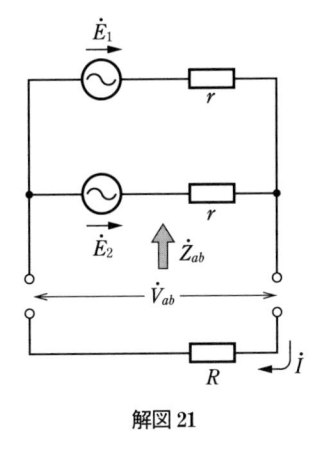

3. (a) の回路は表7・1の L 形回路の場合で $\dot{Z}_a = j\omega L$, $\dot{Z}_b = -j\dfrac{1}{\omega C}$ に相当するから，

$$\dot{A} = 1 + \frac{\dot{Z}_a}{\dot{Z}_b} = 1 - \omega^2 LC$$

$$\dot{B} = \dot{Z}_a = j\omega L$$

$$\dot{C} = \frac{1}{\dot{Z}_b} = j\omega C$$

$$\dot{D} = 1$$

(b) の回路は表7・1の T 形回路の場合で，

$$\dot{Z}_a = \dot{Z}_c = -j\frac{1}{\omega C}$$

$$\dot{Z}_b = j\omega L$$

$$\dot{A} = \dot{D} = 1 + \frac{\dot{Z}_a}{\dot{Z}_b} = 1 - \frac{1}{\omega^2 LC}$$

$$\dot{B} = \frac{2\dot{Z}_a \dot{Z}_b + \dot{Z}_a^2}{\dot{Z}_b} = -j\frac{1}{\omega C}\left(2 - \frac{1}{\omega^2 LC}\right)$$

$$\dot{C} = \frac{1}{\dot{Z}_b} = -j\frac{1}{\omega L}$$

第8章

● 問 ─────────────────────────────

問 8・1 式(8・9)より，

$$L = L_1 + L_2 \pm 2M$$
$$0.985 = 0.4 + 0.225 \pm 2M$$
$$0.985 = 0.625 \pm 2M$$

ここで，右辺の $2M$ の符号は正(＋)でなければ式が成立しないので，

$$0.985 = 0.625 + 2M$$
$$0.985 - 0.625 = 2M$$
$$0.36 = 2M$$
$$\therefore \quad M = 0.18 \text{[H]}$$

● 章末問題 ─────────────────────────────

1. 1次側の電圧 $\dot{V}_{ab}$ (ab 間の電圧)

$$\dot{V}_{ab} = j\omega L_1 \dot{I}_1 \pm j\omega M \dot{I}_2 \quad \cdots\cdots\cdots (1)$$

2次側の電圧は，

$$0 = j\omega L_2 \dot{I}_2 \pm j\omega M \dot{I}_1$$

$$\dot{I}_2 = \mp \frac{M}{L_2} \dot{I}_1 \quad \cdots\cdots\cdots (2)$$

式(1)に式(2)を代入．

$$\dot{V}_{ab} = j\omega L_1 \dot{I}_1 \pm j\omega M \left(\mp \frac{M}{L_2}\right) \dot{I}_1 = j\omega L_1 \dot{I}_1 - \frac{j\omega M^2}{L_2} \dot{I}_1 = j\omega \left(L_1 - \frac{M^2}{L_2}\right) \dot{I}_1$$

よって合成リアクタンス X は，

$$X = \omega \left(L_1 - \frac{M^2}{L_2}\right)$$

2. (a)は和動接続であるから，式(8・9)から，

$$L_a = L_1 + L_2 + 2M = 0.8 + 0.45 + 2 \times 0.36 = 1.97 \text{[H]}$$

(b)は差動接続であるから，式(8・9)から，
$$L_b = L_1 + L_2 - 2M = 0.8 + 0.45 - 2 \times 0.36 = 0.53 \text{[H]}$$

3.

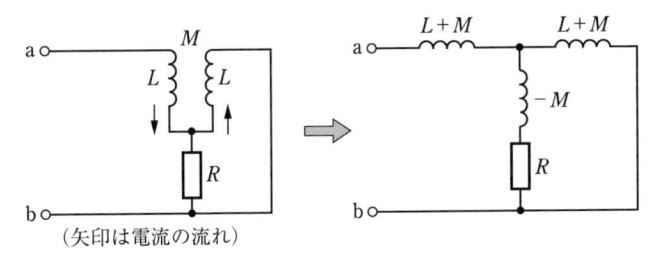

解図 22

(矢印は電流の流れ)

4. 図8・5(c)の差動結合と考えると解図23のようになる．

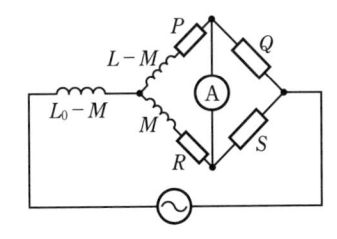

$$\frac{P + j\omega(L-M)}{Q} = \frac{R + j\omega M}{S}$$

$$\frac{P}{Q} + \frac{j\omega(L-M)}{Q} = \frac{R}{S} + \frac{j\omega M}{S}$$

実部，虚部どうしがそれぞれ等しい時，平衡状態となるので，

$$\frac{P}{Q} = \frac{R}{S} \implies \frac{P}{R} = \frac{Q}{S} \quad \cdots\cdots\cdots\cdots\cdots\cdots\cdots\cdots\cdots (1)$$

$$\frac{\omega(L-M)}{Q} = \frac{\omega M}{S} \implies \frac{Q}{S} = \frac{L-M}{M} \quad \cdots\cdots\cdots\cdots (2)$$

解図 23

式(1)と式(2)より，

$$\frac{P}{R} = \frac{Q}{S} = \frac{L-M}{M}$$

第9章

● 問

問9・1 まず各起電力の瞬時値を表す式は，

$$e_a = 50\sqrt{2} \sin \omega t \text{ [V]}$$

$$e_b = 50\sqrt{2} \sin \left(\omega t - \frac{2}{3}\pi\right) \text{ [V]}$$

$$e_c = 50\sqrt{2}\sin\left(\omega t - \frac{4}{3}\pi\right)\,[\text{V}]$$

よって式(9・2)より，

$$\dot{E}_a = 50(\cos 0 + j\sin 0) = 50\,[\text{V}]$$

$$\dot{E}_b = 50\left(\cos\frac{2}{3}\pi - j\sin\frac{2}{3}\pi\right) = -25 - j25\sqrt{3}\,[\text{V}]$$

$$\dot{E}_c = 50\left(\cos\frac{2}{3}\pi + j\sin\frac{2}{3}\pi\right) = -25 + j25\sqrt{3}\,[\text{V}]$$

問 9・2 星形結線（Y 結線）の場合，式(9・9)より，

　　線間電圧 $= \sqrt{3} \times$ 相電圧　$(V = \sqrt{3}\,E)$

よって，

$$E = \frac{V}{\sqrt{3}} = \frac{173.2}{\sqrt{3}} \fallingdotseq 100\,[\text{V}]$$

問 9・3 星形結線の場合（大きさのみ考える）

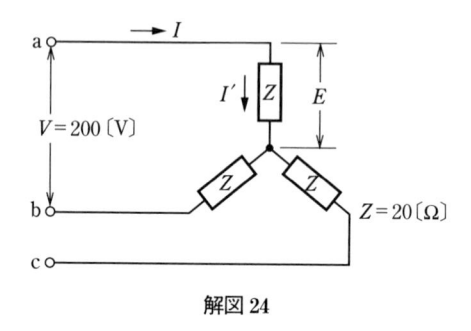

解図 24

式(9・9)より，線間電圧 $= \sqrt{3} \times$ 相電圧　$(V = \sqrt{3}\,E)$
式(9・10)より，線電流 $=$ 相電流　$(I = I')$

よって，

$$I' = I = \frac{E}{Z} = \frac{V}{\sqrt{3}\,Z} = \frac{200}{\sqrt{3}\times 20} \fallingdotseq 5.77\,[\text{A}]$$

三角結線の場合（大きさのみ考える）
式(9・13)より，線間電圧 $=$ 相電圧　$(V = E)$
式(9・15)より，線電流 $= \sqrt{3} \times$ 相電流　$(I = \sqrt{3}\,I')$

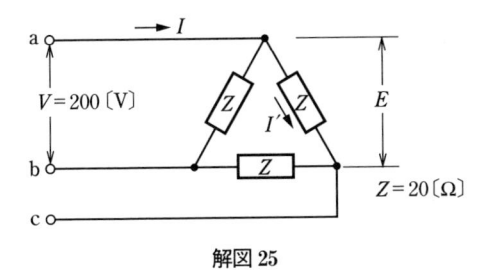

解図 25

よって，

$$I' = \frac{E}{Z} = \frac{V}{Z} = \frac{200}{20} = 10 \,[\text{A}]$$

$$I = \sqrt{3}\, I' = \sqrt{3} \times 10 \fallingdotseq 17.3 \,[\text{A}]$$

問 9・4 式(9・18)より，

$$I = \frac{P}{\sqrt{3}\, V \cos\theta} = \frac{1\,000 \times 10^3}{\sqrt{3} \times 3\,000 \times 0.8} \fallingdotseq 240.6 \,[\text{A}]$$

問 9・5 式(9・18)より，

$$P = \sqrt{3}\, VI \cos\theta = \sqrt{3} \times 200 \times 20 \times 0.8 \fallingdotseq 5\,542.6 \,[\text{W}]$$

問 9・6 図(a)は三角結線，図(b)は星形結線であるので，式(9・24)の式を用いる（リアクタンス x はないものとすると）．

$$\dot{Z}_s = \frac{\dot{Z}_d}{3}$$

$\dot{Z}_s = R_a,\ \dot{Z}_d = R_1$ とすると，

$$R_a = \frac{R_1}{3}$$

問 9・7 例題 9・7 で求めた式を用いると，

$$Z = \sqrt{\left(r_0 + r + \frac{R}{3}\right)^2 + \left(x_0 + x + \frac{X}{3}\right)^2}$$

$$= \sqrt{\left(0.01 + 100 + \frac{3}{3}\right)^2 + \left(0.05 + 50 + \frac{6}{3}\right)^2} = \sqrt{101.01^2 + 52.05^2} \fallingdotseq 113.6 \,[\Omega]$$

$$I = \frac{E}{Z} = \frac{200}{113.6} \fallingdotseq 1.76 \,[\text{A}]$$

$$I' = \frac{I}{\sqrt{3}} = \frac{1.76}{\sqrt{3}} \fallingdotseq 1.02 \,[\text{A}]$$

問 9・8 式(9・47)より，

$$I_a' = \frac{V_{ab}}{Z_a} = \frac{200}{10} = 20 \text{ [A]}$$

$$I_b' = \frac{V_{bc}}{Z_b} = \frac{200}{20} = 10 \text{ [A]}$$

$$I_c' = \frac{V_{ca}}{Z_c} = \frac{200}{40} = 5 \text{ [A]}$$

相回転が abc であるから，

$$\dot{I}_a = \dot{I}_a' - \dot{I}_c' = 20 - 5\angle -\frac{4}{3}\pi = 20 - 5\left\{\cos\left(-\frac{4}{3}\pi\right) + j\sin\left(-\frac{4}{3}\pi\right)\right\}$$

$$= 20 - 5\left(-\frac{1}{2} + j\frac{\sqrt{3}}{2}\right) = 20 + 2.5 - j2.5\sqrt{3} = 22.5 - j2.5\sqrt{3} \text{ [A]}$$

$$I_a = \sqrt{22.5^2 + (2.5\sqrt{3})^2} \fallingdotseq 22.9 \text{ [A]}$$

$$\dot{I}_b = \dot{I}_b' - \dot{I}_a' = 10\angle -\frac{2}{3}\pi - 20 = 10\left\{\cos\left(-\frac{2}{3}\pi\right) + j\sin\left(-\frac{2}{3}\pi\right)\right\} - 20$$

$$= 10\left(-\frac{1}{2} - j\frac{\sqrt{3}}{2}\right) - 20 = -5 - j5\sqrt{3} - 20 = -25 - j5\sqrt{3} \text{ [A]}$$

$$\dot{I}_b = \sqrt{25^2 + (5\sqrt{3})^2} \fallingdotseq 26.5 \text{ [A]}$$

$$\dot{I}_c = \dot{I}_c' - \dot{I}_b' = 5\angle -\frac{4}{3}\pi - 10\angle -\frac{2}{3}\pi$$

$$= 5\left\{\cos\left(-\frac{4}{3}\pi\right) + j\sin\left(-\frac{4}{3}\pi\right)\right\} - 10\left\{\cos\left(-\frac{2}{3}\pi\right) + j\sin\left(-\frac{2}{3}\pi\right)\right\}$$

$$= 5\left(-\frac{1}{2} + j\frac{\sqrt{3}}{2}\right) - 10\left(-\frac{1}{2} - j\frac{\sqrt{3}}{2}\right) = -2.5 + j2.5\sqrt{3} + 5 + j5\sqrt{3}$$

$$= 2.5 + j7.5\sqrt{3} \text{ [A]}$$

$$\dot{I}_c = \sqrt{2.5^2 + (7.5\sqrt{3})^2} \fallingdotseq 13.2 \text{ [A]}$$

● 章末問題

1. 負荷はすべて同じインピーダンスが接続されているから平衡負荷であり，どの相にも同じ大きさの線電流，相電流が流れる．

　負荷は三角結線なので，

　　式(9・13)より，線間電圧 = 相電圧　$(V = E)$

　　式(9・15)より，線電流 = $\sqrt{3}$ × 相電流　$(I = \sqrt{3}I')$

大きさだけを考えると，
$$I' = \frac{E}{Z} = \frac{V}{Z} = \frac{200}{100} = 2 \,[\text{A}]$$
$$I = \sqrt{3} \times I' = \sqrt{3} \times 2 \fallingdotseq 3.46 \,[\text{A}]$$

2. 前問の V, I, I' を利用して解くと，
$$\dot{Z} = 100\left\{\cos\left(\frac{\pi}{6}\right) + j\sin\left(\frac{\pi}{6}\right)\right\} = 100\left(\frac{\sqrt{3}}{2} + j\frac{1}{2}\right) = 50\sqrt{3} + j50 \,[\Omega]$$

より，力率は，
$$\cos\theta = \frac{R}{Z} = \frac{50\sqrt{3}}{100} = \frac{\sqrt{3}}{2} \fallingdotseq 0.866$$

式(9・17)より，
$$P = 3EI'\cos\theta = 3 \times 200 \times 2 \times 0.866 \fallingdotseq 1\,063 \,[\text{W}]$$

または，式(9・18)より，
$$P = \sqrt{3}\,VI\cos\theta = \sqrt{3} \times 200 \times 3.46 \times 0.866 \fallingdotseq 1\,061 \,[\text{W}]$$

多少数値のずれはあるが，どちらで計算してもかまわない．

3. 問題文から解図 26 のような回路であることがわかる．

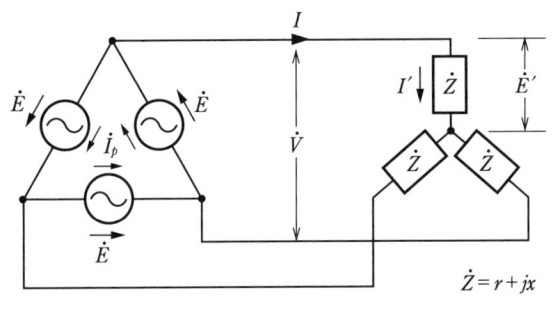

解図 26

(a) 式(9・13)より，
$$\dot{V} = \dot{E}$$

式(9・9)より，
$$\dot{E}' = \frac{\dot{V}}{\sqrt{3}}$$

よって，

問と章末問題の解答

$$\dot{I}' = \frac{\dot{E}'}{\dot{Z}} = \frac{\dot{V}}{\sqrt{3}\,\dot{Z}} = \frac{\dot{V}}{\sqrt{3}\,(r+jx)} = \frac{\dot{E}}{\sqrt{3}\,(r+jx)}$$

$$\dot{I} = \dot{I}'$$

(b) 式(9・15)より，

$$\dot{I}_p = \frac{\dot{I}}{\sqrt{3}} = \frac{\dot{I}'}{\sqrt{3}}$$

ここで(a)で求めた I' を代入すると，

$$\dot{I}_p = \frac{1}{\sqrt{3}} \times \frac{\dot{E}}{\sqrt{3}\,(r+jx)} = \frac{\dot{E}}{3(r+jx)}$$

$\dot{I}'$ と $\dot{I}_p$ それぞれの大きさは，

$$I' = |\dot{I}'| = \frac{E}{\sqrt{3} \times \sqrt{r^2+x^2}}\ [\mathrm{A}]$$

$$I_p' = |\dot{I}_p'| = \frac{E}{3\sqrt{r^2+x^2}}\ [\mathrm{A}]$$

4. 三角結線の部分を星形結線に変換すると，式(9・24)より，

$$\dot{Z}_s = \frac{\dot{Z}_d}{3}$$

$\dot{Z}_s = $ 星形結線のインピーダンス
$\dot{Z}_d = $ 三角結線のインピーダンス

$$\dot{Z}_s = \frac{r}{3}$$

となる．よって，図9・42は解図27のようになる．

よって，相電流 I は式(9・9)より，

$$E = \frac{V}{\sqrt{3}}$$

$$I_1 = \frac{E}{Z} = \frac{V}{\sqrt{3}} \times \frac{3}{4r} = \frac{3V}{4\sqrt{3}\,r}$$

$$= \frac{3\sqrt{3}\,V}{12r} = \frac{\sqrt{3}\,V}{4r}$$

式(9・15)より，

$$I_2 = \frac{I_1}{\sqrt{3}} = \frac{1}{\sqrt{3}} \times \frac{\sqrt{3}\,V}{4r} = \frac{V}{4r}$$

解図27

5. $\dot{V}_{ab} = 100\ [\mathrm{V}]$

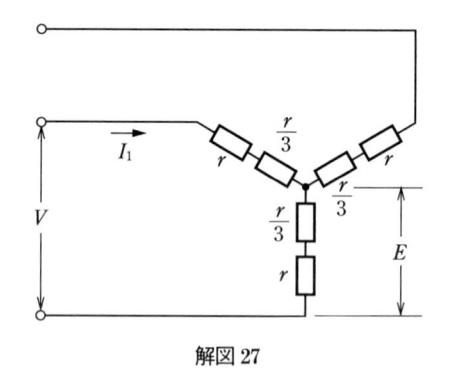

$$\dot{V}_{bc}=100\angle-\frac{2}{3}\pi=100\left(-\frac{1}{2}-j\frac{\sqrt{3}}{2}\right)=-50-j50\sqrt{3}\,[\text{V}]$$

$$\dot{V}_{ca}=100\angle\frac{2}{3}\pi=100\left(-\frac{1}{2}+j\frac{\sqrt{3}}{2}\right)=-50+j50\sqrt{3}\,[\text{V}]$$

$$\dot{I}_{a'}=\frac{\dot{V}_{ab}}{20}=\frac{100}{20}=5\,[\text{A}]$$

$$\dot{I}_{b'}=\frac{\dot{V}_{bc}}{j20}=\frac{-50-j50\sqrt{3}}{j20}=\frac{-j20(-50-j50\sqrt{3})}{400}$$

$$=\frac{-1\,000\sqrt{3}+j1\,000}{400}=-2.5\sqrt{3}+j2.5\,[\text{A}]$$

$$\dot{I}_{c'}=\frac{\dot{V}_{ca}}{-j20}=\frac{-50+j50\sqrt{3}}{-j20}=\frac{j20(-50+j50\sqrt{3})}{400}$$

$$=\frac{-1\,000\sqrt{3}-j1\,000}{400}=-2.5\sqrt{3}-j2.5\,[\text{A}]$$

また，

$$\dot{I}_a=\dot{I}_{a'}-\dot{I}_{c'}=5-(-2.5\sqrt{3}-j2.5)=5-(-4.33-j2.5)\fallingdotseq 9.33+j2.5\,[\text{A}]$$

$$\dot{I}_b=\dot{I}_{b'}-\dot{I}_{a'}=(-2.5\sqrt{3}+j2.5)-5=-4.33+j2.5-5\fallingdotseq -9.33+j2.5\,[\text{A}]$$

$$\dot{I}_c=\dot{I}_{c'}-\dot{I}_{b'}=(-2.5\sqrt{3}-j2.5)-(-2.5\sqrt{3}+j2.5)$$

$$=-4.33-j2.5+4.33-j2.5=-j5\,[\text{A}]$$

6. $\dot{V}_{ab}=200\,[\text{V}]$

$$\dot{V}_{bc}=200\angle-\frac{2}{3}\pi=200\left(-\frac{1}{2}-j\frac{\sqrt{3}}{2}\right)=-100-j100\sqrt{3}\,[\text{V}]$$

$$\dot{V}_{ca}=200\angle-\frac{4}{3}\pi=200\left(-\frac{1}{2}+j\frac{\sqrt{3}}{2}\right)=-100+j100\sqrt{3}\,[\text{V}]$$

式(9・36)より，$\dot{Z}_a=R_a$, $\dot{Z}_b=R_b$, $\dot{Z}_c=R_c$ とおいて考えていくと，

$$\Delta=R_aR_b+R_bR_c+R_cR_a=2\times5+5\times10+10\times2=80$$

$$\dot{I}_a=\frac{R_c\dot{V}_{ab}-R_b\dot{V}_{ca}}{\Delta}=\frac{10\times200-\{5\times(-100+j100\sqrt{3})\}}{80}$$

$$=\frac{2\,000-(-500+j500\sqrt{3})}{80}=\frac{2\,500-j500\sqrt{3}}{80}\fallingdotseq 31.25-j10.83\,[\text{A}]$$

$$I_a=|\dot{I}_a|=\sqrt{31.25^2+10.83^2}\fallingdotseq 33.1\,[\text{A}]$$

$$\dot{I}_b=\frac{R_a\dot{V}_{bc}-R_c\dot{V}_{ab}}{\Delta}=\frac{2\times(-100-j100\sqrt{3})-10\times200}{80}$$

問と章末問題の解答

$$= \frac{-200-j200\sqrt{3}-2\,000}{80} = \frac{-2\,200-j200\sqrt{3}}{80} \fallingdotseq -27.5-j4.33 \,[\text{A}]$$

$$I_b = |\dot{I}_b| = \sqrt{27.5^2+4.33^2} \fallingdotseq 27.8\,[\text{A}]$$

$$\dot{I}_c = \frac{R_b \dot{V}_{ca}-R_a \dot{V}_{bc}}{\varDelta} = \frac{5\times(-100+j100\sqrt{3})-\{2\times(-100-j100\sqrt{3})\}}{80}$$

$$= \frac{-500+j500\sqrt{3}+200+j200\sqrt{3}}{80} = \frac{-300+j700\sqrt{3}}{80}$$

$$\fallingdotseq -3.75+j15.2\,[\text{A}]$$

$$I_c = |\dot{I}_c| = \sqrt{3.75^2+15.2^2} \fallingdotseq 15.7\,[\text{A}]$$

第 10 章

● 問

問 10・1 （１） 基本波の実効値　$E_1 = 100\,[\text{V}]$

第 3 調波の実効値　$E_3 = 30\,[\text{V}]$

$$E = \sqrt{E_1{}^2+E_3{}^2} = \sqrt{100^2+30^2} \fallingdotseq 104.4\,[\text{V}]$$

（２）　直流分　$I_0 = 50\,[\text{A}]$

基本波の実効値　$I_1 = 25\,[\text{A}]$

$$I = \sqrt{I_0{}^2+I_1{}^2} = \sqrt{50^2+25^2} \fallingdotseq 55.9\,[\text{A}]$$

問 10・2　基本波および第 2 調波のインピーダンス Z_1, Z_2 は，

$$Z_1 = \sqrt{R^2+(\omega L)^2} = \sqrt{300^2+(100\pi\times0.5)^2} \fallingdotseq 338.6\,[\Omega]$$

$$Z_2 = \sqrt{R^2+(2\omega L)^2} = \sqrt{300^2+(200\pi\times0.5)^2} \fallingdotseq 434.4\,[\Omega]$$

したがって，基本波および第 2 調波の電流 i_1, i_2 とすれば，

$$i_1 = \frac{100}{Z_1}\sqrt{2}\,\sin(100\pi t-\theta_1) = \frac{100}{338.6}\sqrt{2}\,\sin(100\pi t-\theta_1)$$

$$\fallingdotseq 0.3\sqrt{2}\,\sin(100\pi t-\theta_1)\,[\text{A}]$$

$$i_2 = \frac{50}{Z_2}\sqrt{2}\,\sin(200\pi t-\theta_2) = \frac{50}{434.4}\sqrt{2}\,\sin(200\pi t-\theta_2)$$

$$\fallingdotseq 0.12\sqrt{2}\,\sin(200\pi t-\theta_2)\,[\text{A}]$$

ここに，

$$\theta_1 = \tan^{-1}\frac{\omega L}{R} = \tan^{-1}\frac{100\pi\times0.5}{300} \fallingdotseq 0.48\,[\text{rad}]$$

$$\theta_2 = \tan^{-1}\frac{2\omega L}{R} = \tan^{-1}\frac{200\pi \times 0.5}{300} \fallingdotseq 0.81 \text{ [rad]}$$

したがって，回路に流れる電流の瞬時値 i は，

$$i = i_1 + i_2 = 0.3\sqrt{2}\sin(100\pi t - 0.48) + 0.12\sqrt{2}\sin(200\pi t - 0.81) \text{ [A]}$$

問 10・3 式(10・18)より，

(1) ひずみ率 $=\dfrac{\sqrt{I_2^2}}{I_1}\times 100 = \dfrac{50}{100}\times 100 = 50 \text{ [\%]}$

(2) ひずみ率 $=\dfrac{\sqrt{I_3^2}}{I_1}\times 100 = \dfrac{25}{100}\times 100 = 25 \text{ [\%]}$

問 10・4 非正弦波交流の電力は同じ周波数の電圧と電流との間でのみ生じる．式 (10・22)より，

$$P = V_1 I_1 \cos\theta_1 + V_3 I_3 \cos\theta_3$$
$$= \frac{100}{\sqrt{2}}\times\frac{40}{\sqrt{2}}\times\cos\left\{0-\left(-\frac{\pi}{6}\right)\right\} + \frac{20}{\sqrt{2}}\times\frac{5}{\sqrt{2}}\times\cos\left(\frac{\pi}{3}-\frac{\pi}{12}\right)$$
$$= \frac{4\,000}{2}\times\cos\frac{\pi}{6} + \frac{100}{2}\times\cos\frac{\pi}{4} \fallingdotseq 1\,732.1 + 35.4 = 1\,767.5 \text{ [W]}$$

(θ_1, θ_3 は電圧と電流の位相差である)

● 章末問題
1. 式(10・12)より，
$$I = \sqrt{8^2 + 6^2} = 10 \text{ [A]}$$

2. 式(10・12)より，
$$V = \sqrt{24^2 + 10^2} = 26 \text{ [V]}$$

3. ①電源の起電力 e_0 は，
$$e_0 = E + e = 14 + 48\sqrt{2}\sin\omega t \text{ [V]}$$
②回路に流れる電流 i は，
$$i = \frac{e_0}{R} = \frac{14}{20} + \frac{48}{20}\sqrt{2}\sin\omega t = 0.7 + 2.4\sqrt{2}\sin\omega t \text{ [A]}$$
③消費電力 P は，同じ周波数どうしの電圧，電流間にのみ生じるので，
$$P = 14\times 0.7 + 48\times 2.4 = 125 \text{ [W]}$$

4. 周波数 50 [Hz] に関するインピーダンス Z_1 は，

311

問と章末問題の解答

$$Z_1=\sqrt{R^2+\left(\omega L-\frac{1}{\omega C}\right)^2}=\sqrt{2^2+\left(\frac{2\pi\times 50}{314}-\frac{1}{2\pi\times 50\times\frac{1}{3\times 314}}\right)^2}$$

$$=\sqrt{4+3.99}\fallingdotseq 2.82\,[\Omega]$$

周波数 150〔Hz〕に関するインピーダンス Z_3 は,

$$Z_3=\sqrt{R^2+\left(3\omega L-\frac{1}{3\omega C}\right)^2}=\sqrt{2^2+\left(\frac{3\times 2\pi\times 50}{314}-\frac{1}{3\times 2\pi\times 50\times\frac{1}{3\times 314}}\right)^2}$$

$$=\sqrt{4+4}\fallingdotseq 2.82\,[\Omega]$$

$$\theta_1=\tan^{-1}\frac{\left(\omega L-\frac{1}{\omega C}\right)}{R}=\tan^{-1}\frac{-1.99}{2}\fallingdotseq -\frac{\pi}{4}\,[\text{rad}]\quad(\text{進み})$$

$$\theta_3=\tan^{-1}\frac{\left(3\omega L-\frac{1}{3\omega C}\right)}{R}=\tan^{-1}\frac{2}{2}=\frac{\pi}{4}\,[\text{rad}]\quad(\text{遅れ})$$

よって,

$$i=\frac{100}{Z_1}\sqrt{2}\,\sin\left(2\pi\times 50t+\frac{\pi}{4}\right)+\frac{20}{Z_3}\sqrt{2}\,\sin\left(2\pi\times 150t-\frac{\pi}{4}\right)$$

$$=\frac{100}{2.82}\sqrt{2}\,\sin\left(100\pi t+\frac{\pi}{4}\right)+\frac{20}{2.82}\sqrt{2}\,\sin\left(300\pi t-\frac{\pi}{4}\right)$$

$$\fallingdotseq 50.1\sin\left(100\pi t+\frac{\pi}{4}\right)+10\sin\left(300\pi t-\frac{\pi}{4}\right)\,[\text{A}]$$

消費電力 P は周波数が同じ電圧,電流にのみ生じるので,

$$P=V_1I_1\cos\theta_1+V_3I_3\cos\theta_3=100\times\frac{50.1}{\sqrt{2}}\times\cos\left(-\frac{\pi}{4}\right)+20\times\frac{10}{\sqrt{2}}\times\cos\left(\frac{\pi}{4}\right)$$

$$=2\,505+100=2\,605\,[\text{W}]$$

5. 基本波におけるインピーダンス Z_1 は,

$$Z_1=\sqrt{R^2+(\omega L)^2}=\sqrt{(\sqrt{3})^2+\left(100\pi\times\frac{10}{\pi}\times 10^{-3}\right)^2}=\sqrt{3+1}=2\,[\Omega]$$

第3調波におけるインピーダンス Z_3 は,

$$Z_3=\sqrt{R^2+(3\omega L)^2}=\sqrt{(\sqrt{3})^2+\left(3\times 100\pi\times\frac{10}{\pi}\times 10^{-3}\right)^2}=\sqrt{3+9}\fallingdotseq 3.46\,[\Omega]$$

$$\theta_1=\tan^{-1}\frac{\omega L}{R}=\tan^{-1}\frac{1}{\sqrt{3}}=\frac{\pi}{6}\,[\text{rad}]$$

$$\theta_3=\tan^{-1}\frac{3\omega L}{R}=\tan^{-1}\frac{3}{\sqrt{3}}=\tan^{-1}\frac{3}{3}\sqrt{3}=\tan^{-1}\sqrt{3}=\frac{\pi}{3}\,[\text{rad}]$$

よって，

$$i = \frac{100}{Z_1}\sin(\omega t - \theta_1) + \frac{30}{Z_3}\sin(3\omega t + \frac{\pi}{9} - \theta_3)$$

$$= \frac{100}{2}\sin\left(\omega t - \frac{\pi}{6}\right) + \frac{30}{3.46}\sin\left(3\omega t + \frac{\pi}{9} - \frac{\pi}{3}\right)$$

$$= 50\sin\left(\omega t - \frac{\pi}{6}\right) + 8.67\sin\left(3\omega t - \frac{2\pi}{9}\right) \text{(A)}$$

消費電力 P は周波数が同じ電圧と電流にのみ生じるので，

$$P = V_1 I_1 \cos\theta_1 + V_3 I_3 \cos\theta_3 = \frac{100}{\sqrt{2}} \times \frac{50}{\sqrt{2}} \times \cos\frac{\pi}{6} + \frac{30}{\sqrt{2}} \times \frac{8.67}{\sqrt{2}} \times \cos\frac{\pi}{3}$$

$$= \frac{100 \times 50}{2} \times \cos\frac{\pi}{6} + \frac{30 \times 8.67}{2} \times \cos\frac{\pi}{3} \fallingdotseq 2\,165 + 65.0 = 2\,230 \text{(W)}$$

6. 電圧の実効値 V は式(10・12)より，

$$V = \sqrt{\left(\frac{100}{\sqrt{2}}\right)^2 + \left(\frac{30}{\sqrt{2}}\right)^2} \fallingdotseq 73.8 \text{(V)}$$

電流の実効値 I は式(10・12)より，

$$I = \sqrt{\left(\frac{50}{\sqrt{2}}\right)^2 + \left(\frac{8.67}{\sqrt{2}}\right)^2} \fallingdotseq 35.9 \text{(A)}$$

消費電力 $P = 2\,230$ (W)

よって，等価力率は式(10・23)より，

$$\cos\theta = \frac{P}{VI} = \frac{2\,230}{73.8 \times 35.9} \fallingdotseq 0.842$$

第11章

● 問

問 11・1 $T = \frac{L}{R} = \frac{10 \times 10^{-3}}{50 \times 10^3} = 0.2 \times 10^{-6} = 0.2$ (μs)

問 11・2 $T = CR = 2 \times 10^{-6} \times 0.1 \times 10^6 = 0.2$ (s)

式(11・21)，式(11・22)の充電時の式より，抵抗 R の両端の電圧は，

$$e_R = E\varepsilon^{-\frac{t}{CR}} = 100\varepsilon^{-\frac{0.1}{0.2}} \fallingdotseq 60.7 \text{(V)}$$

コンデンサ C の両端の電圧は，

$$e_c = E(1 - \varepsilon^{-\frac{t}{CR}}) = 100(1 - \varepsilon^{-\frac{0.1}{0.2}}) \fallingdotseq 39.3 \text{(V)}$$

充電時の電流は式(11・20)より，

$$i = \frac{E}{R}\varepsilon^{-\frac{t}{CR}} = \frac{100}{0.1\times 10^6}\varepsilon^{-\frac{0.1}{0.2}} \fallingdotseq 607\times 10^{-6} \fallingdotseq 607 \ [\mu\mathrm{A}]$$

● 章末問題

1. $$T = \frac{L}{R} = \frac{0.1}{5} = 0.02 \ [\mathrm{s}]$$

   式(11・10)より，

   $$i = \frac{E}{R}(1-\varepsilon^{-\frac{t}{T}})$$

   $$0.95 = 1 - \varepsilon^{-\frac{t}{T}}$$

   $$\varepsilon^{-\frac{t}{T}} = 1 - 0.95 = 0.05$$

   から $\varepsilon^{-\frac{t}{T}} = 0.05$ となり，表より $\frac{t}{T} = 3$ ということがわかる．

   $$t = 3T = 3\times 0.02 = 0.06 \ [\mathrm{s}]$$

2. $$T = CR = 1\times 10^6 \times 1\times 10^{-6} = 1 \ [\mathrm{s}]$$

3. 式(11・20)より，充電時の電流は，

   $$i = \frac{E}{R}\varepsilon^{-\frac{t}{CR}} = \frac{100}{1\times 10^6}\varepsilon^{-2} \fallingdotseq 13.5\times 10^{-6} \fallingdotseq 13.5 \ [\mu\mathrm{A}]$$

   式(11・22)より，充電時の C の両端の電圧は，

   $$e_c = E(1-\varepsilon^{-\frac{t}{CR}}) = 100(1-\varepsilon^{-4}) \fallingdotseq 98.2 \ [\mathrm{V}]$$

4. $$R = \frac{L}{T} = \frac{3\times 10^{-3}}{30\times 10^{-6}} = 100 \ [\Omega]$$

5. $$R^2 = 100^2 = 10\,000 = 0.01\times 10^6$$

   $$\frac{4L}{C} = \frac{4\times 1\times 10^{-3}}{0.001\times 10^{-6}} = 4\,000\,000 = 4\times 10^6$$

   $$R^2 < \frac{4L}{C}$$

   よって，振動的といえる．固有周波数 f_0 は，

   $$f_0 = \frac{1}{2\pi}\sqrt{\frac{1}{LC}-\left(\frac{R}{2L}\right)^2} = \frac{1}{2\pi}\sqrt{\frac{1}{(1\times 10^{-3}\times 0.001\times 10^{-6})}-\left(\frac{100}{2\times 1\times 10^{-3}}\right)^2}$$

   $$= \frac{1}{2\pi}\sqrt{1\times 10^{12} - 2.5\times 10^9} \fallingdotseq 159\times 10^3 = 159 \ [\mathrm{kHz}]$$

付　　録

三角関数の公式

（1）　相互関係

$$\sin^2\theta + \cos^2\theta = 1$$

$$1 + \tan^2\theta = \sec^2\theta$$

$$1 + \cot^2\theta = \operatorname{cosec}^2\theta$$

$$\sin(-\theta) = -\sin\theta$$

$$\cos(-\theta) = \cos\theta$$

$$\tan(-\theta) = -\tan\theta$$

$$\sin\left(\frac{\pi}{2} - \theta\right) = \cos\theta$$

$$\cos\left(\frac{\pi}{2} - \theta\right) = \sin\theta$$

$$\tan\left(\frac{\pi}{2} - \theta\right) = \cot\theta$$

$$\sin(\pi - \theta) = \sin\theta$$

$$\cos(\pi - \theta) = -\cos\theta$$

$$\tan(\pi - \theta) = -\tan\theta$$

（2）　加法定理

$$\sin(\alpha \pm \beta) = \sin\alpha\cos\beta \pm \cos\alpha\sin\beta$$

$$\cos(\alpha \pm \beta) = \cos\alpha\cos\beta \mp \sin\alpha\sin\beta$$

$$\tan(\alpha \pm \beta) = \frac{\tan\alpha \pm \tan\beta}{1 \mp \tan\alpha\tan\beta}$$

付　　録

(4) **和→積**

$$\sin\alpha+\sin\beta=2\sin\frac{\alpha+\beta}{2}\cos\frac{\alpha-\beta}{2}$$

$$\cos\alpha+\cos\beta=2\cos\frac{\alpha+\beta}{2}\cos\frac{\alpha-\beta}{2}$$

$$\sin\alpha-\sin\beta=2\cos\frac{\alpha+\beta}{2}\sin\frac{\alpha-\beta}{2}$$

$$\cos\alpha-\cos\beta=-2\sin\frac{\alpha+\beta}{2}\sin\frac{\alpha-\beta}{2}$$

(5) **積→和**

$$\sin\alpha\cos\beta=\frac{1}{2}\{\sin(\alpha+\beta)+\sin(\alpha-\beta)\}$$

$$\cos\alpha\cos\beta=\frac{1}{2}\{\cos(\alpha+\beta)+\cos(\alpha-\beta)\}$$

$$\cos\alpha\sin\beta=\frac{1}{2}\{\sin(\alpha+\beta)+\sin(\alpha-\beta)\}$$

$$\sin\alpha\sin\beta=-\frac{1}{2}\{\cos(\alpha+\beta)+\cos(\alpha-\beta)\}$$

(6) **倍角・半角・三倍角公式**

$$\sin 2\alpha=2\sin\alpha\cos\alpha$$

$$\sin^2\frac{\alpha}{2}=\frac{1}{2}(1-\cos\alpha)$$

$$\cos 2\alpha=2\cos^2\alpha-1=1-2\sin^2\alpha$$

$$\cos^2\frac{\alpha}{2}=\frac{1}{2}(1+\cos\alpha)$$

$$\tan 2\alpha=\frac{2\tan\alpha}{1-\tan^2\alpha}$$

$$\tan^2\frac{\alpha}{2}=\frac{1-\cos\alpha}{1+\cos\alpha}$$

$$\cos 3\alpha=4\cos^3\alpha-3\cos\alpha$$

$$\sin 3\alpha=3\sin\alpha-4\sin^3\alpha$$

索　引

■ 英数字

60分法 …………………………34
AC………………………………32
cos曲線 …………………………70
DC………………………………32
V結線 …………………………196
Y結線 ……………………142,180
Δ結線 ……………………142,184

■ あ行

網目 ……………………………24
網目電流 ………………………147

位相 ……………………………42
位相角 ……………………42,107
位相差 …………………………42
一般解 …………………………243
インピーダンス ………………80
インピーダンス三角形 ………80

オーム …………………2,73,77,80
オームの法則 …………………4
遅れ ……………………………42

■ か行

回転磁界 ………………………210
回転ベクトル …………………56
外部抵抗 ………………………17
開放伝達アドミタンス ………159
回路 ……………………………1
回路網 …………………………24
ガウス平面 ……………………107
角周波数 ………………………39
角速度 …………………………39
重ね合わせの理 ………………150
過渡期 …………………………241
過渡現象 ………………………241
過渡項 …………………………243

記号法 …………………………108
起電力 …………………………1
基本波 …………………………218
共役 ……………………………110
共役複素数 ……………………110
共振 ……………………………86
共振曲線 ………………………124
共振周波数 ……………………124
共振電流 ………………………124

索　引

極 …………………………………52
極座標 ……………………………52
虚数単位 ………………………106
虚部 ……………………………107
キルヒホッフの法則 ……………24

減衰振動 ………………………262
減衰率 …………………………262
原線 ………………………………52

合成磁界 ………………………210
合成抵抗 ………………………7,10
高調波 …………………………219
交流 ………………………………32
交流起電力 ………………………33
交流電圧 …………………………33
交流ブリッジ …………………140
弧度法 ……………………………34
固有周波数 ……………………262
固有電力 ………………………157
コンダクタンス ……………3,117

■ さ行

サイクル …………………………36
最大値（起電力の）……………33
サセプタンス …………………117
三角結線 …………………142,184,238
三相4線式 ……………………180

ジーメンス …………………3,117

自己インダクタンス ……………69
自己誘導 …………………………69
始線 ………………………………52
四端子定数 ……………………159
四端子網 ………………………157
実効値 ……………………………45
実部 ……………………………107
時定数 …………………………246
周期 ………………………………36
自由振動周波数 ………………262
周波 ………………………………36
周波数 ……………………………36
ジュール …………………………23
受動四端子網 …………………157
瞬時値 ……………………………40
初位相 ……………………………42
初位相角 …………………………42
消費電力 …………………………21

数ベクトル ………………………53
スカラー量 ……………………51
進み ………………………………42

正弦波起電力 ……………………34
正弦波交流 ………………………32
静止ベクトル ……………………61
成分 ………………………………53
積分回路 ………………………252
絶対値 ……………………………52,107
せん鋭度 ………………………125

索引

線間電圧	180
選択度	126
線電流	180
相回転	176
相互インダクタンス	163
相順	176
相電圧	180
相電流	180

■た行

第2調波	219
第n調波	219
対称三相電圧	182
対称三相電流	180
単エネルギー過渡現象	241
端子電圧	17
短絡伝達インピーダンス	160
中性線	180
中性点	180
直並列接続	12
直流	32
直列共振	86, 123
直列接続	6
直角座標	52
抵抗	2
抵抗成分	116
定常項	243

テブナンの定理	154
電圧拡大率	125
電圧共振	124
電圧計	18
電圧降下	16
電気回路	1
電気角	39
電気抵抗	2
電源	1
電流共振	130
電流計	18
電力	21
電力量	23
等価位相差	231
等価正弦波	230
等価単相回路	193
等価力率	231
動径	52
同相	42
特解	243

■な行

内部降下	17
内部抵抗	16
傾角	52
能動四端子網	157

319

索　引

■は行

バール………………………………102
倍率器………………………………19
倍率器の倍率………………………20
波形率………………………………48
波高率………………………………48
波長…………………………………37
反共振………………………………130
半周期間……………………………44

ひずみ波交流……………………34, 217
ひずみ率……………………………227
非正弦波交流……………………34, 217
皮相電力……………………………101
微分回路……………………………252

フーリエ級数………………………218
負荷…………………………………1
複エネルギー過渡現象……………241
複素数………………………………106
複素平面……………………………107
ブリッジの平衡条件………………140
分流器………………………………20
分流器の倍率………………………21

平均値………………………………44
平衡…………………………………139
平衡三相回路………………………188
平衡三相負荷………………………187

並列共振……………………………129
並列接続……………………………9
閉路…………………………………24
ベクトル……………………………51
ベクトルアドミタンス……………117
ベクトルインピーダンス…………116
ベクトル図…………………………62
ベクトル電力………………………135
ベクトル量…………………………51
ヘルツ………………………………36
偏角…………………………………107
ヘンリー……………………………69

ホイートストンブリッジ…………139
星形結線………………142, 180, 238
補助解………………………………243
補助方程式…………………………243
ボルトアンペア……………………101

■ま行

脈動電流……………………………32

無効電流……………………………102
無効電力……………………………102
無効率………………………………102
無誘導回路…………………………86

■や行

有向線分……………………………51
有効電流……………………………102

索　引

誘導リアクタンス …………………………73

容量 ………………………………101
容量リアクタンス ……………………77
余弦曲線 ……………………………70

■ら行

ラジアン …………………………34
ラジアン毎秒 ……………………39

リアクタンス…………………………73,77

リアクタンス成分………………………116
力率 ………………………………99
力率角 ……………………………99

■わ行

ワット ……………………………21
ワット時 …………………………23
ワット秒 …………………………23
和動結合 …………………………170
和分の積 …………………………12

321

入門 回路理論

2005 年 7 月 30 日　第 1 版 1 刷発行	ISBN 978-4-501-11270-7 C3054
2022 年 2 月 20 日　第 1 版 7 刷発行	

編　者　東京電機大学
　　　　 ©Tokyo Denki University 2005

発行所　学校法人 東京電機大学　〒120-8551　東京都足立区千住旭町 5 番
　　　　東京電機大学出版局　Tel. 03-5284-5386(営業)　03-5284-5385(編集)
　　　　　　　　　　　　　　Fax. 03-5284-5387　振替口座 00160-5-71715
　　　　　　　　　　　　　　https://www.tdupress.jp/

[JCOPY] <(社)出版者著作権管理機構 委託出版物>
本書の全部または一部を無断で複写複製(コピーおよび電子化を含む)することは，著作権法上での例外を除いて禁じられています。本書からの複製を希望される場合は，そのつど事前に，(社)出版者著作権管理機構の許諾を得てください。
また，本書を代行業者等の第三者に依頼してスキャンやデジタル化をすることはたとえ個人や家庭内での利用であっても，いっさい認められておりません。
[連絡先] Tel. 03-5244-5088, Fax. 03-5244-5089, E-mail : info@jcopy.or.jp

印刷：三美印刷(株)　　製本：渡辺製本(株)　　装丁：高橋壮一
落丁・乱丁本はお取り替えいたします。　　　　　　　Printed in Japan

MPU関連図書

PICアセンブラ入門
浅川毅 著　A5判　184頁

マイコンとPIC16F84／マイコンでのデータの扱い／アセンブラ言語／基本プログラムの作成／応用プログラムの作成／マイクロマウスのプログラム

H8マイコン入門
堀桂太郎 著　A5判　208頁

マイコン制御の基礎／H8マイコンとは／マイコンでのデータ表現／H8/3048Fマイコンの基礎／アセンブラ言語による実習／C言語による実習／H8命令セット一覧／マイコンなどの入手先

たのしくできる PIC電子工作 －CD-ROM付－
後閑哲也 著　A5判　202頁

PICって？／PICの使い方／まず動かしてみよう／電子ルーレットゲーム／光線銃による早撃ちゲーム／超音波距離計／リモコン月面走行車／周波数カウンタ／入出力ピンの使い方

たのしくできる C&PIC制御実験
鈴木美朗志 著　A5判　208頁

ステッピングモータの制御／センサ回路を利用した実用装置／単相誘導モータの制御／ベルトコンベヤの制御／割込み実験／7セグメントLEDの点灯制御／自走三輪車／CコンパイラとPICライタ

図解 Z80マイコン応用システム入門 ソフト編 第2版
柏谷・佐野・中村 共著　A5判　258頁

マイコンとは／マイコンおけるデータ表現／マイコンの基本構成と動作／Z80MPUの概要／Z80のアセンブラ／Z80の命令／プログラム開発／プログラム開発手順／Z80命令一覧表

H8アセンブラ入門
浅川毅・堀桂太郎 共著　A5判　224頁

マイコンとH8/300Hシリーズ／マイコンでのデータの扱い／アセンブラ言語／基本プログラムの作成／応用プログラムの作成／プログラム開発ソフトの利用

H8ビギナーズガイド
白土義男 著　B5変判　248頁

D/AとA/Dの同時変換／ITUの同期／PWMモードでノンオーバラップ3相パルスの生成／SCIによるシリアルデータ送信／DMACで4相パルス生成／サイン波と三角波の生成

Cによる PIC活用ブック
高田直人 著　B5判　344頁

マイコンの基礎知識／Cコンパイラ／プログラム開発環境の準備／実験用マイコンボードの製作／C言語によるPICプログラミングの基礎／PICマイコン制御の基礎演習／PICマイコンの応用事例

たのしくできる PICプログラミングと制御実験
鈴木美朗志 著　A5判　244頁

DCモータの制御／単相誘導モータの制御／ステッピングモータの制御／センサ回路を利用した実用回路／7セグメントLED点灯制御／割込み実験／MPLABとPICライタ／ポケコンによるPIC制御

図解 Z80マイコン応用システム入門 ハード編 第2版
柏谷・佐野・中村・若島 共著　A5判　276頁

Z80MPU／MPU周辺回路の設計／メモリ／I/Oインタフェース／パラレルデータ転送／シリアルデータ転送／割込み／マイコン応用システム／システム開発

＊定価，図書目録のお問い合わせ・ご要望は出版局までお願いいたします。
URL　http://www.tdupress.jp/

理工学講座

基礎 電気・電子工学 第2版
宮入・磯部・前田 監修　A5判　306頁

改訂 交流回路
宇野辛一・磯部直吉 共著　A5判　318頁

電磁気学
東京電機大学 編　A5判　266頁

高周波電磁気学
三輪進 著　A5判　228頁

電気電子材料
松葉博則 著　A5判　218頁

パワーエレクトロニクスの基礎
岸敬二 著　A5判　290頁

照明工学講義
関重広 著　A5判　210頁

電子計測
小滝國雄・島田和信 共著　A5判　160頁

改訂 制御工学 上
深海登世司・藤巻忠雄 監修　A5判　246頁

制御工学 下
深海登世司・藤巻忠雄 監修　A5判　156頁

気体放電の基礎
武田進 著　A5判　202頁

電子物性工学
今村舜仁 著　A5判　286頁

半導体工学
深海登世司 監修　A5判　354頁

電子回路通論 上／下
中村欽雄 著　A5判　226／272頁

画像通信工学
村上伸一 著　A5判　210頁

画像処理工学
村上伸一 著　A5判　178頁

電気通信概論 第3版
荒谷孝夫 著　A5判　226頁

通信ネットワーク
荒谷孝夫 著　A5判　234頁

アンテナおよび電波伝搬
三輪進・加来信之 共著　A5判　176頁

伝送回路
菊池憲太郎 著　A5判　234頁

光ファイバ通信概論
榛葉實 著　A5判　130頁

無線機器システム
小滝國雄・萩野芳造 共著　A5判　362頁

電波の基礎と応用
三輪進 著　A5判　178頁

生体システム工学入門
橋本成広 著　A5判　140頁

機械製作法要論
臼井英治・松村隆 共著　A5判　274頁

加工の力学入門
臼井英治・白樫高洋 共著　A5判　266頁

材料力学
山本善之 編著　A5判　200頁

改訂 物理学
青野朋義 監修　A5判　348頁

改訂 量子物理学入門
青野・尾林・木下 共著　A5判　318頁

量子力学概論
篠原正三 著　A5判　144頁

量子力学演習
桂重俊・井上真 共著　A5判　278頁

統計力学演習
桂重俊・井上真 共著　A5判　302頁

＊ 定価，図書目録のお問い合わせ・ご要望は出版局までお願いいたします。
URL　http://www.tdupress.jp/

SR-100

電気工学図書

詳解付 電気基礎 上
　　　　直流回路・電気磁気・基本交流回路
川島純一／斎藤広吉 共著　　A5判　368頁

本書は，電気を基礎から初めて学ぶ人のために，理解しやすく，学びやすいことを重点において編集。豊富な例題と詳しい解答。

詳解付 電気基礎 下
　　　　　　　　交流回路・基本電気計測
津村栄一／宮崎登／菊池諒 共著　　A5判　322頁

上・下巻を通して学ぶことにより，電気の知識が身につく。各章には，例題や問，演習問題が多数入れてあり，詳しい解答も付けてある。

電気設備技術基準　審査基準・解釈
東京電機大学 編　　B6判　458頁

電気設備技術基準およびその解釈を読みやすく編集。関連する電気事業法・電気工事士法・電気工事業法を併載し，現場技術者および電気を学ぶ学生にわかりやすいと評判。

4訂版 電気法規と電気施設管理
竹野正二 著　　A5判　352頁

大学生から高校までが理解できるように平易に解説。電気施設管理については，高専や短大の学生および第2～3種電験受験者が習得しておかなければならない基本的な事項をまとめてある。

基礎テキスト 電気理論
間邊幸三郎 著　　B5判　224頁

電気の基礎である電磁気について，電界・電位・静電容量・磁気・電流から電磁誘導までを，例題や練習問題を多く取り入れやさしく解説。

基礎テキスト 回路理論
間邊幸三郎 著　　B5判　274頁

直流回路・交流回路の基礎から三相回路・過渡現象までを平易に解説。難解な数式の展開をさけ，内容の理解に重点を置いた。

基礎テキスト 電気・電子計測
三好正二 著　　B5判　256頁

初級技術者や高専・大学・電験受験者のテキストとして，基礎理論から実務に役立つ応用計測技術までを解説。

基礎テキスト 発送配電・材料
前田隆文／吉野利広／田中政直 共著　B5判　296頁

発電・変電・送電・配電等の電力部門および電気材料部門を，基礎に重点をおきながら，最新の内容を取り入れてまとめた。

基礎テキスト 電気応用と情報技術
前田隆文 著　　B5判　192頁

照明，電熱，電動力応用，電気加工，電気化学，自動制御，メカトロニクス，情報処理，情報伝送について，広範囲にわたり基礎理論を詳しく解説。

理工学講座 基礎 電気・電子工学　第2版
宮入庄太／磯部直吉／前田明志 監修　A5判　306頁

電気・電子技術全般を理解できるように執筆・編集してあり，大学理工学部の基礎課程のテキストに最適である。2色刷。

＊ 定価，図書目録のお問い合わせ・ご要望は出版局までお願いいたします。
URL　http://www.tdupress.jp/